다 원 을
오 해 한
대한민국

지은이

신현철 申鉉哲, Shin, Hyun-chur

서울대학교 식물학과를 졸업하고 같은 학교 대학원에서 이학박사를 취득했다. 1994년부터 대학에서 이 땅에서 살아가는 식물들을 연구하면서 학생들에게 식물의 세계를 알려주다가, 2023년에 은퇴했다. 다윈의 위대한 책인 『종의 기원』을 번역하고 주석을 단 『종의 기원 톺아보기』(2019), 다윈의 식물 연구 일대기를 소개한 『다윈의 식물들』(2023), 다윈에게 편지를 써서 『종의 기원』을 빨리 발간하게 만든 윌리스의 논문 모음집 『자연선택 이론에 기여』(2023), 그리고 고려시대 의서로 알려진 『향약구급방에 나오는 고려시대 식물들』(2024) 등을 썼다.

다윈을 오해한 대한민국

초판발행 2025년 8월 30일

지은이 신현철

펴낸이 박성모
펴낸곳 소명출판
출판등록 제1998-000017호
주소 서울시 서초구 사임당로14길 15 서광빌딩 2층
전화 02-585-7840
팩스 02-585-7848
이메일 somyungbooks@daum.net
홈페이지 www.somyong.co.kr

ISBN 979-11-5905-104-3 93470
정가 19,000원

ⓒ 신현철, 2025

잘못된 책은 구입처에서 바꾸어드립니다.
이 책은 저작권법의 보호를 받는 저작물이므로 무단전재와 복제를 금하며,
이 책의 전부 또는 일부를 이용하려면 반드시 사전에 소명출판의 동의를 받아야 합니다.

DARWIN'S
DILEMMA IN KOREA

다 윈 을
오 해 한
대한민국

신현철
지음

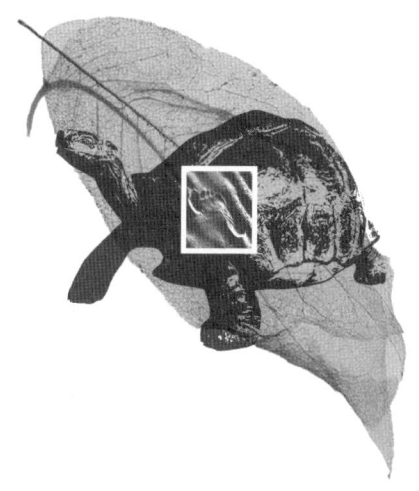

진화와 번역,

그리고 다윈의 생각

　　　한 나라의 사상이나 문물이 다른 나라에 유입될 때에는 이들과 관련된 용어의 뜻이 제대로 전달될 필요가 있다. 이 가운데 문물, 특히 사물은 사람들이 손가락으로 가리키는 동작만으로도 어느 정도 쉽게 이해할 수 있다. 사과 한 알을 보면서 외국인이 'apple'이라 하고, 물 위에 있는 배를 보면서 'ship'이라고 말했다고 하자. 우리는 그 외국인이 말한 사과를 영어로는 'apple'이라고 부르고, 배는 'ship'이라고 부른다고 쉽게 이해할 것이다. 그런데 그 나라에 없는 물건, 예를 들어 우리나라에는 없던 사물을 외국인이 손에 들고 'banana'라고 부른다면, 처음에는 어리둥절하겠지만, 우리는 조금 지나 곧바로 외국인이 들고 있는 저것은 우리나라에는 없어도 외국에서는 '바나나'라고 부르고 있음을 알아차릴 것이다. 물론 이런 도중에 또 다른 한 나라를 거치게 되면, 다른 문제가 발생할 수도 있다. 지금은 거의 사용하지 않지만, 옛날에는 남포등이라고 부르던 것이 있었다. 이 단어는 등을 뜻하는 영어 'lamp'가 일본에서 'ランプ람쁘'라고 불렸는데, 우리나라에 들어오면서 람뿌라고 부르다가 남포 또는 남포등이 되었다고 한다.

그러나 사물이 아닌 사상이나 사고 또는 어떤 개념을 지칭하는 단어인 경우, 두 나라들 사이에서 일치하는 단어를 찾기가 매우 힘들수도 있다. 사회, 과학, 철학, 민주주의나 자유, 정치, 권리, 의무, 경쟁 등의 단어가 그러하다. 그런데 이러한 단어들의 번역은 그 단어가 지닌 의미를 받아들인 나라에서 어떻게 이해했는가를 반영한다. 양반과 평민이라는 신분제 사회에서 사람들이 하고 싶은 대로 행동하지못했던 옛사람들은 자유liberty라는 개념을 어떻게 받아들였을까? 또한 왕의 지엄하신 명령과 이를 시행하는 양반의 지령에 따라 움직였던 옛 제도에서 민주주의democracy라는 단어는 어떤 의미로 받아들여졌을까? 어떤 외국의 사상이 다른 나라로 유입된다면, 그 나라에서는 적합한 자국의 말을 찾아내거나 새롭게 만들고, 외국 사상에 대해 합당한 설명을 부여해야만 했을 것이다.

그런데 우리나라에서는 개화기 초기에 외국 사상과 관련된 번역어 대부분이 일제강점기를 거치면서 일본에서 만들어진 것으로 오늘날에도 그대로 사용하고 있다. 아마도 일본에서 만들어진 대부분의 번역어가 우리나라 사람들에게도 익숙한 한자여서 거부감이 없었을 것이다. 또한 우리나라에서는 외국의 사상을 전통적으로 사용했던 단어의 의미보다는 일본에서 이해한 의미의 단어로 받아들여야만 했기 때문에, 그에 따른 문제들도 많이 발생했을 것이다. 예시로 '자유'라는 단어를 들여다보자. 우리나라에서는 전통적으로 아마도 양반들 관점에서 '구속받지 않고 자기 생각대로'라는 의미로 사용했을 것이다.[1] 그러나 개화기 일본에서는 자유를 하나의 권리로 받아들였는데, '내 생명을 보전할 권리, 내 신체를 자유로이 사용할 권리,

내 소유를 자유로이 처분할 권리, 내가 믿는 바의 교법을 자유로이 받들고 내가 사고한 바를 자유롭게 쓸 권리, 동지와 함께 결합하여 자유로이 일을 도모할 권리'를 자유권이라고 설명했다.[2] 이는 혼자 마음대로 할 수 있는 능력 또는 힘으로서의 자유에서 너와 나의 능력이나 힘을 발휘하면서도 시민 사회를 이끌어가는 기본 원리로서의 자유로 변모한 것이다.

'자유'라는 단어의 번역 상황에서 보듯이, 번역어가 옛사람들이 전통적으로 사용할 때와 개화기 이후 사용할 때의 의미가 조금은 다를 수 있어서, 우리가 사상을 설명하는 개념어를 받아들일 때 혼란스러울 수 있다. 그런데 일본의 개화기 학자들도 서양 개념들 대부분이 그들이 사용하고 있던 일본식 번역어로 표현되어서 그 본래 의미를 설득력 있게 설명할 능력이 없었다. 그렇기에 일본에서 번역된 용어들 대부분이 피상적으로 만들어졌다고[3] 볼 수 있다. 게다가 우리나라에서는 더더욱 그러한 능력을 지니지 못했다. 결국 개화기 이후에 우리나라는 일본에서 만들어진 이러한 용어들을 들여와서 사용할 수밖에 없는 실정이었을 것이다.

다윈이 고안한 자연선택natural selection이라는 용어를 예로 다시금 들여다보자. 흔히 사람들은 자연선택을 "자연이 선택selection by nature" 하는 것으로 받아들이고 있다. 다윈도 『종의 기원』 4장 자연선택에서 "사람이 단순한 개체 차이를 일정한 어떤 방향으로 진행해서 엄청난 결과를 만들어 냈듯이, 자연도 그렇게 할 것"[4]이므로, "사람이 체계적 또는 무의식적 선택 방법으로 엄청난 결과를 만들 수 있고 확실하게 만들어 냈던 것처럼, 자연도 이런 결과를 만들지 못할까?"[5]라고 오히려 반문했다. 또한 다윈은 사람이 동식물을 선택하는 과정을 인위선택artificial selection이라고 부르면서, "사람에 의한 선택selection by man"이란 표현을 『종의 기원』 1장에서 머리글로 장식했다. 이와 같은 표현들은 인위선택을 보다 명확하게 설명하려고 한 것으로 보이는데, 다윈이 자연선택을 인위선택과 비교하면서 설명했기에 많은 사람들로 하여금 자연선택도 "자연에 의한 선택"으로 오해하게 한 것이 아니었을까?

그러나 다윈은 자연선택에 대해 "도움이 되는 변이는 보존되고 유해한 변이는 제거되는 것"[6]이라고 설명하면서, "자연선택은 기회가 언제 또는 어디에서 나타나든지 상관없이 아주 조용히 알아차리지 못하게 살아가는 생물적, 무생물적 조건과 관련하여 생명체 하나하나를 개선하도록 작동"[7]한다고 했다. 이에 대해 "잎을 먹는 곤충은 초록이며, 나무껍질을 먹는 곤충은 회색 점박이다. 고산뇌조는 겨울에 흰색이며, 붉은뇌조는 히더색이며, 검은뇌조는 이탄 토양색이다. 이러한 색조는 새나 곤충이 자신이 처한 위험으로부터 자신을 지키는 데 기여한다"[8]고 설명하면서 자연선택의 사례로 들었다. 이 사례에서 자연이 주위 환경에 맞는 새나 곤충을 선택했다고 설명할 수 있을까?

사람이 하는 선택, 즉 인위선택과 비교해서 자연스럽게 나타나는 선택 과정이나 결과, 즉 자연선택을 자연이라는 어떤 실체가 선택하는 것으로 오해하는데, 자연선택은 자연이 특정한 유형의 생물을 선택하는 것이 아니고 주위 환경에 적합한 생물들이 자연스럽게 살아남는 것을 의미한다. 눈이 내려 사방이 흰색으로 변했을 때, 자신의 몸이 흰색을 띠고 있다면 자신을 잡아먹으려는 동물로부터 조금은 쉽게 보호할 수 있을 것이며, 히더의 꽃이 피어 온통 자주색을 띤 곳에서 붉은색을 띠게 되면 이 역시 자신을 보호하는 데 조금은 더 유리할 것이다. 따라서 자연선택의 '자연natural'은 사람과 같이 어떤 행위의 주체로서 '자연nature'이 아니라 "스스로 또는 저절로 그러한"[9] 또는 "저절로 그렇게 되어 가는 것, 천연 상태에서 인위적으로 가담하지 않은 상태, 있는 그대로의 모습"[10]이라는 의미이며, '선택'은 일어나는 상태를 설명하는 단어로 간주된다. 즉, 자연선택은 환경에 적합한 생물이 살아남고 그렇지 않은 생물이 죽게 되는 자연스러운 과정의 반복을 의미한다고 풀이해야 할 것이다.

생물의 진화[11]를 설명하려고 다양한 용어가 사용되고 있는데, 대부분은 일본에서 영어를 일본식 한자어로 번역한 것들이다. 그러나 이러한 일본어 번역도 통일되어 있지 않은 경우가 더러 있다. 그 대표적인 것이 '자연선택natural selection'이다. 많은 연구자들이 자연선택으로 번역하고 있지만, 일부 연구자들은 생존에 불리한 돌연변이가 사라져 가는 과정이 그 중심이라는 점을 강조하면서 아직도 자연도태라는 용어로 사용하고 있다.[12]

과학은 번역을 매개로 지리적 국경을 꽤 자유롭게 넘나들지만, 영어라는 언어의 특성이 다른 나라의 언어 환경에서 완벽하게 이해될 수는 없는 실정이다.[13] 그리고 번역이라는 것도 단순히 외국의 개념과 사상을 수용하는 것이 아닌 항상 자국의 전통에 의한 외래문화의 변용으로 간주되어져야 한다. 그러므로 원래 사상이 어떤 식으로 변형되고 오해되었는가 하는 관점에서만 바라보면 전부 오해의 역사가 될 수 있다. 이 모든 결과가 이른바 원래 사상을 왜곡하는 역사라고도 할 수 있다. 그러나 문제는 오해했는가 그렇지 않았는가에 국한할 것이 아니라, 최종 번역물이나 번역 과정에서 문제 해결적인 오해와 그렇지 않은 오해를 판별할 필요가 있다는 것이다.[14] 번역된 용어를 사용하기에 앞서 어떻게 이해했는가를 따져보아야 하지 않을까? 다윈도 『종의 기원』의 독일어 번역본을 보면서 일부 용어의 독일식 해석이 마음에 들지 않았다고 토로하기도 했다.

다윈은 『종의 기원』과 『인간의 친연관계』를 비롯하여 많은 책과 글들을 통해 지구상에 있는 모든 생물은 환경이 변함에 따라 그 생물 스스로도 같이 변하면서 적응하고, 이런 과정이 오랜 세월에 걸쳐 일어나면서 한 종이 다른 종으로 또는 한 종이 여러 종으로 변했다고 설명하고 있다. 그 결과가 바로 오늘날 우리가 볼 수 있는 다양한 생물들이다. 이런 설명이 쉽다면 쉬울 수도 있으나, '종', '적응', '환경', '변이', '진화', '변형'이라는 단어의 개념을 우리는 제대로 이해하고 있을까? 만일 제대로 이해하지 못한 상태에서 다윈의 책을 읽었다면, 우리는 그의 생각을 제대로 따라갔다고 할 수 있을까? 혹시나 우리는 다윈의 생각을 제대로 이해하지 못하면서 그가 『종의 기원』과 『인간의 친연관계』 등의 책에서 주장했던 진화론 전반을 이해했다고 착각하고 있는 것은 아닐까?

이 책에서는 무엇보다도 이런 관점에서 다윈의 생각을 이해하고, 이를 토대로 우리가 어떤 점을 다윈의 생각과는 조금은 다르게 이해하고 있는지를 살펴보려고 했다. 이를 위하여 이 책의 내용을 크게 3부로 나누었다. 1부에서는 다윈이 주장해서 오늘날 승자가 모든 것을 독식하도록 만든 사회의 원인이 된 경쟁competition이라는 개념의 다양한 의미를 살펴볼 것이다. 경쟁이라는 단어가 우리나라에 언제 어떻게 들어왔으며, 경쟁의 도입국으로 알려진 일본에서 사용된 경쟁의 의미와 오늘날 사용하고 있는 경쟁의 의미를 살펴볼 것이다. 그러면 아마도 다윈에게 덧씌워진 경쟁이라는 이데올로기의 제공자라는 억울함이 사라질 것으로 보인다. 2부에서는 오늘날 널리 사용되고 있는 생존경쟁이나 적자생존, 우승열패, 진화 등과 같은 단어들의 의미에 대해 살펴볼 것이다. 이러한 용어들이 번역 과정에서 그 의미가 제대로 전달되었는지, 또는 어떤 이유로 이러한 용어들을 오해했는지를 검토할 것이다. 또한 이를 토대로 다윈이 『종의 기원』에서 주장하고자 했던 내용들을 살펴볼 것인데, 『종의 기원』을 보다 제대로 이해할 수 있게 될 것이다. 마지막으로 3부에서는 다윈이 『종의 기원』에서 말하고자 했던 내용을 다시 한번 되새겨보려고 한다.

차례

제1부

—

경쟁이라는
단어의 의미와 다원

—

∞

　오늘날 우리는 무한경쟁과 그에 따른 승자독식 사회에서 목숨이나마 연명하려고 몸부림을 치거나 안간힘을 쓰면서 버티고 있다. 우리가 살아가는 사회에서 하나의 이데올로기가 되어버린 경쟁을 우리는 다윈이 『종의 기원』에서 '모든 생물은 생존을 위해 경쟁하고, 경쟁에서 승리하면 살아남아 자손을 남기고, 패배하면 죽을 수밖에 없음'을 마치 과학적으로 입증한 것으로 받아들이고 있다. 그에 따라 경쟁이라는 단어가 사람과 사회에 자연스럽게 스며들게 되었고, 오늘날 경쟁은 '너 죽고 나 살자' 식의 적대적인 형태를 띠게 되었다. 우리가 살아가는 이 사회가 서로 돕는 사회가 아니라 옆에 있는 사람을 팔꿈치로 쳐서 넘어뜨리고 혼자서만 앞으로 나아가는 일명 팔꿈치 사회로 변했다.[1]

　실제로 다윈도 "식물들이 다양한 물리적 조건에 노출됨에 따라, 그리고 다른 종류의 생물들과 (앞으로 설명하겠지만 더 중요한 요인인) 경쟁에 처하게 됨에 따라"[2] 같은 종에 속하는 개체들은 "습성과 체질이 어느 정도 비슷하며 구조도 항상 비슷하여"[3] 같은 종들 사이에서 벌어지는 경쟁은 다른 종에 속하는 생물들과의 경쟁보다 "자연의 경제에서 거의 같은 장소를 차지하려고 하기 때문에 가장 심각"[4]하다고 설명했다. 게다가, 다윈은 자신의 진화 이론에서 가장 핵심이라고 할 수 있는 "자연선택이 경쟁으로 작동"[5]한다고 설명하고 있어, 생물들이 살아가거나 진화하는 데 기여한 여러 요인 가운데 경쟁이 더욱더 중요하다고 명확하게 드러낸 것이다. 이는 아마도 다윈이 경쟁의 과학적 근거를 밝힌 것으로 간주해도 무방할 것이다.

그 결과, 진화 이론을 생존경쟁과 자연선택을 통해 종이 효율성을 추구하고 혁신할 수 있도록 만든다는 과학의 근거로 삼아, 경쟁이 효율을 낳는다는 명제를 의심할 필요가 없는 공리로 여러 사회과학에서 받아들이기도 했다.[6] 그리고 경쟁을 한 결과, 1등과 2등의 차이가 그야말로 간발의 차이에 불과함에도 시장 경제는 1등에게만 모든 부와 권력을 몰아주어 싹쓸이하도록 하는 승자독식사회로 변했고, 수많은 사람들이 헛된 희망을 품고 이 경쟁에 불나방들처럼 뛰어들고 있다.[7] 특히 교육은 지식을 쌓고 민주적인 사고방식을 지닌 시민을 기르는 데 매진해야 함에도 불구하고, 경쟁 또는 경쟁력이라는 미명 아래 교육의 수단에 불과한 시험 성적을 비교하고 향상시키는 데 주력함에 따라 '경쟁 국가의 병정'을 훈련시켜 유능한 노동력을 키우는 데[8] 온갖 힘을 쏟고 있다.

그리하여 우리의 삶은 타인을 경쟁 상대로만 의식하게 되었고, 대인관계가 굉장히 원만하지 못하게 되었다. 특히 사람들이 경쟁하면서 자신을 타인과 비교할 때, 보통 비슷한 또래와 비교하는 게 아니라 나보다 훨씬 잘하는 사람과 비교하는, 즉 일종의 상향 비교를 하여 필연적으로 열등감을 느낌과 동시에 정신적, 육체적 스트레스를 받고 있다. 결국 경쟁은 경쟁에 참여하는 사람들의 내면을 파괴하여 자신이 해야 할 일을 망각하게 만들고, 사회에서 스스로 고립되도록 만든다. 또한 경쟁은 사람들을 통제하는 손쉬운 방편으로 작용하여, 한 개인의 생명력을 갉아먹을 뿐만 아니라 사회 전체로도 에너지를 낭비하게 만들어 오히려 한 사회나 국가의 경쟁력을 떨어뜨린다.[9]

이러한 경쟁을 우리는 언제부터 했던 것일까? 어처구니없게도 우리나라에서 편찬된 옛 문헌들에는 '경쟁'이라는 단어가 거의 언급되지 않고 있다. 우리나라에서 편찬된 옛 문헌들을 번역하면서 이들을 데이터베이스로 구축한 한국고전번역원의 한국고전종합DB[10]에서 "경쟁"이라는 검색어로 검색하면[11] 1,400여 건이 검색되나, 한자어 "競爭경쟁"으로 검색하면 100여 건에 불과하다. 더군다나 서구의 문물이 우리나라로 들어오기 시작한 개화기 이전에 사용된 용례는 40건 정도이며, 이 용례도 대부분 시의 한 구절로 사용되었다. 아마도 '경쟁'이라는 단어는 개화기 이후에 사람들이 널리 사용했던 것으로 추정된다.

이러한 상황은 이웃한 중국에서도 비슷하다. 중국의 옛 문헌들이 데이터베이스로 구축되어 있는 백가제자百家諸子, Chinese Text Project[12]에서 "競爭경쟁"으로 검색하면[13] 6건이 검색될 뿐이다. 중국에서도 경쟁이라는 단어를 거의 사용하지 않았다는 방증일 것이다. 단지 맨 처음으로 사용된 경쟁의 용례는 송나라 형병邢昺[14]이 『논어』에 대한 주석을 단 『논어주소』에 나온다. 즉, 『논어』에서 "공자가 말하기를 군자는 다툼이 없다. 그러나 활쏘기를 할 때에는 반드시 다투어야 한다. 상대에게 예의를 다하며, 사양하기를 거듭한 후, 활을 쏜 뒤에는 내려와 술을 마시는 것이 군자의 다툼爭이다"[15]라는 글귀에 나오는 쟁爭을 경쟁

競爭이라고 풀이했다.[16] 그런데 이 설명은 활쏘기를 할 때에는 다투지만, 활쏘기 전,후에는 상대방에게 예를 갖추어야 한다는 의미이다.[17] 오늘날 우리가 사용하는 너 죽고 나 살자라는 경쟁의 의미와는 상당히 다른 느낌이다. 이보다 먼저 당나라 때의 묘지명墓誌銘에 "이우근진양而又勤盡讓, 불위경쟁不爲競爭", 즉 "(그는) 근실하여 겸양을 다했으며, 경쟁하려고 하지 않았다"는 의미로 경쟁이라는 단어가 사용되었으나, 이 표현 역시 '경쟁'은 부정적인 의미로 '겸양'에 대립되는 뜻이다.[18]

경쟁이라는 단어가 오늘날의 의미와 옛날의 의미가 사뭇 다르다. 우리나라에 '경쟁'이라는 단어를 도입한 것으로 알려진 유길준, 유길준에게 영향을 준 후쿠자와, 그리고 후쿠자와와는 다른 경쟁 개념을 정립한 가토의 경쟁 개념 뿐만 아니라 미국식 자본주의적 경쟁 개념과 우리나라에서 사용되고 있는 경쟁 개념을 순서대로 살펴보면서, 경쟁이라는 단어의 의미 변화와 다윈과의 관계를 따져보고자 한다.

1

우리나라에 경쟁이라는 단어의 도입

유길준

우리나라에서는 유길준[1]을 진화론의 한 유형으로 사회진화론을 맨 처음 받아들인[2] 대표적인 사람으로 간주하고 있다.[3] 또한 그를 개화의 당위성을 사회진화론에 근거하여 설파한 사람으로,[4] 사회진화론이라는 새로운 이데올로기를 심도 있게 이해하고 수용한 근대적 지식인으로,[5] 경쟁을 문명진보의 원동력으로 예찬한 인물로,[6] 최초의 과학적 사회진화론 전도사로,[7] 개화의 원동력을 사회진화론자들이 말하는 경쟁에서 찾은 사람으로,[8] 개혁의 관점에서 사회진화론을 가장 유의미하게 수용한 사람으로,[9] 그리고 자신이 처한 시대에 직면한 문제로 근대와 문명을 인식하고 이를 위해 계몽이 필요함을 일관되게 제기한 행동하는 지식인으로[10] 간주하고 있다. 그런가 하면 생존경쟁, 우승열패, 사회진화와 관련된 이론과 사상이 사회학의 한 부분으로 다루어지면서, 그를 이런 사회학으로 우리나라 현실 문제를 설명하는 데 응용한 사람으로[11] 간주하기도 한다.

이는 유길준이 1881년부터 1883년까지 일본을 방문하고 나서 「경쟁론」이라는 제목의 원고를 집필하였는데,[12] 이 원고에 나오는

'경쟁'이라는 단어 때문으로 풀이된다. 이 원고에서 유길준은 "사람 살이의 모든 일이 경쟁에 의지하고 있다. 크게는 천하와 국가의 일로 부터, 작게는 한 개인과 한 가정의 일에 이르기까지 모두 경쟁에서 시작되었고, 비로소 진보할 수 있었다. 만일 사람살이에 경쟁이 없다면, 그 무엇으로 어떻게 지혜와 덕, 행복을 존중하고 진보할 수 있으며, 국가가 경쟁하지 않으면 그 무엇으로 어떻게 빛난 위엄과 부귀, 그리고 강함을 증진하는 것이 가능할 것인가"[13]라고 피력했다.

경쟁이라는 단어로 세상의 사람살이 이치를 설명하려고 한 것인데, 앞에서 인용한 내용은 사회진화론의 요체가 요약된 것,[14] 또는 사회진화론을 토대로 쓰인 것[15]으로 평가되고 있다.

경쟁에 대한 유길준의 생각은 인생의 만사가 경쟁임을 지적하고 국가경쟁에서 우리나라도 적극 대처하여 문명부강으로 나아가자고 강조하는 것으로 판단하게끔 했다. 그래서 유길준이 생존경쟁과 약육강식이라는 사회진화론의 핵심적인 논리를 주장했거나,[16] 생존경쟁과 우승열패로 사회의 발달 과정을 설명하는 사회진화론의 이론과 사상을 수용했을 것으로 간주한 것이다.[17] 그런가 하면 그가 사회진화론의 원리를 「경쟁론」이라는 원고로 정리했거나,[18] 「경쟁론」이라는 제목 자체가 사회진화론의 영향을 받은[19] 것으로 평가하고 있다. 이런 평가는 유길준이 그 당시까지 널리 사용하지 않았던 경쟁이라는 생소한[20] 용어로 사회의 문제점과 방향성을 제시했기 때문으로 풀이된다. 중국에서도 경쟁과 관련된 논의가 거의 이루어지지 않은 것으로 알려졌는데, 달리 말해 경쟁은 우리나라에는 없던 개념이었다.[21]

다윈을 오해한 대한민국

단지 진화론을 정확하게 받아들이기 위해서는 생물학의 기초적인 여러 분야, 즉 분류학, 형태학, 생태학, 비교해부학, 고생물학 등의 지식이 필요함에도 불구하고, 당시 우리나라는 물론이고 일본에서도 이러한 학문이 존재하지 않고 있어, 유길준이 진화론 대신 자연스럽게 이해하기 쉬운 사회진화론을 흡수한 것으로 추정하고 있다.[22] 이런 점에서 볼 때 유길준이 사용한 '경쟁'은 '생존경쟁'을 의미한다. 하지만 그가 '생존경쟁'이라는 단어를 사용하지 않았던 것은 그때까지 '생존경쟁'이라는 용어가 정착되지 못했기 때문이고,[23] 진화와 관련된 용어도 「경쟁론」에 언급되지 않았던 것은 이 용어가 1880년대 초에 일본에서 처음 번역되어 우리나라에서는 정착되지 않았기 때문이라는 견해도 있다.[24]

　　그런데 유길준이 일본을 방문했을 때, 일본에서는 이미 다윈의 진화 이론을 학계에 널리 퍼뜨리던 헉슬리가 쓴 『종의 기원 강의록』[25]이 이사와 슈지[26]에 의해 『생종원시론生種原始論』으로, 그리고 다윈의 『인간의 친연관계』 2판이 코우즈 센자브로우[27]에 의해 『인조론人祖論』으로 번역되어 있었다.[28] 게다가 일본에 진화론을 소개했을 뿐만 아니라 생존경쟁, 자연선택이라는 생물학적 법칙이 인간을 포함한 모든 생명체를 지배한다고 믿는 사회진화론자이자 생물학자인 미국의 에드워드 모스Morse, E.[29]를 유길준이 일본에서도 만났고, 미국을 방문해서도 만났다.[30] 이때 유길준은 모스로부터 진화론을 배웠을 것이므로 사회진화론을 우리나라에 최초로 수용한 사람으로 평가되어야 한다는 견해도 있다.[31] 또한 유길준이 미국에 체류하던 시기에 미국 지성계에는 사회진화론이 널리 퍼져 있었기에, 유길준이 이 영향을 받았을 것으로 추정하고도 있다.[32] 어찌 되었든 유길준은 우리나라에서 사회진화론의 수용에 정치사상적 각인을 남긴 사람으로 평가되고 있다.[33]

그러나 유길준은 「경쟁론」에서 경쟁을 다음과 같이 설명하고 있다. 첫 번째는 "자신의 나라에 있는 사물을 파악하여 다른 나라의 사물과 비교하되, 다른 나라의 사물이 필연적으로 자신의 나라에 있는 사물보다 우위에 있다는 것이 있으면 이를 취하여 자신의 단점을 보완하고, 우리의 사물이 참으로 다른 나라의 사물보다 장점이 있거든 영구적으로 보존하여 그 장점을 한층 더 낫게 하여, 한 나라의 문명이 앞으로 나아갈 수 있게 하며, 한 나라의 부강함을 완성하여 나라의 권위나 위력이 온 세상에 우레와 같은 소리로 울리게 하라"[34]이다. 이는 우열에 따른 승패를 중시한 것이 아니라 다른 대상과 비교해서 보다 합리적으로 선택하는 것이 중요하다는 점을 표현한 것으로 보이기에, 우열을 기준으로 적자생존을 강조하는 사회진화론을 유길준이 전적으로 수용하지 않았다는 평가가 있다.[35]

두 번째는 "아주 오래전에 공자가 활쏘기에 있어, 상대방에게 예의를 표하고 양보하면서 활을 쏜 후에는 같이 술을 마셔야 하니, 이렇게 다투는 것이 군자의 도리라고 말씀하셨다"[36]라는 활쏘기 태도에 비유했다. 이러한 비유는 경쟁이 강자의 승리라는 결과를 합리화하는 것이 아니라 경쟁을 할 때 겸양의 태도를 보이면서 경쟁의 과정을 강조했던 것으로 풀이된다.[37] 이 역시 우열의 승패 또는 적자생존을 강조하는 사회진화론의 속성과는 일치하지 않는다.

세 번째는 "세상의 도리와 사람의 마음이 앞으로 단계적으로 나아

다윈을 오해한 대한민국

감에 있어 경쟁이 반드시 필요하나, 경쟁이라는 것은 사람들이 서로 사귀고 가까이 지내는 동안에 반드시 나타나는 것이다. 따라서 이 순간 경쟁을 하여 강함을 증대시키고 가장 높게 만들려고 하면, 사람들이 서로 사귀고 가까이 지내도록 만들어 더 넓고 더 크게 만드는 것이 가능하다. 즉, 이렇게 서로 사귀고 가까이 지내는 것이 좁아지게 되면 경쟁하려는 기력이 더욱 쇠하여 약하게 되고, 서로 사귀고 가까이 지내는 것이 넓어지게 되면 경쟁하려는 기력이 더욱 강하게 뛰어나게 된다"[38]고 설명했다. 그러면서 "내 형제가 경쟁하는 구역을 확장하고 문명의 부유함과 강함에 대한 실마리를 만들고자 개화하는 자는 그 기력을 왕성히 하여 경쟁을 분별하는 식견을 원대하게 하므로, 윗사람과 아랫사람이 모두 한마음이 되어 경쟁할 정신을 활발하게 만든다"[39]라고도 했다.

이렇듯, 유길준이 주장하는 경쟁은 타인과의 경쟁을 통하여 자신의 이익과 생존을 쟁취하는 차원에서 머무르는 것이 아니라 자기 계발을 위하여 분발하고 인간 교제의 폭을 넓혀서 스스로 진취해 가는 보다 높은 차원을 말하고 있는 것이다.[40] 이러한 설명에는 사회진화론의 핵심인 경쟁을 통한 최적자생존, 또는 당시의 용어인 우승열패와 관련된 개념을 포함하지 않고 있어, 유길준이 말하는 경쟁이 약육강식에서 자연도태로 이어지는 무자비한 야수적 투쟁이 아니라 진보에 대한 신념과 자유주의적 낙관론이 결합된 선의의 경쟁이라고 풀이할 수 있다.[41]

여기에 덧붙여, 유길준은 「경쟁론」에서 "오늘날 저 하늘 아래에 있는 사람 가운데에는 덕을 지닌 사람이 있는가 하면 덕을 지니지 못한 사람이 있고, 능력이 많은 사람이 있는가 하면 능력이 없는 사람이 있고, 가난한 사람이 있는가 하면 부자인 사람이 있는데, 이 차이가 높은 하늘과 넓은 땅, 또는 위로는 높은 하늘과 아래로는 깊은 못에 비교할 정도가 아니다. 이는 이미 태어날 때부터 지혜로움과 어리석음, 현명함과 못남의 구별이 있으며, 또한 교육과 관습에 따라 착함과 착하지 않음이 서로 같지 않게 생겨나기도 한다. 그러나 요약하면, 이 세상 모든 사람이 경쟁하겠다는 정신에 따라 강약이 나누어지며, 고귀함과 비천함이 생긴다"[42]고 설명하고 있다. 이는 경쟁하려는 의지가 있다면 약자도 강자가 될 수 있을 것이라는 설명으로 풀이되기에, 강한 자와 약한 자가 이미 결정되어 있다는 사회진화론의 사고와는 결이 다소 다른 것으로 판단된다.

한편 계몽적 자유주의에서는 자유로운 경쟁을 모든 개인이 가장 유용하고 윤리적으로 최선을 다하여 승리하려고 다투는 것으로 간주하고 있는데, 이런 측면에서 보면 유길준이 설명한 경쟁은 사회진화론적 관점이라기보다는 자유주의적 관점이라는 주장도 있다.[43] 특히 경쟁을 발전과 진보의 요인으로 파악하는 것은 전형적인 자유주의적 관점이기에, 발전과 진보라는 용어에만 주목하면 유길준의 「경쟁론」에서 설명하는 경쟁은 자연도태와 우승열패를 다투는 경쟁이 아니라는 지적이다.[44] 실제로 유길준은 「경쟁론」에서 "일반적인 경우에 경쟁이라고 하는 것은 무릇 지혜를 탐구하고 덕을 쌓는 일로부터 사상을 표현하고 기술과 예술을 익히며, 농업, 공업, 상업 등 수많은 사업에 이르기까지, 한 사람 한 사람이 고귀함과 비천함, 우수함과 열등함을 상호 비교하여, 다른 사람을 뛰어넘도록 하는 욕망을 갖게 한다"[45]고 설명하고 있어, 개인이 최선을 다하는 자유로운 경쟁을 강조한 것으로 풀이된다.

이런 점을 반영하듯, 유길준이 「경쟁론」원고 작성 이후로 추정되는 1895년에 발간한 『서유견문』에는 경쟁이라는 단어가 제10편, 제2절 법률의 공도편에서 단 한 번 나온다. "경쟁을 조정하고 습속을 제어하며 서로 범하지 않는 계역을 분명히 정하고 서로 빼앗을 수 없는 조목을 엄격히 세워 윤리를 바르게 하고 풍속을 바로잡는 일을 필부의 사력으로 할 수 없고 반드시 공중이 다 같이 높여야 한다"는 부분이다. 그러나 유길준은 경쟁보다는 오늘날 경쟁으로 흔히 번역되고 있는 경려競勵라는 단어를 상세히 설명했다.[46] "경려라고 하는 것은 논쟁하고 다투는 분쟁이 아니라, 훌륭한 경지로 나아가는 면려勉勵[47]를 가리킨다. 경려하는 방법을 잘 쓰면 인간 세상에 커다란 복을 이루게 하지만, 경려하는 방법을 잘못 쓰면 인간 세상에 커다란 화를 빚게 된다. 그러므로 좌우를 취사선택하는 것이 인간 세상에 화와 복을 가져오는 축복이 될 것"[48]이라고 했다. 그러면서 "사람이 타인에게 손해를 끼치지 않고 저마다 부귀영화를 이루려고 하는 의미로 서로 힘쓰는원문에는 상려(相勵)로 표기되어 있다 마음을 일으키고, 서로 다투려는 원문에는 상경(相競)으로 표기되어 있다 기풍을 고취하여, 앞서기를 다투고 뒤처지는 것을 싫어하면서도 그 폐단이 없는 이유는 세계적으로 공통되는 이익을 추구하면서 서로 도우려는 태도를 지켜 나가기 때문"[49]이라고 설명했다. 이러한 설명 역시 유길준이 「경쟁론」에서 설명하는 경쟁이 강자가 약자를 밟고 일어나는 의미를 지닌 우승열패로 회자되는 사회진화론적 관점은 아닌 것으로 판단된다.

또한 유길준은 『서유견문』 제4장의 「인간 세상의 경려」에서 "사람이 세상에 살면서 사람답게 사는 권리는 현명함과 우둔함, 귀함과 천함, 가난함과 부유함, 그리고 강함과 약함에 따라 구별되지 않는다"[50]고 했다. "사람의 강약은 시비로 판별하고, 새나 짐승의 강약은 세력으로 정한다. 그러므로 만약 사람의 강약을 시비로 판별하지 않고 세력으로 정한다면, 이는 새나 짐승과 다를 바가 없는데 참으로 맞는 말"[51]이라고 했으며, "만약 인민들이 서로 어울려 사는 중에 강한 자가 약한 자를 모욕하거나 존귀한 자가 미천한 자에게 거만하게 군다면, 강한 나라와 약한 나라가 상대되지 않는 것도 자연적인 추세라고 생각하여 강한 나라가 약한 나라의 권리를 침범하여도 그 나라 인민들이 당연하게 여기고 조그만 분노도 일으키지 않을 것"[52]이라고 했다. 이러한 설명들 역시 약육강식이나 최적자생존 또는 우승열패로 회자되는 사회진화론적 관점과는 상충되며, 오히려 개인의 자유와 경쟁을 강조하는 자유주의적 관점으로 판단된다.

실제로 유길준은 『서유견문』 제4장의 「인민의 권리」에서 자유에 대해 "인민의 권리라고 하는 것은 자유와 통의를 말한다. (⋯중략⋯) 자유는 어떤 일이든지 자기 마음이 좋아하는 대로 하되, 생각이 굽히거나 얽매이지 않는 것을 말한다. 그러나 결코 자기 마음대로 방탕하라는 취지는 아니고, 법에 어긋나게 방자한 행동을 하라는 것도 아니다. 또 다른 사람의 형편은 돌보지 않고 자기의 이익이나 욕심만 충족시키자는 생각도 아니다. 나라의 법률을 삼가 받들고 정직한 도리를 굳게 지키면서, 자기가 마땅히 해야 할 사회적인 직분 때문에 다른 사람을 방해하지도 않고, 다른 사람의 방해도 받지 않으면서 자기가 하고 싶은 일을 자유롭게 하는 권리"[53]라고 강조했다. 단지, 유길준은 마음대로 할 수 있는 자유를 법률로써 억제하여 개인의 욕심이 넘쳐 서로 쟁투하고 경쟁하는 상황을 억제해야 한다고 주장한 것이다.[54]

그런데 유길준이 사용한 '경쟁'이라는 단어는 일본의 메이지유신 시기의 계몽주의자 후쿠자와 유키치가 만든 것으로 알려져 있다. 후쿠자와는 1852년 영국의 자유주의자 버턴이 발간한 『정치경제학』[55]을 『서양사정』 「외편」이라는 제목으로 번역했다.[56] 『정치경제학』 6장은 「사회는 경쟁하는 체계Society a Competitive System」라는 소제목을 달고 있는데, 이 장에는 "자신만의 행복을 추구하고, 생계 수단과 관련해서 자신의 목적을 추구한다고 해서, 사람들이 서로서로 이웃을 짓밟거나 다치게 한다는 것은 아니다. 교육을 받지 못한 야만인들의 무리에게 상을 준다면, 그들은 상을 차지하려고 서로를 짓밟거나 일부러 눈을 딴 곳으로 돌려버릴 것이다. 하지만 문명인들에게는, 그것이 무엇이든 간에, 살아가면서 자신의 목적을 달성하고자 할 때, 그 누구도 이웃을 다치게 하지 않는다는 것이, 가장 현명하고 가장 도덕적인 조치로 이해된다. (…중략…) 문명인들의 삶에서, 부유함과 차별화를 위한 가장 좋은 방법은 일반적으로 다른 사람들에게 악을 행하기보다는 선을 행하는 사람들이 많아지도록 하는 것이다"[57]라는 설명이 있다.

이러한 설명은 유길준의 "사람이 타인에게 손해를 끼치지 않고 저마다 부귀영화를 이루려고 하는 의미로 서로 힘쓰는 마음을 일으키고, 서로 다투려는 기풍을 고취하여, 앞서기를 다투고 뒤처지는 것을 싫어하면서도 그 폐단이 없는 이유는 세계적으로 공통되는 이익을 추구하면서 서로 도우려는 태도를 지켜 나가기 때문"[58]이라는 설명과 비슷하다. 후쿠자와 유길준은 경쟁을 당시 일본에서 유행하던 사회진화론적 관점보다는 유럽 사회에 유행하던 자유주의적 관점에서 풀이한 것으로 보이는데, 아마도 유길준이 후쿠자와를 통해 버턴의 생각을 받아들였던 것으로 추정된다.[59] 또한, 유길준은 우리나라가 부강해지고 진보하기 위해서는 다른 나라들과의 경쟁을 활성화할 필요가 있다고 보고, 이러한 경쟁을 보장하기 위해서는 정부가 국민들의 자유를 보장해주고 간섭을 최소화해야 한다고 주장했는데, 그의 이러한 견해는 일본에 유학할 당시 게이오의숙에서 행해졌던 영미식 자유방임주의에 관한 강의로부터 영향을 받았기 때문으로 추정되고 있다.[60]

따라서 유길준이 설명하는 경쟁은 사회진화론의 핵심인 생존경쟁과 최적자생존,[61] 또는 약육강식과 우승열패[62]를 다투는 것이 아니기에, 그가 설명한 경쟁의 관념을 사회진화론적 관점보다는, 오히려 자유주의적 관점에서 기술했다고 간주해야 할 것이다.[63] 이에 따라 유길준에게 부여된 우리나라 최초의 사회진화론 수용자로서의 위상을 부정하는 평가가 제기되기도 했고,[64] 「경쟁론」이 출판되지 않고 원고 상태로 보관되어 있어 사회적 영향력은 없었을 것으로 간주하기도 한다.[65] 그런데 『서유견문』에 소개된 여러 가지의 자유주의적 요소들은 대체로 후쿠자와의 초기 저작인 『서양사정』에서 따온 것들로, 유길준이 이들을 충분히 소화하여 정리한 것들은 아닐 것이다. 그래서 『서유견문』 여기저기에서 나타나는 자유주의적 문구들을 근거로 그를 자유주의 사상가로 간주하는 것은 잘못이라는 지적도 있다.[66] 또한 유길준을 우리나라 최초의 진화론 수용자로 평가하기에는 그의 진화론에 관한 조예가 그리 깊지 않았다는 지적도 있다. 실제로 『서유견문』에는 생물학적 진화론을 주장한 사람으로는 모스만이 나올 뿐이고, 정통 진화론자인 다윈과 라마르크가 누락되어 있을 뿐만 아니라 진화론의 선구자에 관한 언급이 없다. 이런 이유로,[67] 유길준은 단지 문명의 발달 과정을 직선적으로 설명하면서 경쟁 개념 정도만을 이해했다는 평가도 있다.[68] 결국 유길준은 진보를 위한 동력으로서 경쟁을 자연도태와 우승열패를 다투는 끊임없이 세력 강화만을 요구하는 영원하고 노골적인 경쟁이나 강자의 권리와 약자의 복종만을 정당화하는 의미로 사용하지 않았다는 것이다.[69]

따라서 우리나라에는 사회진화론이 유길준에 의해 소개되었다기보다는,[70] 1900년을 전후로 본격 유입되었는데,[71] 이것의 대중화가 1900년대 중국의 양개초가 쓴 사회진화론과 관련된 내용을 담고 있는 『음빙실문집飲氷室文集』이 소개되고,[72] 생존경쟁이라는 말을 사용했던 가토 히로유키를 비롯하여 그와 유사한 부류의 논객들의 글이 소개되면서[73] 이루어진 것으로 간주하고 있다.[74] 이후 당시 우리나라 지식인들은 사회진화론을 나라의 자강이론을 변용하여 수용했다. 유길준도 이 시기에는 이런 시류에 따른 것으로 추정하고 있는데,[75] 1908년에 쓴 『노동야학독본』에서 "뛰어나면優 존재하고存 용렬하면劣 멸망하며滅 굳센 자强者는 이기고勝 약한 자弱者는 패하는敗 것이 하늘의 이치이고, 사람이 하는 일에서 당연한 것"[76]이라고 언급한 것이다. 이러한 언급 때문에 유길준이 우승열패라는 사회진화론적 관점을 수용한 것이라고 주장하기도 한다.[77] 그러나 유길준은 「경쟁론」에서도 언급했듯이 공자의 가르침을 인용하여, "군자는 어진 사람을 일컫는다. 다투는 일이 만일 좋지 않으면 어찌 군자의 일이라 하였겠는가"[78]라고 하면서, "경쟁한다고 공경하는 예와 사랑하는 덕을 돌아보지 아니하면 나라가 도리어 위태하니 힘을 써야 한다. 경쟁함에 있어서는 도리道가 있다"[79]고 경쟁에 대해 설명했다. 이런 측면에서 볼 때, 유길준이 말하는 경쟁은 진화론에서 사용되는 경쟁과는 달리, 문명개화의 실현을 위한 수단을 말하는 것[80]이라고 평가하기도 한다.

그런데 유길준은 경쟁하는 데 필요한 "도道"를 『서유견문』에서 "만일 한 사람이 자기 마음대로 행한다면 다른 사람도 또한 자기의 힘을 마음대로 써서 사사로운 욕심에 따라 서로 다투고 겨루게 될 테니, 모든 사람이 믿고 따르던 법률이 땅바닥에 떨어질 것이다. (…중략…) 그러기에 타고난 자유에다 인위적인 법을 더하여 근본 취지를 조금 변화시킨 다음에, 온 세상 사람들에게 같은 이익을 도모해주는 것"[81]이라고 설명한 바 있다. 이는 유길준이 『노동야학독본』에서 사용한 우優, 승勝, 열劣, 패敗, 강자强者, 약자弱者, 생존存, 멸망滅이라는 단어가 비록 사회진화론 분야에서 즐겨 사용했다 하더라도, 이런 단어들은 「경쟁론」에서 이미 설명한 것처럼 사람 사이에서 나타나는 차이로 경쟁이 해소될 수 있는 문제들로 간주하는 것이 타당할 것이므로, 『노동야학독본』의 설명 내용도 사회진화론적 관점이라기보다는 자유주의적 관점으로 간주하는 것이 타당할 것이다. 실제로 자유주의자들은 이기적 경쟁을 자연스런 사실로 받아들이는 것은 물론이고 사회 발전의 적극적 계기로 인식하면서, 경쟁은 사회적 효율성의 원천이므로, 진보와 발전을 위해서는 각 개인의 이기적 경쟁심을 적극 북돋아야 한다고 주장한다. 결국 자유경쟁론은 근대 자유주의의 오랜 지론으로,[82] 오늘날 너 죽고 나 살자 식의 경쟁과는 거의 무관한 것이다.

2

경쟁이라는 단어의 번역
후쿠자와 유키치

　유길준은 일본을 방문했을 때 일본 개화기의 계몽사상가이자 문명개화론자인 후쿠자와 유키치[1]를 만나면서, 후쿠자와가 경영하던 게이오의숙, 즉 오늘날의 게이오대학교에 입학하여 일본에 도입된 새로운 문물과 학문을 접하게 되었다. 후쿠자와의 문하생임을 자처했던 것으로 알려진[2] 유길준은 후쿠자와가 쓰거나 번역한 『서양사정』, 『학문의 권장』, 『문명론 개론』 등과 그 당시 일본에서 널리 읽혔던 가토 히로유키의 『입헌정체론』, 『국권신설』 등의 서양 문명을 소개하는 책들을 접했을 것이다.[3] 이들 가운데 유길준이 『서유견문』을 집필하면서 참고한 가장 중요한 책은 후쿠자와의 『서양사정』,[4] 특히 이 가운데 「외편」이었을 것으로 파악되고 있다.[5] 그러기에 유길준이 주장한 경쟁 또는 경려를 이해하려면 후쿠자와가 생각했던 경쟁을 이해해야만 할 것이다.

　후쿠자와는 1860년에 미국을 방문하면서 미국의 자유주의와 개인주의적 사고방식을 접하게 되었고, 1862년에는 유럽 여러 나라를 방문하여 기차를 비롯한 새로운 기계 문물을 목격했다. 서구의 문명을 몸소 체험했던 후쿠자와는 일본으로 돌아가 이러한 새로운 사상과 문물을 일본에 도입하여 당시의 일본 사회를 변화시켜야겠다는 생각을 했다고 한다. 이러한 일환으로 후쿠자와는 1866년에 『서양사정』「초편」을 출간했으며, 1867년에는 1862년에 영국을 방문했을 때의 구입인지[6] 1867년 1월에 미국을 다시 방문했을 때의 구입인지[7] 명확하지는 않지만 버턴[8]의 『정치경제학*Political Economy*』을 번역하여 『서양사정』「외편」으로 펴냈다. 특히 『정치경제학』을 읽으면서 "사람은 자유로운 상태로 태어난다"라는 문구에 깊은 감명을 받은[9] 후쿠자와가 '뇌중대소란'[10]을 겪으면서 새롭게 알게 된 서구 문명의 정수를 일본 사회에 바로 알리고 싶어 『서양사정』「외편」을 『서양사정』「2편」에 앞서 발간했다고 한다.[11]

버턴의 『정치경제학』은 사회경제와 정치경제 두 부분으로 크게 나누어지는데, 사회경제 부분은 문명, 개인의 권리과 의무, 평등과 불평등, 경쟁적 체계로서 사회, 경쟁적 체계에 대한 반론 등 14개 장에 걸쳐 설명되어 있고, 정치경제 부분은 정치경제의 속성, 노동과 생산, 가치의 원천으로 노동, 노동의 분업 체계, 독점권과 경쟁, 은행, 신용 등 22개 장으로 설명되어 있다.[12] 그러나 후쿠자와는 『정치경제학』을 완역한 것이 아니라, 정치경제 부분의 7장 '경쟁 제도에 대한 반론'을 포함하여 일부는 누락하거나, 이 책에는 없는 내용을 추가했는데,[13] 『서양사정』「외편」을 쓰기 위하여 버턴의 『정치경제학』을 주로 참조했다.[14] 따라서 후쿠자와의 영향을 받았던 유길준의 경쟁을 이해하기 위해서는 버턴의 생각을 이해해야만 할 것이다.

후쿠자와는 버턴의 『정치경제학』을 번역하면서, 처음에는 영어 단어 'competition'을 '경쟁競爭'으로 번역했으나, 이러한 번역이 당시 관리의 마음에 들지 않아 사용하지 않았다는 일화를 자신의 자서전인 『후쿠자와 자서전福翁自伝』에서 설명했다. 다소 길지만 인용하면 다음과 같다.

우선 그 당시의 도쿠가와 정부의 완고한 한 예를 들자면 이런 일이 있다. 내가 챔버스의 경제론[15]을 한 권 가지고 있었고, 무슨 이야기를 하다가 마지막에 회계담당의 유력자, 즉 지금으로 말하자면 대장성 내의 중요한 직책에 있는 사람에게 그 경제서에 관한 이야기를 하였더니, 그는 무척 기뻐하며 어서 목록만이라도 좋으니 꼭 보고 싶다고 소망했다. 그에 따라, 즉시 번역하는 과정에서 컴피티션[16]이라는 원어가 튀어나와, 여러모로 고려한 끝에 경쟁競爭이라는 번역어를 만들어내어 여기에 맞추어 전후 20여 개 정도의 목록을 번역하여 보여주었더니, 그 사람이 이것을 보고 줄곧 감동을 하고 있는 것 같았다. 그런데, "아니야 여기에 쟁爭이라는 글자가 있네, 아무래도 이것이 온당하지가 못해, 어떤 사유인가?" "어떤 사유라니, 이것은 특별히 이상할 것이 없소. 일본 상인이 하고 있는 대로, 이웃 가게에서 물건을 싸게 판다고 한다면 이쪽 가게에서는 그것보다도 싸게 팔고, 또 갑이라는 상인이 물건을 잘 만든다고 한다면 을은 그것보다도 더 한층 잘 만들어 손님을 끌어들여야 하고, 또 어떤 사채업자가 이자를 낮추면 이웃의 사채업자도 이자를 낮추어서 점포의 번성을 꾀하는 것으로, 서로 겨루고경(競) 다투게쟁(爭) 하여, 그래서 무사히 물가도 안정되고 금리도 안정이 되게 되는데, 이것을 이름하여 경쟁競爭이라고 하는 것입니다." "과연 그런가, 서양의 법도는 지독하구나." "별로 지독하지 않소. 그래서 모든 장사 세계의 근본이 확립되는 것이오." "역시 그렇게 말하면 이해할 수 없는 것이 없는데, 아무래도 왜 그런지 쟁爭이라는 글자가 온당하지가 않아. 이것으로는 아무래도 로오쥬우老中님께 보여드릴 수가 없겠네"하면서 묘한 이유를 대는 그 모습을 보자니, 경제서 속에 사람들이 서로 양보를 한다느니 하는 글자를 보고 싶은 것이리라. 예를 들면 장사를 하면서도 충군애국, 즉 국가를 위해서는 대가 없이도 판다든가 하는 그러한 의미가 기록되어 있었더라면 마음에 들었을테지만, 그것은 불가능하므로, "아무래도 생이라는 글자가 지장이 되신다면, 달리 번역할 수도 없으니, 그렇다면 이것을 지워버리지요"하고서 경쟁이란 글자를 까맣게 지우고 목록서를 건네주었던 적이 있다.[17]

후쿠자와는 자신이 고안한 단어 '경쟁'의 의미를 이웃 상인보다 더 싸게 팔거나, 더 좋은 물건을 만들거나, 이율을 낮추어 점포를 번창시켜서, 물가도 낮추는 과정이라고 설명한 것이다. 후쿠자와는 문명을 타인의 이익을 침해하지 않는 한도 내에서 자신의 이익과 부귀를 추구하는 것으로, 이때 경쟁은 마치 보이지 않는 손과도 같이 자신의 이익과 타인의 이익을 조화시키고 세상 일반의 이익을 달성하는 메커니즘으로 간주한 것으로 보이는데, 이러한 생각은 자유주의 원리에 보다 가까운 것으로 평가된다.[18] 특히 후쿠자와는 영국의 자유사상가인 밀[19]의 영향을 받았는데,[20] 밀은 자신의 대표적인 저서인 『자유론』에서 "노동과 상품의 구매자들도 판매자와 마찬가지로 서로 경쟁한다. 그리고 경쟁에 의해 노동과 생산물의 가격이 낮게 유지된다면, 가격이 더 떨어지는 것을 방지하는 것도 경쟁"이라고 설명하면서, "경쟁은 진보를 위한 최선의 자극제는 아닐지 몰라도 현재로서는 아니 가까운 장래까지도 진보를 위해 불가결한 자극제가 될 것이다. 사람들은 경쟁자가 존재하지 않는 한, 자신들의 습관을 바꾸어 새로운 생산방식을 택하려고 노력하지 않기 때문"이라 했다.[21]

밀은 또 다른 저서 『정치경제학 원리』에서 "사회는 자본과 노동 사이의 상시적 불화가 치유되고, 상반된 이익을 둘러싼 계급투쟁이라는 갈등에서 모두에게 공통되는 이익을 추구하는 우정어린 경쟁을 벌이는 상태로 변화한다"고 설명했다.[22] 또한 밀은 경쟁과 더불어 협력이 필요하다고 주장했는데, "만약 협력이 보편적이라면 노동자와 노동자 사이에는 경쟁이 없을 것이고, 협력협회 사이의 경쟁은 소비자, 즉 일하는 계급 전체에게 이익이 될 것"이라고 언급했다.[23] 그러면서 중국이 그 당시에 선진국으로 발전하지 못한 것은 "모든 국민들을 똑같이 만들고, 동일한 격률과 법칙에 의해 생각과 행위를 지배하는 데 성공했기 때문"[24]이므로, 경쟁의 부재를 그 원인으로 꼽았다. 또한 밀은 남을 고려하지 않은 경쟁의 위험성도 강조했는데, "어떤 사람의 주장에, 인류의 목표를 오로지 나아가 취함에 있으니 발로 밟고 손으로 밀고 서로 계속 반복하여 선두를 다투어야 할 것이고, 이것이 이른바 생산과 진보를 위해 가장 바람직한 현상이라고, 오로지 이익 이것만을 다툼으로써 인간이 취할 최상의 목표로 생각하는 자가 없지는 않지만, 나의 소견으로는 심히 이것을 달가워하지 않으니, 현재 전 세계에서 이러한 현상을 현실로 표출한 곳은 아메리카합중국이라고 주장했다."[25]

후쿠자와가 사용한 경쟁이라는 용어는 오늘날 자유시장주의 원리에 입각한 사익 추구의 경쟁이라는 의미만을 담고 있지는 않은 것 같고, 개인의 인격적 도야와 집단의 명예라는 가치를 두고 서로 겨루는 모양새로 간주했던 것 같다.[26] 달리 말해 누구를 이기기 위해서 한 행동이 아니라 서로 발전하기 위한 수단으로 간주했던 것 같다. 그럼에도 후쿠자와가 1867년에 번역한 『서양사정』 「외편」에는 자신이 만든 경쟁이라는 단어는 없다. 후쿠자와는 버턴의 『정치경제학』 5장의 제목, 「Society, a competitive system」을 「世人相勵ミ相競ノ事」로 번역했는데, 우리말로 번역하면 '세상 사람들의 서로 격려하고 서로 겨루는 일' 정도로 풀이된다. 한편 『서양사정』 「외편」 본문에는 상경相競 또는 경競이라는 표현이 나오는데, competitive 또는 competition을 상경相競 또는 단순히 경競으로 번역한 것으로 판단된다. 대신 1879년에 후쿠자와가 발간한 『국회론』에는 "문명개화는 곧 경쟁하는 가운데 진보하는 것이며, (…중략…) 현시대의 사회는 곧 경쟁이라는 커

〈표 1〉 일본에서 발간된 철학자휘의 출판년도별 어휘의 번역 변화 양상

영어 용어	哲學字彙(철학자휘)		
	초판(1881)	개정증보(1884)	영독불화(1912)
competition	爭賽(쟁새)	爭賽(쟁새)	爭賽(쟁새), 競爭(경쟁)
evolution	化醇(화순), 進化(진화) 開進(개진)	化醇(화순), 進化(진화) 開進(개진)	進化(진화), 發達(발달)
natural selection	自然淘汰(자연도태)	自然淘汰(자연도태)	自然淘汰(자연도태)
struggle	競爭(경쟁)	競爭(경쟁)	競爭(경쟁), 努力(노력) 爭鬪(쟁투), 奮鬪(분투)
struggle for existence	生存競爭(생존경쟁)	生存競爭(생존경쟁)	生存競爭(생존경쟁)
survival of the fittest	適種生存(적종생존)	適種生存(적종생존) 優勝劣敗(우승열패)	適者生存(적자생존) 優勝劣敗(우승열패)

다윈을 오해한 대한민국

다란 극장"이라는 표현이 나오고 있어,[27] 후쿠자와가 후일 경쟁이라는 단어를 사용했던 것으로 추정된다. 단지 1881년에 일본에서 발간된『철학자휘哲學字彙』에는 competition이 경쟁이 아니라 쟁새爭賽로 번역되어 있는 반면, struggle이 경쟁競爭으로 번역되어 있어<표 1>, 후쿠자와가 competition을 번역한 경쟁과 당시 사람들이 struggle을 번역한 경쟁이 혼용되어 사용되었던 것으로 판단된다.[28]

한편『정치경제학』은 19세기 스코틀랜드에 퍼져있던 계몽사상에 젖은 버턴이 잉글랜드와 미국 등지의 사회에 깔린 자유주의 원리를 기초부터 설명하려고 쓴 것으로 알려져 있다.[29] 버턴은 인간이 사회 상태를 구성하는 사회적 존재이므로 사회 이전의 자연 상태는 있을 수 없고 사회가 계약으로 결합할 필요도 없다고 생각하면서, 사회는 경쟁적이며 문명 단계에 따라 행동 패턴이 다르고 자연 상태에서 문명사회로 단계적으로 진보하며 거꾸로 퇴보하지 않는다고 설명했는데, 특히 사적소유권과 자유경쟁을 적극 옹호했다.[30] 버턴은 스코틀랜드 전통에 입각하여 사회를 경제적 단계에 따라 발달하는 것으로 간주했으며,[31] 자유권을 바탕으로 자립한 인간들이 구성하는 경쟁적 사회가 문명의 근간이 된다고 생각했다.[32] 실제로 버턴은『정치경제학』에서 "경쟁 체계는 인간이 사회를 만들 때부터 존재해 왔다고 강하게 추정할 수 있다. 이 체계가 처음에 생겨났고, 지금도 새로운 기업 분야에서 저절로 생겨나고 있다. 즉, 사람들은 이 체계를 당연한 것으로 받아들인다. 법도 힘도 이 체계를 시작하기 위한 일반적인 동의의 표현도 필요하지 않다. 그리고 모든 나라와 모든 시대에서 경쟁 체계는 이해되고 받아들이고 있다"[33]고 주장했다. 또한 버턴은 사회의 경쟁을 설명하면서 "적당한 방진emulation[34]과 야망은 억압받아서는 안 되지만, 남에게 해를 끼치지 않도록 진보의 열정은 규제되어야 한다"[35]고 주장했다.

당시 스코틀랜드에서는 상업 자유주의의 전통에 따라 경쟁은 공공이익의 관점에서 옹호되고, 사적 욕망에 의거한 무한 투쟁이 아니라 사익의 자연적 조정으로 이해되었다.[36] 특히 18세기 초, 농업에 의존하여 빈곤에 시달리던 스코틀랜드는 상업을 통해 부를 쌓아 부유했던 잉글랜드와의 통합에도[37] 불구하고 발생한 부의 불평등과 관련된 사회의 작동 원리 등을 탐구했다. 이때 스코틀랜드 지식인들은 상업 그 자체의 장점에 대하여 토론했으며,[38] 아담 스미스[39]와 흄[40]으로 대표되는 스코틀랜드의 계몽주의가 정립되었다.[41] 아담 스미스는 기업가의 혁신에 따른 경제 성장과 인민의 삶의 개선을 위한 필요조건으로 경쟁을 강조하면서, 『국부론』에서 "자유로운 경쟁을 하도록 하면 모든 은행가는 경쟁자에게 고객을 빼앗기지 않으려고 고객에게 더욱더 서비스를 잘하지 않을 수 없다. 일반적으로 어떤 사업이든 그것이 사회를 이롭게 한다면 경쟁이 자유롭고 많을수록 그 이익은 더욱 커질 것"이라고 주장했다. 이는 경쟁상대가 없을 때보다는 경쟁상대가 있을 때 혁신과 발전의 속도가 더욱 빨라진다고 설명하는 것으로 보인다.[42]

그리고 버턴은 『정치경제학』에서 자유권을 바탕으로 자립한 인간들이 구성하는 경제적 사회가 문명의 근간이 된다고 생각하면서,[43] "사회 전반은 경쟁 원칙에 따라 형성된다고 한다. 이렇게 하는 것이 인간의 본성에 훨씬 유리한데, 인간 사이에 방진이 없고, 개인의 노력에 대한 동기가 없다면, 많은 가치 있는 봉사를 할 수 없기 때문이다. (…중략…) 자신의 동료들의 이익을 위해 자신의 모든 것을 끊임없이 희생하는 사람조차도 가장 이기적이고 탐욕스러운 사람만큼 자신의 것과 다른 사람의 것 사이의 차이를 날카롭게 인식하고 있다. 정치경제학은 이러한 본능이 공동체와 개인에게 매우 유익하다는 것을 발견했다. 그리고 이러한 본능은 일반적인 부를 증가시키는 활동과 산업을 자극하고 산업이 실현한 것을 방어하고 보존하도록 하는 동기를 제공한다"[44]고 자유주의적 관점에서 경쟁을 설명했다.

후쿠자와도 1878년 『통속국권론通俗國權論』에서 "백성이 문벌의 우월함을 다투고, 전답이나 집과 대지의 경계를 다투고, 나아가 이웃 마을과 서로 자기네 신사나 절의 훌륭함을 겨루고, 스모나 연극의 성공을 겨루고, 또는 마을의 경계선을 다투고, 산림이나 벌초 장소의 입회공동으로 산이나 들판의 산물을 채취하는 것를 다투는 등, 이러저러한 일로 인한 경쟁들이 있다. 단지 이익만을 목적으로 하는 경쟁만이 있는 것이 아니라, 체면을 중시하고 올바른 이치를 소중히 하는 경쟁도 있어서, 심한 경우에는 아주 작은 마을의 경계선을 다투다가 사람들이 가산과 목숨을 잃는 경우도 예로부터 드물지 않다. 모두가 보국심의 일종이라고 할 수 있다. 스모, 연극, 제례가 있는 날에 마을의 인민이 집회를 열거나 서로 담론하면서 젊은이들이 서로 경쟁한다는 것은, 얼핏 무익한 오락인 것처럼 보여도 결코 그렇지 않다. 이는 인심을 결합하기 위한 유력한 방식이니 앞으로도 점점 이를 권하고, 사람들에게 자유로이 이를 행하도록 맡기고 싶은 것이다. (…중략…) 인심을 결합하여 경쟁심을 불러일으키는 것은 보국심의 원천"이라고 주장했다.[45]

개인이 자유롭게 경쟁하도록 만들면 그것만으로도 사회 전반의 기풍으로서 보국심이 강해진다는, 자유주의와 애국주의를 결합한 설명인 것이다. 단지 버턴과 후쿠자와의 생각이 완전히 일치하지는 않은데, 여러 가지 이유가 있겠지만, 영어를 일어로 번역하면서 발생할 수밖에 없는 의미의 차이에 기인했을 것으로 평가하고 있다.[46]

한편, 후쿠자와가 사회진화론을 주창한 스펜서의 여러 서적을 접하고서[47] 스펜서류의 자유주의적 사회진화론에 몹시 심취되어,[48] 『문명론의 개략』에서 사회진화론을 국가 간의 생존경쟁에 적용시켰고, 그에 따라 유길준을 비롯한 조선 개화기 지식인들에게 큰 영향을 끼쳤다는 주장이 제기되었다.[49] 그러나 후쿠자와가 경쟁을 강조했다고 해서 곧 사회진화론을 수용하는 일로 이어지지는 않았다는 주장도 있다. 이는 단지 교제의 일환으로 경쟁을 파악했을 뿐, 경쟁이 적자생존 또는 우승열패의 결과로 이어지지 않았다는 것이다.[50] "(스펜서에게는) 수많은 개인의 축적된 노력으로 진보를 이룩하기 위해서 자유는 가장 중요한 것이었다. 또한 자유는 모든 개인이 사회발전과 조화를 이루는 데 없어서는 안 될 것"[51]이었기 때문에, 후쿠자와는 국가주의를 강조하는 사회진화론에 동조하지 않았을 뿐만 아니라, 거의 관심을 표명조차 하지 않았다는 것이다.[52] 오히려 후쿠자와는 일본에서 논의된 자유경쟁의 선구자로 알려져 있다.[53]

실제로 1874년에는 후쿠자와가 자유주의적 입장을 고수하면서,[54] 학문이 개인의 문제라는 이유로 학자는 정부로부터 독립하여 인민의 개인적 독립의 모범이 되어야 한다고 탈정부적 입장을 취했다.[55] 게다가 유길준도 「경쟁론」에서 "세상의 도리와 사람의 마음이 앞으로 단계적으로 나아감에 있어 경쟁이 반드시 필요하다는 점이 이러하나, 경쟁이라는 것이 사람들이 서로 사귀고 가까이 지내는 동안에 반드시 나타나는 것"[56]이므로, "경쟁할 기력이 풍성해지고, 이에 사상을 표현하고 기술과 예술이 날마다 조금씩 발달하는 것도 경쟁할 기력을 풍성하게 하며, 농업, 공업, 상업 등 수많은 사업도 날마다 성대하게 발달하는 것도 또한 기력을 풍성하게 함이니, 우리들이 한 나라의 인민을 위하여 이런 기력을 조금씩 증강시키고 조금씩 성대하게 만들어, 높기만 하고 멀기만 하더라도 어떤 일이 이루어지기를 기원한다"[57]고 경쟁에 대해 설명하고 있다. 이상에서 보듯이, 버턴의 경쟁과 후쿠자와의 경쟁, 그리고 유길준의 경쟁은 공동체에 반드시 나타날 뿐만 아니라 그 결과는 공동체에 이익이 되는 것으로 설명하고 있다. 경쟁이 제로섬 게임이 아니기에 개인의 이익을 추구하면 저절로 타인의 이익도 된다는 관념이 가능해서, 경쟁을 거부할 이유는 별로 없었을 것이다.[58]

유길준은 후쿠자와의 『서양사정』 「외편」을 매개로 간접적으로 버턴의 『정치경제학』에 접근했고, 1870~1880년대 근대 동아시아에 전개된 계몽사상의 사상연쇄를 통해 스코틀랜드의 계몽사상에 접했던 것이다.[59] 결국 유길준의 경쟁은 버턴에서 시작되어 후쿠자와를 거치면서 만들어진 자유주의에 근거한 개념으로, 자유주의의 변형으로 간주되는 사회진화론에서 말하는 경쟁, 즉 생존경쟁과는 의미가 다른 것으로 판단된다. 따라서 유길준이 우리나라에 사회진화론을 소개했다기보다는 자유주의를 소개한 것으로 간주해야 할 것이다.[60] 그러기에 유길준은 1889년에 완성해서 1895년에 발간한 『서유견문』에서 경쟁이라는 단어보다는 경려競勵라는 단어를 사용했던 것으로 추정된다. 단지 유길준이 경쟁 대신 경려라는 단어를 사용한 것에 대하여 국가와 사회가 약육강식의 상태에 빠지는 위험성을 피하고 경쟁의 공정성을 추구하려고 했다는 평가도 있으나,[61] 이러한 평가에는 유길준이 사회진화론을 수용했다는 전제 조건이 따라야 하므로 검토가 필요하다. 하지만 후쿠자와가 1897년에 펴낸『후쿠자와 백 가지 일화福翁百話』에는 사회진화론의 핵심으로 간주되는 생존경쟁과 약육강식이라는 용어가 나오는데, 이때에는 이미 일본에서도 사회진화론이 하나의 사상적 주류를 이루었기 때문에 이런 용어를 자연스럽게 사용한 것으로 판단된다.

후쿠자와는 경쟁하려는 마음이 정신적인 활력의 원천이어서, 나아가 사람들로 하여금 정의의 실현을 우선하게 하고, 함께 이야기하며 공동체에 헌신하는 자세를 낳는다고 주장함과 동시에 경쟁은 개인의 인격을 고매하게 만들며,[62] 개인뿐만 아니라 집단들 사이에서도 벌어진다는 사실을 설명하면서, 경쟁에는 같은 집단의 사람들 마음을 한데 묶는 효용이 있다고 지적했다.[63] 또한 경쟁이야말로 입헌주의의 기초라고 간주하면서, 이러한 경쟁이 일본의 봉건제도 속에 이미 스며들어 있어 이른바 자유의 기풍을 형성했다고 설명했는데, 집단 간의 경쟁은 집단 내부의 결속을 낳고 국가 차원에서는 일종의 나라를 지키는 마음으로 이어질 수 있다고 후쿠자와는 생각했던 것이다.[64]

그렇다면 언제쯤 인간 사회에 복을 가져다줄 수 있는 이러한 경쟁이 어떻게 오늘날처럼 남을 이기기 위한, 남을 넘어뜨리기 위한, 인간 사회에 화를 가져다주는 경쟁이라는 의미로 바뀌었을까? 경쟁이라는 단어에 생존이라는 단어가 덧붙여져서 생존경쟁이라는 용어가 탄생하면서 경쟁의 의미가 변했을 것으로 추정된다. 오늘날 생존경쟁이라는 용어는 살아남으려면 경쟁에서 이겨야만 한다는 의미로 많은 사람들이 받아들이고 있다. 그리고 생존경쟁과 맞물려 최적자생존 또는 우승열패라는 용어도 등장했는데, 생존경쟁의 결과를 최적자생존 또는 우승열패로 풀이한 것으로 보인다. 즉, 여러 개인이나 사회, 또는 국가가 생존을 위해 경쟁을 한 결과, 최적자 또는 우월한 자는 생존하고, 열등한 자는 패배해서 죽게 될 것이라는 뜻이다. 실제로 경쟁competition이란 단어에는 "함께 추구하는 것"이라는 뜻이 있으나, 오늘날 문제시되는 경쟁은 생존경쟁, 즉 "너 죽고 나 살자"라는 적대적 경쟁이자[65] 끝도 없이 반복되는 무한경쟁이라는 차이가 있다. 이러한 적대적 경쟁이자 무한경쟁은 개개인의 내면을 파괴함은 물론, 사람들 사이의 건전한 인간관계를 파괴하기에 커다란 사회문제가 되며, 버턴, 후쿠자와, 유길준이 생각했던 경쟁과는 상당한 차이가 있는 개념으로 변했다.

3

생존경쟁이라는 또 다른 이름의 경쟁
가토 히로유키

경쟁이란 용어를 후쿠자와가 생각한 의미와 다르게 사용한 사람이 있다. 바로 후쿠자와 동년배로 서양 근대 국가를 이론적으로 분석해 당시 일본 정부 요인은 물론 지식인 계층의 주목을 받은 『진정대의眞政大意』라는 책을 1869년에 쓴 가토 히로유키[1]이다. 가토는 후쿠자와가 1866년부터 쓰기 시작한 『서양사정』을 강하게 의식하면서 이 책을 썼으며,[2] 1873년에는 후쿠자와와 함께 메이로쿠샤라는 일본 최초의 근대적 계몽 학술 단체에 참여하기도 했다. 이 두 사람은 모두 어떤 형태로든 모든 사람은 평등하고 자유로우며 그 누구도 타인의 생명, 재산, 자유 등을 침해해서는 안 된다는 천부인권설을 믿고 있어서 인민의 자유와 행복을 목표로 인정하는 데는 차이가 없었으나, 그 실현 방법에 있어서는 중대한 차이를 드러냈다. 가토는 정부 주도하의 개혁을 주장하며 국가주의적 사상을 피력했던 반면, 후쿠자와는 자유주의적 입장을 고수했다.[3]

이 두 사람은 모두 외국어로 네덜란드어를 공부하다가, 후쿠자와는 네덜란드어가 앞으로 외국과의 교제에서 도움이 되지 않을 것으로 판단하고 영어를 공부하기로 방향을 돌린 반면, 가토는 독일이 유럽 각국에서 가장 학문이 발달한 나라라고 생각하여 독일어로 방향을 돌렸다.[4] 결국 이 두 사람은 공부해서 서양의 사상과 문물을 받아들이는 것에는 서로 뜻을 같이했으나, 받아들이는 서양 사상과 문물의 속성은 서로 달리한 것이다. 즉, 후쿠자와는 개인의 자립과 자유를 존중하는 것을 기초로 하는 영국 사상을 일본에 최초로 도입한 반면, 가토는 국가의 개인에 대한 우월성을 지향하는 독일 사상을 일본에 최초로 도입했다.[5] 그래서 후쿠자와는 영국식 의원내각제를 지향점으로 삼은 반면, 가토는 훗날 일본 제국주의 헌법 체제에서 볼 수 있는 독일식 입헌정치를 지향점으로 삼았다.[6]

가토는 한때 동경제국대학교 총장을 역임하여, 재야에 머물렀던 후쿠자와[7]와는 달리 관직에 몸을 담고 있었는데, 1879년 한 강연에서 'struggle for existence'의 번역어로 '生存競爭생존경쟁'이라는 용어를 처음 사용했다.[8] 그리고 1881년에는 「인위선택으로 인재를 얻는 기술에 대한 논의」라는 논문에서 무기물에서 생물이 발생하여 무수한 세월이 지나 인간까지 진화해 왔다는 진화 이론을 다윈주의라고 부른다고 설명하면서, 생존경쟁을 일본어 가타카나로 ストラグル ポール エキシスタンス[9]라고 표기했다.[10] 같은 해에 발간된 『철학자휘哲學字彙』에도 'struggle for existence'의 번역어로 '생존경쟁'이, 'struggle'의 번역어로 '경쟁'이 나열되어 있다.<표 1> 그리고 가토가 1882년에 발간한 『인권신설人權新設』에서는 1881년에 발표한 논문을 상세하게 보완하여 생존경쟁과 자연도태라는 용어를 사용하면서 "진화주의는 큰 원칙에서 말하면 동식물에 생존경쟁과 자연도태가 작용하

여 점점 진화가 일어나는 것으로, 고등한 종류가 만들어지는 이치를 연구한 라마르크와 괴테 등을 비롯하여 두세 명의 석학의 발견에서 시작되었다"[11]고 설명했다. 또한 가토는 『철학자휘』에 적종생존으로 번역된 'survival of the fittest'를 우승열패라는 단어로 번역했는데, 우승열패는 영어 'survival of the fittest'를 독일어로 번역한 'Überleben der Anpassungsfähigsten'을 일본어로 번역한 용어이다.[12]

게다가 가토는 'struggle'을 번역한 경쟁에 대해 "동식물은 각자 생존을 유지하고 자손을 키우기 위해 처음부터 끝까지 다른 생물과 경쟁을 통해 서로서로 싸워 이겨 영역이나 지위를 차지하려고 한다. 다만, 이런 일은 무심코 지나칠 수는 없는데, 많은 경우에 경쟁이 맹렬하여 실로 놀랄 만한데, 이런 경쟁에서 자신의 영역이나 지위를 확보한 생물은 앞으로 생존을 보장받아 자손을 키울 수 있고, 경쟁에서 패한 생물은 완전히 죽을 수밖에 없게 될 것"[13]이라고 설명했다. 이렇듯 가토는 생존경쟁이라는 용어에 나오는 경쟁을 생물들로 하여금 생존을 보장받아 자손을 키울 수 있거나, 그렇지 않으면 완전히 죽게 만드는 맹렬한 과정이라고 주장하면서, 후쿠자와가 생각한 경쟁, 즉 competition과는 다소 다른 개념의 경쟁을 설정했다.

그에 따라 경쟁이라는 한 단어가 영어 competition과 struggle 두 단어의 번역어로 사용되었는데, 이 두 영어 단어의 의미가 서로 같지 않다. 영어 단어 competition은 compete에서 유래했는데, compete는 "더불어 노력한다, 누군가와 함께 또는 같이 무엇인가를 얻으려고 노력한다"라는 의미의 라틴어 competere에서 유래했다. 라틴어 competere는 "같이"라는 의미의 com과 "노력하다, 찾다, 급히 서두르다"라는 의미의 petere가 합쳐진 것이다. 그러다가 1840년대에는 상품을 거래하는 시장이라는 개념으로 약간 변하기는 했지만,[14] 1828년에 발간된 웹스터 사전에는 "다른 사람이 얻으려고 노력하는 것을 동시에 얻으려고 노력하거나 찾는 행동, 상대방과 동일한 대상을 놓고 서로 겨루거나 우위를 점하려는 상태나 상황"으로 설명되어 있고, 예문으로 "공직을 서로 차지하려는 두 후보자 간의 겨룸" 또는 "더 나은 평판을 얻으려는 두 시인 간의 겨룸"이 나열되어 있다. 따라서 버턴이 1852년에 발간한 『정치경제학』에서 언급한 영어 단어 competition은 더불어 노력하거나 함께 무엇인가를 얻으려고 하는 과정을 의미할 것이며, 이러한 의미가 후쿠자와를 거쳐 유길준에게 전달되었을 것이다.

반면에 영어 단어 struggle은 15세기에는 "논증하다, 논쟁하다"라는 의미를 지니고 있다가, 점차 "노력하다, 열심히 노력하다"로 변했다.[15] 그리고 1828년에 발간된 웹스터 사전에는 "엄청난 노동, 사물을 얻거나 악을 피하려고 억지로 해야만 하는 노력, 몸을 뒤틀어가면서 하는 격렬한 노력, 대회나 시합, 언쟁, 갈등" 등으로 설명되어 있다. 영어 단어 competition과 struggle의 의미가 서로 다른 것임에도 불구하고 가토가 struggle을 경쟁으로 번역하면서, 경쟁이라는 단어에 두 가지 의미가 부여되었다고 할 수 있다.

그런데 가토와 후쿠자와는 일본이 메이지 유신을 단행하면서 새로운 국가 건설을 위한 개혁적 정책을 추진하던 시기에 같이 활동했고, 국가적 요구에도 부응하려고 노력했다. 그러나 후쿠자와는 개인의 자립과 자유를 존중하는 것을 토대로 하는 영국 사상을 수용한 반면, 가토는 국가의 개인에 대한 우월성을 지향하는 독일 사상을 수용한 차이를 보였다.[16] 특히 일본이 국제적인 경쟁에서 살아남으려면 국가의 통일을 강화해야 한다고 가토가 주장한[17] 반면, 후쿠자와는 개인의 자유를 강조했는데, 당시 개인의 자유를 강조하면 자칫하여 천황의 권위가 떨어져 일본을 이끌어온 천황제의 근간을 뒤흔들 수도 있었다. 하지만 가토는 근대 일본 최고의 교육기관에서 총장을 두 차례나 역임했고, 무엇보다 자신이 선택했던 독일학이 메이지 정부의 국제적인 지식으로 본격적으로 활용되면서 일본 내에서 더 많은 활동 공간을 얻게 됨에 따라,[18] 그의 주장이 당시 일본이 처한 시대적, 국가적 요구와 맞아떨어졌고, 그가 생각한 경쟁이 후쿠자와가 생각한 경쟁보다 일본 내에서 널리 통용되었던 것으로 추정된다.

실제로 메이지 헌법의 제정 의도는 군사권력이 강력하고 민간의 권력이 약한 독일식 헌법을 만드는 것이었기에,[19] 이러한 과정에서 부수적으로 경쟁이라는 개념이 후쿠자와의 자유주의적 관점에서 가토의 사회진화론적 관점으로 변한 것으로 추정된다. 우리나라에서도 초기 지식인이 사용했던 경쟁의 개념은 고전적 자유주의 관점이었겠지만, 1890년대를 지나면서는 사회진화론에 따른 경쟁의 개념으로 변화한 것으로 알려져 있는데,[20] 이런 이유로 판단된다.

더군다나 가토는 『인권신설』 제8조에서 경쟁을 우월한 생물과 열등한 생물 사이에서 나타나는 것으로 다음과 같이 규정했다.

동식물 세계에서 생존경쟁이 앞 조항에서 설명한 여러 가지 원인으로 인해 나타나서 어떤 결과를 만들어내는지를 한마디로 말하면 다음과 같다. 이러한 경쟁으로 인하여 서로 경쟁한 생물 가운데 우월한 생물이 영역을 차지하며 열등한 생물을 압도한다. 우월하다고 부르는 생물에는 체질이 강한 생물이나 생활력이 왕성한 생물이상은 동식물 모두에 적용된다, 또는 심성이 호탕하고 씩씩한 생물이나 민첩한 생물이상 동물에만 선택적으로 적용된다 등과 같이 다른 생물보다 뛰어난 생물들이 모두 포함된다. 그리고 열등하다고 부르는 생물에는 체질이 나약하거나 생활력이 점점 약해져서 줄어들거나 심성이 겁이 많고 게으르거나 둔하고 어리석어 미련한 생물 등을 비롯하여 기타 여러 생물 등과 같이 다른 생물보다 열악한 생물들이 모두 포함된다.[21]

이처럼 우월한 생물과 열등한 생물이 나타나는 것을 가토는 "동식물의 조상이 지닌 체질과 심성심성이란 동물에만 선택적으로 적용된다이 유전으로 전달받아 같거나 다르게 될 수도 있고, 자신이 살아가는 동안 접하게 되는 신체 외부의 온갖 사물과 일을 자극으로 받아들인 영향으로 인하여 체질과 심성이 변화하여 같거나 다르게 될 수도 있"[22]기 때문이라고 하면서 체질과 심성의 유전은 헤켈[23]의 이론에 따른다고 했다. 가토는 자손을 만드는 과정에서 몸 안에 있는 성형원(또는 원형질)의 일부가 나누어지고 합쳐져 새로운 성형원이 만들어질 때 새로운 체질이나 심성이 만들어진다고 설명했다.[24]

또한 가토는 자신이 생각한 경쟁, 즉 struggle의 결과는 자손을 만들 수 있거나 만들 수 없는 두 가지 가운데 하나로 나타난다고 했다.

유전과 변화가 뜻밖에 운이 좋아 양호하게 되면 우월한 생물로 되고, 그렇지 못하여 운이 좋지 않아 양호하지 않게 되면 열등한 생물로 된다. 이는 곧 경쟁하는 지역 내에서 자신의 영역을 차지하는 생물은 반드시 여하튼 우월한 생물로 한정되고 경쟁에서 패배하는 생물은 반드시 여하튼 열등한 생물에 속하게 되니, 잘 생존하는 생물은 오로지 우월한 생물뿐이고, 열등한 생물은 앞으로 반드시 자손을 잇지 못하고 멸망하는 결과로 이어질 것이다. 이러한 연유로 우월한 생물만이 오로지 자손과 그 후대 자손(동식물 모두에 적용된다)을 만들 수 있으며, 또한 자손과 그 후대 자손에게 자신의 우량한 체질과 심성을 물려줄 수 있게 된다.[25]

경쟁의 결과로 후쿠자와가 생각했던 것처럼 상호 발달하는 것이 아니라, 우월한 생물은 경쟁에서 자신의 영역이나 지위를 확보하여 살아남을 수 있게 되면서 자손도 남기는 반면에, 열등한 생물은 경쟁에서 패해 완전히 죽게 되면서 자손조차 남기지 못한다고 가토는 생각한 것이다. 비슷한 시기에 공부를 했던 후쿠자와와 가토 두 사람이 경쟁이라는 단어에 대해 전혀 다른 생각을 드러냈다. 게다가 가토는 동식물은 유전과 변화의 두 작용으로 인하여 "개체마다 우열의 차이가 나타나서 각각의 생존을 보장하고 자손을 낳으려고 상호 경쟁하게 되나, 우월한 개체는 열등한 개체를 무너뜨려 항상 승리를 거두고 자신만이 생존하게 되는데, 이는 영원히 변하지 않는 자연법칙, 즉 우주 만물을 통제하는 만물의 법칙으로, 이 법칙을 나는 우승열패라고 말하고자 한다"[26]라고 우승열패를 정의했으며, 경쟁의 결과는 우승열패의 법칙에 따라 결정된다고 했다.

가토는 이러한 우승열패가 옛날의 야만과 미개의 시대로부터 오늘날의 문명개화 시대에 이르기까지 소멸하는 것이 아니라 인류가 지구상에 존재하는 한 소멸되지 않는 것으로 간주했다.[27] 그리하여 자연도태와 우승열패를 인간계와 생물계에 공통으로 적용되는 법칙으로 이해하면서 생물에 적용되는 진화 이론을 인간 사회에까지 확대시켜,[28] 우승열패가 사회의 기본원리라고 주장했다. 가토가 이러한 주장을 함에 따라, 그를 일본을 대표하는 사회진화론자,[29] 또는 일본에 진화론을 들여오고 널리 퍼지게 한 산파이자 전도자로[30] 간주하고 있다. 그래서일까? 가토는 1890년에 있었던 다윈의 『종의 기원』 발간 30주년을 기념하는 강연에서 진화주의 대신 도태주의라는 말을 사용했다.[31]

왜 가토는 competition이라는 단어 대신 struggle을 경쟁이라는 단어로 번역했을까? 가토가 동년배인 후쿠자와와 같이 공부했고, 후쿠자와가 1879년에 발간한 『국회론』에서 경쟁이라는 단어를 사용했는데, 이를 몰랐을까? 가토가 『인권신설』에서 사회진화론을 주장한 것으로 알려진 스펜서나 『종의 기원』을 쓴 다윈의 이론보다는 "체질과 심성의 유전은 헤켈의 이론에 따른다"고 설명했다는 점과 그가 독일어를 공부했다는 점에서 그 답을 찾을 수 있을 것 같다. 실제로 가토가 작성한 독서록인 「의당비망疑堂備忘」에 따르면, 1877년 무렵 헤켈이 쓴 『창조의 역사』에서, 우리말로 생존투쟁 정도로 번역되는 'Kampf ums Dasein' 등의 개념을 학습했음을 알 수 있다.[32]

헤켈은 생물의 계통적 유연관계를 나무에서 나오는 가지처럼, 즉 계통수로 멋들어지게 만들어 '독일의 다윈'이라고 불리는 사람으

다윈을 오해한 대한민국

로,[33] 또는 독일에서 가장 유명한 다윈의 독일어 통역사로[34] 알려져 있다. 헤켈은 생태학이라는 용어를 만들었고 동시에 수많은 생물 종들을 발견하고 기재했는데, 26세 때인 1860년 4월에는 이탈리아에서 돌아오자마자 다윈이 쓴『종의 기원』의 독일어 번역본을 매우 흥미롭게 읽고 깊은 감명을 받았다고 한다. 그 후 헤켈은 당시 다윈의 진화론에 가해지는 거센 공격을 막아내기도 했다.[35] 다윈은 헤켈의 이러한 노력에 감사하며, 헤켈에게 보낸 편지에서 1866년 8월 18일에는 "당신은 내 책『종의 기원』에 대해 지금까지 받은 것 중 가장 감명 깊은 찬사를 보내주었는데, 나는 진심으로 기쁘게 생각했다"[36]고 했으며, 1873년 9월 25일에는 "당신은 당신이 할 수 있는 한도 내에서 수많은 원천적 관찰을 하여 진화론을 지지했으며, 또한 널리 퍼지게 하는 데 놀라운 일을 했다"[37]고 칭찬했다. 이 밖에도 다윈이 1873년 2월 27일 로버트 스미스[38]에게 보낸 편지에서는 헤켈에 대해 "독일에서 자연선택 이론을 지지해 준 가장 뛰어난 사람"[39]이라고 평가했다. 헤켈은 1866년에 다윈의 집을 직접 방문하여 다윈을 만나기도 했고,[40] 다윈의 업적을 널리 퍼지도록 한 공로로 1908년에 린네학회에서 진화생물학에서 주요한 발전을 이룬 사람에게 수여하는 다윈-월리스 메달을 받기도 했다.[41]

그런데 헤켈은 다윈의『종의 기원』을 영어로 인쇄된 책이 아닌 독일어 번역본으로 읽으면서 다윈이 설명하는 여러 생각들을 오해했기에 다윈의 생각에 근거해서 설파한 그의 자연법칙에 관한 탐구가 일부 잘못이라는 지적이 있다.[42] 실제로 다윈은 독일의 고생물학자 브론[43]이 번역한 일부 내용에 대해 불만족스러움을 표현했다. 예를 들면, 브론은 favored를 vervollkommnet로, struggle for existence를 Kampf ums Dasein으로 번역했다. 그런데 'favored'는 선택에 '유리한'이라는 의미이지만, 'vervollkommnet'는 '완전한' 또는 '완벽한'이라는 의미를 지니고 있다. 만일 생물이 완벽하다면, 환경이 변화할 때에는 완벽한 생물에게서 또 다른 변이가 나타날 수 있을까? 만일 없다면 그 생물은 더 이상 진화할 수 없을 것이다. 이는 생물에게 변이가 나타나 환경에 유리하도록 적응하면서 새로운 종으로 만들어진다는 다윈의 생각을 오해하게 만들 것이다.

또한 struggle for existence에 대해 다윈은 『종의 기원』에서 "한 생명체가 다른 생명체에 의존하는 관계와 (이보다는 더 중요하게) 개체들의 일생뿐만 아니라 자손들을 성공적으로 남기는 것을 포함하는 넓은 의미로 은유적으로 사용한다"고 설명했음에도 불구하고, 브론은 이 용어를 Kampf ums Dasein으로 번역했다. 그런데 Dasein은 전투, 격투, 투쟁을 의미하는 단어이다. 이 번역에 대해 다윈은 1869년 3월 29일 영국 태생의 생리학자인 프라이어[44]에게 보낸 편지에서 "struggle for existence라는 용어에 대해 나는 항상 무언가 의구심을 지니고 있었으나, 이 용어에 포함된 두 개념 사이에 뚜렷한 선을 그을 수가 없었습니다. 독일어로 번역된 Kampf ums Dasein이라는 용어가 완전히 같은 생각을 제공하는지는 의심스럽지만, struggle for existence라는 용어는 내가 생각하는 동시성을 정확하게 표현합니다. 두 사람이 먹지 못했을 때 같은 먹이를 사냥하려고 하는 경우나 비슷하게 한 사람이 같은 먹이를 사냥하는 경우 모두를 영어로 struggle이라고 표현하는 것이 정확합니다. 또는 한 사람이 난파되었을 때 바다의 파도에 맞서서 struggle for existence한다고 말할 수도 있습니다"[45] 라고 불만족스러움을 드러냈다. 그러나 브론은 점진적이고 진보적인 변화가 아니라 극단적인 비정상이나 부적응한 잡종, 또는 지질학적 시간으로 볼 때 쇠퇴해 가는 종의 소멸을 의미하는 Kampf로 번역한 것이었다.[46] 따라서 브론은 struggle for existence를 창조적인 과정이 아니라 보수적이고 제거하는 과정으로 해석한 것이다.[47]

헤켈은 브론을 통해 다윈을 만났으며, 그는 다윈이 주장한 내용을 받아들임에 있어 마음과 정신을 물질의 자연적 속성으로 축소하고, 인간의 일들을 생물 세계의 일부로 취급하면서 초월적 종교, 특히 가톨릭교에 반대하는 윤리의 생물학적 기초를 설파하는 통일된 세계관인 일원론 철학으로 해석했다.[48] 그리고 헤켈은 1863년 슈테틴[49]에서 개최된 학회에서 독일에서는 최초로 다윈을 소개했는데,[50] 독일의 생물학자들에게 다윈의 이론을 새로운 이론으로 뒷받침할 것을 촉구하면서, 단순히 지적 문제로 제시한 것이 아니라 독일의 문화적, 정치적 통합을 향한 필수 단계이자 진보에 대한 믿음을 확인하는 수단으로 제시했다.[51] 또한 진화에 대한 자신의 생각을 1868년에 발간한 『창조의 역사』에서 선택 이론Selections-Theorie이라고 표현하면서, 다른 말로 다윈니즘Darwinismus이라고 부르기도 했다.[52]

오늘날 독일은 1871년에 통일된 독일 제국을 모태로 하고 있다. 이전에는 서로 다른 왕들이 지배하던 여러 개의 국가로 구성된 느슨한 동맹국 형태의 연방제 국가로, 헤켈이 1863년에 학회에서 발표할 무렵에는 독일 내에서도 연방제 국가에서 벗어나 통일된 하나의 국가를 건설하려는 움직임이 활발한 시기였다. 이런 시기에 헤켈은 1863년의 발표에서 인류도 지구상에 분포하는 동식물과 같은 자연의 법칙을 따르기에 "더욱이 우리는 인류가 역사적으로 발전한 모든 곳에서 작동하는 동일한 진보의 법칙을 발견합니다. 아주 자연스러운 일입니다! 왜냐하면, 시민과 사회 속에서도 사람들을 저항할 수 없게 앞으로 나아가게 하고 점진적으로 그들을 더 높은 문화 수준으로 끌어올리는 것이 바로 동일한 원칙, 즉 생존경쟁[53]과 자연선택이기 때문입니다"[54]라고 설파했다. 또한 비슷한 맥락으로, 헤켈은 진보를 방해하려는 어리석은 사제들과 정치인들의 모든 노력은 실패할 운명에 처해 있다고 열정적으로 선언했는데, 일시적인 장애물이 사라지면 인생은 언제나 앞으로 나아갈 수 있다고 믿었기 때문이다.[55] 심지어 헤켈은 훗날 나치도 사용했던 "정치학은 응용 생물학"이라고 말하기도 했다.

그리고 헤켈과 그의 추종자들은 강력한 중앙정부를 배경으로 하여 권력을 휘둘렀고, 전체 역사에서 이웃을 지배하는 우월한 인종에 의해 진보가 달성되어 왔다는 사실을 배움에 따라, 그 이상의 진보를 이루기 위해서는 계속해서 몸부림쳐야 하며, 다음 단계에는 세계의 권력자로서 독일이 등장할 것으로 생각했다.[56] 헤켈은 국가가 강해지기 위해서는 통합되어 중앙집중적으로 조직되어야 한다는 것과 국가 간 경쟁이 국가의 발전에 중요한 요인임을 강조했기에, 그에 따라 강력한 국가는 내부적 분쟁에 의해 갈가리 찢어져서는 안 되고, 그 운명의 방향을 지시하는 지도자 아래에서 통합되어야 하며,[57] 구성원인 시민들을 더욱 굳건한 의지의 집단으로 향상시켜야만 한다고 주장했다.[58] 또한 헤켈은 인간이 진취적 기상을 가질 수 있기에,

미래에 대한 스스로의 전망에 따라 강력하고 새로운 국가를 만들 수도 있다고 믿었던 것이다.[59]

가토는 훗날 자서전에서 "다윈과 스펜서 등의 진화주의 책을 읽게 되면서 내 나이 40세 무렵의 일이었다[60] 우리 인류가 본래 특수한 생물이 아니라 진화로 인해 비로소 우리 인류가 된 연유를 알았으므로, 오직 인류에게만 천부인권이라는 것이 있을 도리가 없다는 이유를 점차 명료하게 알게 되어, 옛날에 쓴 책들의 내용이 대단히 잘못된 것임을 알았다"고 고백했다.[61] 그러면서, 가토는 "내 생각을 어떤 이유로 바꾼 것은, 내가 영국 개화사의 대가 버클[62]의 저서를 읽고 소위 형이상학이라는 것이 대부분 황당무계하다는 것을 비로소 알았으며, 오직 자연과학에 의거하지 않으면 아무것도 논의할 수 없음을 느꼈고, 그로부터 다윈의 진화론이나 스펜서, 헤켈 등의 진화와 관련된 철학책들을 읽고 나서 우주관과 인생관이 완전히 변화했다"고 회고했다.[63] 헤켈은 19세기 후반의 가톨릭 부흥 운동 속에서 나온 교황권지상론과의 문화 투쟁으로, 인간 이성을 미신의 멍에와 자연으로부터의 소외에서 해방시킨다는 문제의식을 지니고 있었다. 이러한 헤켈의 사상적 경향은 당시 일본의 시조가 하늘에서 내려왔다는 천손강림의 종교적 색채가 강한 국체를 타파하고, 천황으로 하여금 서구의 입헌군주적 국체를 채택하게 함으로써 만민의 천하라는 이상을 실현하고자 했던 가토의 사상적 경향과 상통했을 것으로 추정하고 있다.[64]

다윈의 진화론적 사고가 독일로 건너가서 자유를 강조한 스펜서의 사회진화론으로 전개되지 않고 오히려 국가를 강조한 독일식 사회진화론으로 전개되었다. 그리고 가토가 독일식 사회진화론을 일본으로 들여오면서, 경쟁의 의미가 고전적 자유주의 관점에서 경쟁에서 지면 죽는다는 우승열패를 강조하는 개념으로 변화한 것이다. 가토는 독일식 사회진화론을 알게 되면서, 자신의 뜻을 이루었다고 기뻐한 것으로 전해지고 있다.[65] 한편 가토는 1893년 『강자의 권리 경쟁론』을 발간하면서, 약자의 권리는 인정하지 않고, 애초에 권리경쟁에 참여할 자격이 있는 이들을 강제로 제한했다. 이는 애초에 권리를 가졌다고 말할 수 있는 자는 강자뿐이고, 약자에게 권리란 존재하지 않으며, 오직 약자인 인민이 스스로 강자가 되었을 때에만 비로소 권리를 가질 수 있다는 것이다. 자유라는 것이 권력을 마음대로 행사할 수 있는 권리라는 주장인 셈이다.[66] 결국 가토의 이러한 생각은 권리를 지닌 강자가 생존경쟁에서 살아남을 수 있으며, 국가 역시 국제적인 생존경쟁에서 살아남으려면 강해져야 한다는 주장으로 이어져, 일본 제국주의의 근본 원리 가운데 하나로 자리를 잡게 되었다. 그리고 이런 가토식 사회진화론은 1900년대 이후 중국을 거쳐 우리나라에 도입되었고, 대한제국 말기와 일제강점기에 자강론이라는 새로운 시대사조의 근간으로 변경되었다. 그러나 가토는 진화론적 과학 논리를 교묘히 왜곡하여 비과학적 국가주의와 전제군주정치를 정당화하면서 침략과 식민주의 정책 논리를 펴는 데 사용하게끔 했으며,[67] 또한 헤켈이 주장한 우생학적 경향, 인종우열론 등과 직결되는 부분까지 함께 받아들여,[68] 진화론을 수용함에 있어 불완전함 내지는 미숙함을 드러냈다.[69] 그 결과, 가토를 사회진화론으로 국가 권력을 절대화하면서 반대로 개인의 권리의 진보를 저해하는 사상을 형성한 악질적인 사회진화론자로 자리매김하게 만들었다는 평가도 제기되었다. 애초에 사회진화론 자체가 생존경쟁설로 사회의 변화를 설명한다는 사이비 학설이었지만,[70] 가토는 이를 몰랐다. 그런데도 우리나라에서는 가토의 생존경쟁을 다윈이 주장한 경쟁으로 받아들이고 있는 실정이다.

4

무한경쟁과 승자독식

후쿠자와가 해석한 서로에게 도움이 되는 경쟁이라는 단어와 가토가 해석한 자신이 살아남기 위해서는 피할 수 없는 경쟁이라는 단어는 서로 다른 의미를 지니게 되었다. 그런데 경쟁에 대해 이러한 의미 이외에 또 다른 의미가 미국에서 부여되었다. 여러 개의 독립된 나라로 분리되어 나라 사이에 무역과 그에 따른 관세라는 문제를 지니던 유럽과는 달리, 미국은 하나의 거대한 국토에서 발달해서 1788년에 비준된 미국 헌법이 국가를 이루는 주 사이에 교역세나 관세가 없는 통합된 공통시장으로 만들었다.[1] 또한 1790년에는 특허법이 제정되어 미국을 단일 지식재산권 시장으로 만들었고, 발명가에게 14년 동안 수익을 독점할 수 있는 권리도 부여했다.[2] 따라서 미국은 자본주의의 발달 과정이 유럽과는 달랐고, 이러는 과정에서 경쟁이라는 단어가 지니는 의미가 독특하게 변하게 되었다.

미국은 1776년 7월 4일 독립선언서를 선포하면서 영국의 식민지에서 벗어나 독립된 나라로 발달하기 시작했고, 이후 1783년에 독립된 나라로 인정받았다. 이 당시에는 대서양 연안의 뉴욕주, 매사추세

츠주 등 13개 주만이 미국의 영토였으며, 그 면적은 200만km²정도에 불과했다. 그러나 이후 차츰 영토를 넓혀 1803년에는 당시 미국 영토만큼이나 넓은 214만km²에 달하는 루이지애나주 일대[3]를 프랑스로부터, 그리고 1821년에는 플로리다 일대를 스페인으로부터 확보했다. 또한 1845년에는 미국에서 한때 가장 넓은 주인 텍사스를, 그리고 1846년에는 로키산맥에서 태평양에 이르는 오리건주를 합병했다. 1850년에는 멕시코와의 전쟁에서 승리하면서 오늘날의 캘리포니아 일대를 멕시코로부터 넘겨받았다. 오늘날에는 미국에서 가장 넓은 주인 캐나다 서쪽에 위치한 알래스카와 태평양에 위치한 하와이를 제외하면 모든 국토가 하나로 연결되어 있으며, 그 면적이 8,000만km²에 달한다. 이 크기는 유럽에서 한때 공산주의 통치를 했던 구 소비에트 사회주의 공화국 연방, 즉 소련을 제외한 서유럽의 면적, 즉 영국, 독일, 프랑스, 벨기에, 네덜란드 등지를 모두 합한 약 4,500만km²의 거의 두 배에 가까울 정도로 넓다.

인구는 1790년에 400만 명이 채 안 되는 규모였으나, 1860년까지 10년마다 30% 이상의 성장률을 나타내, 1870년에는 약 4,000만 명으로 80년 동안 10배 정도 증가했고,[4] 1880년에는 5,000만 명을 넘어섰다.[5] 또한 1790년에 귀화법을 제정하여 미국에 수년간 거주한 이민자들에 대해서도 비용이나 시험 등 제한조건 없이 시민권을 획득할 수 있게 하여,[6] 1840년대부터 유럽에서 대서양을 건너는 이주가 본격화되었는데, 1840~1880년 사이에 1,300만 명이, 그리고 1880~1900년에 다시 또 다른 1,300만 명이 이주하여, 전체적으로 1860~1914년 동안 5,200만 명이 미국으로 들어왔다.[7]

그러나 미국도 초기에는 이 넓은 지역을 관통하는 인프라가 부족했기에, 유럽에서처럼 각 주 또는 지역마다 소규모 산업이 발달했고, 경쟁도 국지적이었다. 그러다가 철도와 운하가 건설되면서 미국 전 지역이 모두 연결되고 통일된 단일한 시장으로 엮이게 되었고, 동시에 전국의 시장을 겨냥하여 생산 시설도 대규모로 전환되면서 생산물도 엄청나게 증가하게 되었다. 그에 따라 지방에서 독점 상태를 유지하던 작은 생산자들이 위협받게 되었다. 이와는 반대로 공장이 대규모로 커지면서 생산 시설을 유지하는 금액도 증가함에 따라 기업들 사이에 가격에 따른 새로운 경쟁이 시작되었다. 작은 기업 간 지역 차원에서 제한된 범위 내에서의 경쟁은 사라지고, 대량 생산기업들 사이의 경쟁만 남게 된 것이다. 그리고 이들 대량 생산기업들도 자신의 기업이 살아남기 위하여 자신의 기업과 경쟁하려는 기업들을 제거하려는 경쟁 아닌 경쟁을 시작했다.

이를 보여주는 한 사례를 들여다보자. 1860년대 캘리포니아에서는 헌팅턴[8]의 지휘 아래에서 몇몇 혁신 기업가들이 집단을 이루어 그전까지 철도로는 통과할 수 없었던 로키 산맥과 시에라 산맥을 가로지르는 철도를 건설하여 동서를 연결하는 놀라운 위업을 달성했다. 그에 따라 헌팅턴과 그 무리가 캘리포니아의 모든 철도 교통을 독점적으로 장악하게 될 가능성을 보이자, 미국 의회는 이를 우려하여 이들에게 맞서 경쟁할 수 있도록 3개의 다른 회사에 철도를 건설할 수 있도록 허가했다. 그러나 헌팅턴과 그 무리는 자기들 철도망이 완성되기도 전에 먼저 잠재적 경쟁자인 한 회사의 사업 허가를 비밀리에 사들여 버렸다. 그런데 두 번째 경쟁 회사는 자신의 사업 허가

증을 여간해서 팔아넘기려 하지 않자, 이들은 자기들 철도 노선을 마구잡이로 확장하여 그 두 번째 회사가 철도를 세우려고 하던 지역까지 무작정 밀고 들어가서 자기들의 철도로 덮어버렸다. 결국 두 번째 회사는 백기를 들 수밖에 없었다. 마지막 세 번째 회사는 조금 더 쉽게 사들일 수 있었는데, 그 회사의 철도가 지나가기로 되어 있었던 결정적인 산 길목을 헌팅턴과 그 무리가 아예 막았고, 결국 그 회사는 어쩔 수 없이 헌팅턴 무리에게 회사를 팔아 버렸다.[9]

이제 헌팅턴과 그 무리의 철도와 경쟁이 될 수 있는 교통수단은 단 하나, 바로 태평양우편증기선회사만 남았다. 그런데 다행히도 이 회사의 소유주는 명성 높은 타고난 강도 귀족[10]인 제이 굴드[11]였고, 적당한 액수의 공물을 굴드에게 바치기로 하자, 굴드는 즉각 샌프란시스코의 선적항을 없애주기로 합의해 주었다. 결국 미 대륙을 횡단하여 캘리포니아로 물건을 들여오는 길은 헌팅턴과 그 무리가 통제하는 철도를 통하는 길밖에 남지 않게 되었다. 이들은 작은 노선들과 자회사들까지 포함하여 전부 19개의 노선을 장악하여 자기들의 지배 아래에 두었다. 그래서 캘리포니아는 미국에서 평균 운송료가 가장 비싼 지역이 될 수밖에 없었다. 캘리포니아 주민들은 이렇게 하나로 통일된 철도 체계를 문어발이라고 불렀다.[12]

결과적으로 헌팅턴과 그 무리는 온갖 수단을 동원하여 자유로운 경쟁이 나타나지 않도록 만든 것이다. 따라서 비록 이들이 철도 건설이라는 중요한 서비스를 제공한 것은 맞지만, 이들이 획득한 부의 대부분은 정치적 영향력을 행사하여 거둔 결과로 평가되고 있다.[13] 물론 이들은 이후 카르텔을 형성하여 자기들의 이윤도 높였다.[14] 이런 과정을 거치면서 미국의 철도사업자들은 최초의 거물 정실자본주의자라고 불리게 되었는데, 이들은 정치인을 매수했고, 판사에게 뇌물을 먹였으며, 여러 주에 걸쳐 자기들을 옛날의 지역 군주처럼 만들었다.[15]

미국에서 석유왕이라고 불리는 록펠러도 비슷한 전략을 채택했는데, 1870년에 스탠더드 오일 컴퍼니를 설립한 이후 다른 회사에 자신의 회사에 합류하라고 제안했고, 제안을 거부할 경우 사업을 망하게 만들어 경쟁자들을 제거했다. 록펠러는 우월한 규모를 활용해 물량을 보장하는 대신 요금을 낮추도록 철도회사와 특별 계약을 맺어 자신의 회사의 제품 단가를 낮추는 방법을 써서 경쟁자들을 제거해 갔다. 경쟁과 자유시장은 록펠러에게는 낡은 개념으로 아무 쓸모가 없었기에, 록펠러는 "대규모 사업에서 개별 기업이 경쟁하던 시절은 지나갔다"고 선언했다.[16]

미국의 철강왕 카네기는 철도를 이용한 물류 이동의 효율성이 부각되면서 철도 건설에 필요한 철강 수요가 늘어날 것으로 판단하고 제철 산업에 투신했다. 제철 산업에 필요한 연료 공급을 위해 코크스 공장을, 철광석 공급을 보장하기 위해 철광석 공장을, 그리고 안정적으로 원자재를 제철소로 실어 오고 완제품을 고객에게 실어 보내기 위해 철도와 해운사를 인수했으며, 새로운 강철 제조법인 베서머 제강법을 도입했다.[17] 1883년에는 자신의 최대 경쟁자였던 홈스테드 스틸웍스를 사들여,[18] 미국에서 생산되는 철강의 4분의 1을 공급했다.

미국은 남북전쟁이 끝나면서 경제가 급격하게 성장하는 도금시대로 들어섰는데, 국가에서 시행한 토지의 무상 지원과 더불어 경쟁 기업들이 합병되어 트러스트가 만들어졌다. 그 결과 소수의 기업가들은 엄청난 규모의 부를 축적한 반면, 가난한 이민자와 노동자들은 더욱 가난해졌다.[19] 이러한 대부호들을, 중세 독일에서 불법적으로 높은 통행료를 징수했던 지역의 영주들을 일컬어 Raubritter, 즉 노상강도라고 불렀던 것에 빗대어 강도 귀족 또는 날강도 귀족이나 도적 귀족이라고 불렀다. 이들은 돈을 벌기 위해서 온갖 수단과 방법을 가리지 않았는데, 주가 조작이나 불공정 거래와 같은 비윤리적이고 불법적인 방법을 동원하면서 사업을 독점했고, 빠른 속도로 막대한 부를 축적했다. 미국의 석유왕이라고 불리는 록펠러, 철강왕으로 불리는 카네기, 그리고 수상 운송업을 시작해서 철도 사업으로 부를 쌓은 밴더빌트 등을 흔히 미국의 강도 귀족이라고 부른다.[20]

특히 카네기는 1898년에 발표한 「부」라는 제목의 글에서,

경쟁의 법칙 때문에 사회가 지불해야 하는 비용은, 값싼 시설이나 사치품에 대해 지불하는 비용과 마찬가지로 매우 크다. 그러나 이 법칙이 주는 이로운 점은 비용보다 훨씬 더 큰데, 우리가 알고 있는, 결과적으로 개선된 상황을 만들어낸 놀라운 물질적 발전이 이 법칙으로 가능했기 때문이다. 그러나 이 법칙이 유리하든 유리하지 않든 상관없이, 우리는 이 법칙에 대해서도 다음과 같이 이야기해야만 한다. 이 법칙은 현재 존재하며, 우리는 이 법칙을 회피할 수 없으며, 이 법칙을 대체할 그 어떤 것도 우리는 찾지 못했다고. 그리고 이 법칙이 개개인에게는 때로 힘들 수 있으나, 모든 분야에서 최적자생존을 보장하기 때문에 인류에게는 최선이다. 따라서 우리는 우리 스스로가 순응해야 할 조건

으로써 환경의 엄청난 불평등, 소수의 사람들에게 집중된 사업과 산업, 상업, 그리고 이들 사이에서 나타나는 경쟁의 법칙을 받아들이고 환영해야 하는데, 인류의 미래에 있을 발전에 유리할 뿐만 아니라 필수적이기 때문이다.[21]

라고 경쟁에 대해 설명했다. 카네기는 일반적인 개개인에게는 경쟁하는 상황이 힘들지만, 경쟁은 회피할 수 없으며 또한 대체할 수 있는 것도 없다고 하면서, 경쟁에서 살아남은 사람, 즉 최적자에게는 유리하기에 경쟁에서 이긴 자신은 강도 귀족이 아니라고 변명한 것으로 보인다.

그런데 자본주의 체제에서는 흔히 노동자의 하루 노동을 필요 생산물을 얻는 데 들어가는 필요노동과 그것을 초과하는 잉여노동으로 구분하는데, 노동자에게 주는 임금은 기본적으로 필요노동의 결과로 생산된 필요생산물의 수준에 의해서 결정된다. 나머지 잉여노동으로 생산된 것은 잉여생산물로 구분되며, 잉여생산물의 가치를 잉여가치라고 부르는데, 보통은 자본을 투자한 자본가에게 귀속된다. 따라서 자본가는 잉여가치를 획득하려고 생산에 자본을 투자하고 있으며, 자본주의는 생산과정에서 생산된 잉여가치의 무한한 축적을 목적으로 생산을 계속하는 경제체제라고 볼 수 있다.[22] 그리고 기업들은 독점적 지위를 안정시키고 이윤을 증가시키는 수단으로 국내적인 때로는 국제적인 카르텔을 맺으면서, 경쟁을 제한하여 자신의 이윤을 증대해왔다.[23] 잉여가치의 무한한 축적을 위해 독점과 카르텔을 형성한 미국 자본주의는 미국 전역으로 대륙횡단 철도가 완성되는 과정에서

폭력과 술책이 만연하는 약탈적 성격을 지니게 되었다.[24]

실제로 미국의 기업들은 경쟁 업체를 억눌러서 성공할 수 있었는데, 그들은 규모의 경제를 활용해 더 작고 덜 효율적인 기업을 몰아내고, 생산의 효율성을 활용해 노동 수요를 줄이고, 또한 경쟁 업체보다 빠르게 확장하고 경쟁에 맞서기 위해 정치계의 인맥을 기꺼이 활용했다.[25] 그리고 그들은 편의성을 내세워 잠재적 경쟁 업체를 몰아내기도 하는데, 예를 들어 아이패드는 아이폰과 같이 쓰기에 아주 좋은 것으로 알려져 있다. 또한 그들은 적극적으로 특허를 사들이고, 경쟁 업체를 특허 침해로 고소하기도 한다.[26] 미국의 세계 최대 통신 기업인 AT&T는 "천일야화만큼 많은 특허를 등록해 경쟁자를 막은"[27] 것으로 알려져 있다. 따라서 그들은 온갖 장벽과 경계를 구축해 경쟁을 막고 있으며,[28] 성공의 참된 열쇠를 경쟁이 아예 일어나지 않도록 하거나 큰 수익을 올리기에 충분한 시간 동안 경쟁이 일어나지 않도록 독점을 유지하려고 한다.[29]

실례를 들면, 1900년경 섬유 공장의 수는 여전히 많았지만 1880년대와 비교하면 3분의 1로, 그리고 가죽 제조업자의 숫자는 4분의 3이 줄어들었다. 농업 장비 제조업체의 숫자는 60% 감소했다. 기관차 제조업자는 1860년에는 19개가 있었지만 1900년이 되면 두 개 업체에 불과했다. 비스킷과 크래커 산업은 본래 무수히 많은 작은 회사들로 흩어져 있었지만, 20세기로 접어들면서 전체 생산 능력의 90%를 하나의 업체가 거머쥐었다. 그리고 강철의 경우, 거대한 유에스스틸이 버티고 있으면서 미국 강철 생산의 절반 이상을 혼자서 맡았다. 담배를 보면 아메리칸토바고컴퍼니가 담배 생산의 75%와 시가 생산의 25%를 통제했다. 개별 기업을 떠나서 전체 경제를 살펴봐도 비슷했다. 1800년대 초기에는 제조업의 각 부문에서 단일 공장이 전체 생산량의 10% 이상을 차지하는 분야는 없었다. 그런데 1904년경이 되면 절반 이상의 생산량을 단일 기업이 통제하는 제조업 부문이 78개에 달하게 되며, 60% 이상을 통제하는 부문은 57개, 70% 이상을 통제하는 부문은 28개에 달하게 된다. 1896년에는 미국에서 철도를 제외하고는 가치 총액이 1천만 달러가 되는 회사가 12개도 채 되지 않았다. 하지만 불과 8년 후인 1904년이 되면 이러한 회사의 수가 300개 이상으로 불어나며, 이들의 가치 총액을 합치면 70억 달러를 넘게 된다. 이 거대 기업들은 모두 미국 전체 산업 자본의 3분의 2를 통제하며 미국 주요 산업들의 5분의 4를 영향권 아래에 두게 되었다.[30]

결국 경쟁에서 이긴 사람들은 자신을 최적자생존의 결과로 간주하게 만들었다. 철강왕 카네기는 경쟁이 모든 분야에서 최적자생존을 보장하기 때문에 인류에게는 최선이라고 주장했다.[31] 또한 석유왕 록펠러는 기업경영을 최적자생존으로 표현하면서, 최적자생존을 자연의 법칙이자 신의 법칙이라고 주장했다. 록펠러는 성공도 재산도 기부도 살아남은 기업인만이 할 수 있는 일이라고 생각했는데, 오늘날 그를 최적자만이 생존하는 경쟁에서 살아남은 기업가로 간주하기도 한다.[32] 그런데 이들 말고도 대다수 교육받은 미국인들이 최적자생존이라는 법칙을 믿었던 것으로 알려져 있는데,[33] 이들이 최적자생존이라는 용어를 사용한 것은 아마도 이 용어를 만든 스펜서의 영향을 받았기 때문으로 보인다.

스펜서는 최적자생존이라는 용어를 다윈이 『종의 기원』에서 사용한 자연선택이라는 용어를 대체하기 위하여 1864년에 만들었다. 미국에서는 다윈의 『종의 기원』이 1860년에 식물학자이자 다윈의 지지자인 아사 그레이[34]에 의해 처음 소개되었으나, 영국에서처럼 큰 반향은 없었다. 실제로 미국에서는 1861~1865년까지 남북전쟁 상태에 처해 있어서, 전문 과학자와 소수의 지식인을 제외하고는 진화이론에 관심을 두지 않았다.[35] 아마도 청교도적 사고를 지니고 있던 미국인들에게 신의 존재를 부정하는 다윈의 이론은 쉽게 퍼져나가지 않았을 것이다.

대신 다윈 이전에 진화설을 주장하여 사회의 변화를 설명한 스펜서의 이론을 알고 있었던 일부 사람들이 스펜서가 주장한 진화론을 대중적으로 알리고 있었다. 특히 요먼스[36]는 1867년에 『애플턴잡지』를 창간하면서 스펜서의 이론을 소개했으며, 1872년에는 한 달에 11,000부가 팔릴 정도로 인기가 좋았던 『월간대중과학』을 창간하여[37] 1873년까지 16차례에 걸쳐 스펜서의 이론을 소개했을 뿐만 아니라, 자신도 「허버트 스펜서와 진화론」이라는 글을 1874년에 자신의 잡지에 게재하여 스펜서의 진화론을 널리 소개했다.[38] 그리고 스펜서는 이 잡지에 게재한 글들을 모아 1873년에 『사회학 연구』라는 단행본을 발간했다. 결국 요먼스는 스펜서의 진화 이론이 미국 대중들에게 전파되는 창구로서의 역할을 했을 뿐만 아니라 스펜서가 대중적 인기를 지속적으로 유지할 수 있었던 기반을 제공한 것이다.[39]

게다가 하버드대학교와 예일대학교에서도 다윈보다는 스펜서에 대해 더 많은 관심을 가졌다. 하버드대학교에서는 1869년에 스펜서를 선호했던 피스크[40]가 스펜서의 『심리학 원리』를 교재로 강의를 시작했고, 예일대학교에서는 1879~1880년에 윌리엄 그레이엄 섬너[41]가 스펜서의 『사회학 연구』로 강의했다.[42] 특히 스펜서가 주장한 사회의 진화 이론에 영향을 받은[43] 섬너는 청교도적 이상을 지닌 근면하고 절제하는 검소한 사람이 살려고 몸부림치는 과정에서 강자 또는 적자와 동일하다고 가정했다.[44] 그리고 "자본은 오직 자기 절제로 형성되며, 자본을 소유하는 것이 높은 수준의 유리한 점과 우월성을 보장하지 않는다면, 사람들은 자본을 얻으려고 필요한 일을 결코 감수하지 않을 것"[45]이라고 섬너는 주장했는데, 아마도 가난한 사람들이 부자들에 대해 품고 있는 원망을 무디게 하고자 살려고 몸부림치는 과정에서 발생하는 인간의 갈등을 최소화하려는 의도로 보였다.[46]

섬너는 최적자생존이 허용되고, 효율적인 경영의 혜택이 사회에 제공되려면, 산업의 총수들은 자신들의 독특한 조직 능력에 대한 보상을 받아야 하며, 그들의 막대한 재산은 감독에 대한 정당한 보수이고, 살려고 몸부림치는 과정에서 돈은 성공의 증표이며, 그것은 세계에 도입된 효율적인 관리의 양과 제거된 낭비의 정도를 측정한다고 주장했다.[47] 그러기에 섬너는 "백만장자는 자연선택의 결과이며, 그들이 이렇게 선택되었으므로, (…중략…) 그들은 특정한 일을 위해 사회에서 자연스럽게 선택된 대리인으로 간주될 수 있다. 그들은 높은 임금을 받고 호화롭게 살지만, 그들의 자리를 차지하기 위한 치열한 경쟁이 있다"[48]고 하면서, 진화적 관점에서 평등은 터무니없는 것이라고 주장했다. 결국 경쟁은 중력보다 더 없앨 수 없는 자연의 법칙이라고 주장하면서 사람들이 부를 축적하려고 자신의 욕구를 억제하고 절약하는 이유가 부가 가져다주는 우월한 장점 때문이며, 부자들이 지닌 재산은 그들의 노력과 능력에 대한 정당한 보상이라고 설명한 것이다. 스펜서의 생각에 영향을 받은 섬너의 이러한 주장은 부자들에게는 성서의 계시와도 같은 복음이었을 뿐만 아니라, 죄악감에서 벗어나게 해주어,[49] 경쟁에서 이긴 부자들이 자신들의 부가 사회적으로 정당한 것으로 간주하게 만들었다.

한편 카네기는 섬너와 무관하게 스펜서의 사상을 받아들였는데, 자서전에서 젊은 시절 피츠버그에서 살아갈 때 처음으로 스펜서의 글을 접했다고 말했다.[50] 그 당시 상황을 카네기는 "저는 이 시기에 완전히 혼란스러웠다. 어떤 신념도, 체계도 나에게 다가오지 않았고, 모든 것이 혼돈스러웠다. 나는 낡은 것을 벗어던졌으나 대체할 만한 것을 찾지 못했다. (…중략…) 스펜서와 다윈이 나에게 찾아왔고, 나는 이들을 열광적으로 읽다가 어느 날 한 권의 책을 펴고 나서 "이것이 문제를 해결했다"라고 말할 수 있었다. (…중략…) 이 책들은 나에게 계시였다. (…중략…) 중력의 법칙이 물질에 미치는 영향은 진화의 법칙이 마음에 미치는 영향과 같다는 것을 알게 되었다"고 서술했다.[51] 그러나 카네기는 자서전에서 스펜서의 저서 『윤리학의 자료』,[52] 『제1원리』,[53] 『사회정학』[54]과 다윈의 『인간의 친연관계』[55]를 접하고 나서, "인간이 자신에게 유리한 것은 유지하고, 해로운 것은 거부하면서 어떻게 정신적 양식을 흡수해 왔는지 설명하는 부분에 도달했을 때, 빛이 홍수처럼 쏟아져 들어와 모든 것이 명백해졌던 것을 기억한다. 신학과 초자연적인 것을 제거하고, 그 대신 진화의 진리를 발견했다"[56]고 설명하고 있어, 그가 스펜서를 접한 것은 『윤리학의 자료』가 발간된 1879년 이후, 즉 카네기가 40대 중반 무렵으로 판단된다. 그리고 1882년에 스펜서가 미국을 방문했을 때, 카네기는 그와 함께 미국 일정을 동행했다.

어찌 되었든 카네기는 자서전에서 자신을 스펜서의 제자라고 불렀고,[57] 생물학적이든 기술적이든 진화적 진보를 사회가 궁극적으로 완벽해지는 데 필요한 본질로 믿게 되었으며, 1878년에 떠난 세계 여행을 통해 최적자로 생존하려고 몸부림친다는 진화론적 가설이 전 세계적으로 일어나고 있는 증거를 보았다.[58] 결국, 카네기는 기업의 생존 역시 약자는 살아남지 못하는 경쟁을 수반하는 몸부림으로 간주했고, 기업을 운영하는 방법과 관행을 스펜서의 자연 질서의 표현으로 정당화하는 데 몰두했다.[59] 그래서 카네기는 "우리가 환경의 큰 불평등, 소수의 손에 집중된 사업, 공업 및 상업, 그리고 이들 간의 경쟁 법칙을 인류의 미래 진보에 유익할 뿐만 아니라 필수적이라고 여기며, 이를 우리가 적응해야 할 조건으로 받아들이고 환영해야 한다"[60]면서 불평등을 야기할 수 있는 진화의 법칙이 사회의 형태와 본질을 결정한다고 선언했다.[61]

게다가 카네기는 "부의 불평등한 분배가 현재 사회주의 활동의 근원으로 자리 잡고 있다. 이는 나에게 놀라운 일이 아니다. 이전에 알려지지 않은 극단을 보여줌으로써 오늘날의 가장 큰 악 중 하나가 되었기 때문에 전면에 나서게 되었다"[62]면서 부의 불평등이 과거 어느 때부터 심각해지고 있으며, 이로 인해 사회주의 활동이 증가하고 있다고도 주장했다. 그러기에 카네기는 유명인과 친밀한 관계를 유지하면서 자신의 지적인 허세와 사회적 열망에 관심을 가졌고, 당시 백

만장자들이 예술품을 수집하듯이 유명인들과 교류했다.[63]

　당시 미국의 백만장자들은 영국을 비롯한 유럽의 부자들과는 달리 부모의 재산을 물려받아 부를 축적한 것이 아니라 대부분 힘든 경제적 상황에서 혼자 힘으로 크게 성공했다. 이들은 발명이나 공학적 기술로 기업을 키운 것이 아니라 산업 전략을 이끌고, 동맹을 이루거나 깨고, 진격 지점을 선택하고, 전체 사업의 세부 계획을 감시하고 감독할 수 있는 능숙한 기술을 지니고 있었다. 또한 이들은 금융이나 경쟁 또는 매출 등의 전략에 더욱 관심을 가졌다.[64] 이들은 부를 축적한 이후, 노동자들에게는 터무니없이 적은 임금을 지불하면서, 사신들은 돈을 흥청망청 쓰는 경향을 보였다. 갓난아이에게 자장가를 들려주려고 오케스트라를 부르거나, 100달러짜리 지폐로 만 담배를 피우고, 자기 개에게 1만 5천 달러 상당의 다이아몬드 목걸이를 선물하기도 했다. 자본가들이 다이아몬드로 이빨을 해 넣고, 구미를 돋우겠다고 원숭이탕을 해 먹으며, 7만 5천 달러짜리 쌍안경으로 연극을 관람하기도 했다.[65] 미국 정부에서 철도회사에게 무상으로 건네준 광활한 면적의 토지를 토대로 철도왕가로 불렸던 밴더빌트[66] 가문의 일원인 조지 밴더빌트는 미국에서 개인이 소유한 것으로는 가장 넓은 250개의 방으로 이루어진 궁전 같은 집을 짓기도 했다.

　이러한 행동을 미국의 경제학자 베블런[67]은 과시적 소비라고 불렀는데,[68] 금전적 경쟁 문화에서 부와 권력은 소유하는 것으로 그쳐서는 안 되고, 타인에게 자신이 부자라는 증거를 제시해야만 부러움과 명성을 얻을 수 있으며, 또한 자신은 비천한 노동으로부터 면제받았기에 타인들과는 다르게 품격있고 우아하게 생활하고 있다는 차별성을 과시하려는[69] 의도라고 풀이했다. 부의 불평등은 심화되고 있지만, 상류 계급이 명성의 기준으로 확립하여 세워놓은 절대적인 선례는 상대적으로 빈곤한 사람들의 과시적인 소비 관행을 강화시킨다. 그 결과로, 금전적 명성을 얻는 데 필수적인 조건을 충족하기 위해서 겨우 먹고 살만한 최소 생계비를 제외한 나머지는 과시적 소비로 이용된다.[70] 그리고 기업은 자신의 영리를 위해 과시적 소비의 욕망을 그 어느 때보다 자극하고, 과시적 소비 행태가 부를 축적한 소위 유한계급뿐만 아니라 상대적으로 빈곤한 계층에서도 나타나도록 유발한다. 결국 베블런이 말하는 유한계급에 속하는 사람들은 자본축적을 위해서 돈을 버는 것이 아니라 과시적 소비를 위한 것이라고[71] 해도 경제적으로 아무런 문제가 없으나, 빈곤한 사람들은 자신의 소득과 에너지를 과시적 소비에 소진하여, 부의 불평등에 따른 사회적 문제가 심화되는 결과로 이어진다. 한 예를 들면, 과시적 소비가 습관화된 생활 기준에 맞추기 위해서 적응하려는 열망은 출산율의 저하로 이어지게 하고 있다. 자녀를 과시적 소비로 치장하고 명예롭게 키우기 위해서는 그만큼 비용이 많이 들기 때문인데,[72] 적게 낳아 남 보란 듯이 제대로 키우고자 하는 부모의 열망은 유교문화권인 우리나라에서는 더하면 더했지 못하지는 않을 것이다.[73]

단지 19세기에 자본주의가 나타나면서 생산 현장에서 분업과 전문화가 이루어져 생산성이 향상되었고, 그에 따라 가장 가난한 노동자의 소득이 증가한 것은 사실이다. 그러나 상대적으로 보았을 때, 매우 단순하고 반복적인 작업에 전문화된 사람들은 사회의 패자가 된 반면, 이들의 노동을 감독하는 사람들은 승자가 되었다. 한때는 많은 숙련공들에게 주어졌던 임금이 이제는 소수의 디자이너, CEO, 금융가 그리고 기술 혁신에 기여한 사람들에게 집중되고 있기 때문이다.[74] 실제로 미국에서 소득세 제도가 처음 시작된 1913년부터 오늘날에 이르기까지 소득분배의 변화추이를 분석해 보면, 상위 소득 계층의 몫이 빨리 커질수록 불평등의 심화가 더욱 급격하게 진행되었음을 알 수 있다.[75] 특히 1970년대 말부터 소득의 불평등이 급격하게 심화되었는데, 소득분포상 상위 10% 선에 있는 부유한 가구는 1979년에서 1987년에 이르는 기간에 실질소득이 14% 증가한 반면, 하위 10% 선에 있는 빈곤한 가구의 경우에는 6%가 오히려 줄어들었다. 이러한 추세는 2000년대에 들어와서도 멈추지 않고 계속되고 있다.[76]

이러한 부의 축적은 경제의 여러 분야에서 가장 뛰어난 소수가 판을 독차지하는 승자독식의 성격으로 더욱더 강해지고 있는데,[77] 아주 특출난 재능을 갖춘 소수의 사람이 각 분야에서 거의 독점적 지위를 차지해 엄청난 부를 축적한다는 슈퍼스타의 경제학이라는 가설로 이어졌다.[78] 실제로 연예계, 스포츠계, 예술계 등에서는 슈퍼스타의 성공과 그에 따른 엄청난 부를 목격해 오면서, 우리는 이러한 부를 공정한 경쟁의 결과로 받아들였다. 그러나 이 분야들에서 1등과 2등의 차이는 그야말로 간발의 차이에 불과한데도 이들이 다루는 경쟁 체계는 모든 막대한 보상이 오로지 한 명의 승자에게만 돌아가도록 만들어졌을 뿐이다.

또한 이들 슈퍼스타는 절대적인 능력보다는 상대적인 능력으로 성과를 독식하고 있는 반면, 일반적인 노동 시장에서는 절대적인 능

다윈을 오해한 대한민국

력으로 보상이 결정되고 있다.[79] 그런데 최상위 0.1%의 소득계층에서 슈퍼스타의 전형적인 이미지에 부합하는 연예인과 스포츠 스타들이 차지하는 비중은 고작 0.3%에 불과한 반면에, 이 소득계층의 60% 이상은 기업의 임원과 금융업에 종사하는 사람들로 파악되었다.[80] 오늘날 미국 사회에서 불평등 심화 현상은 특히 최상위 소득계층에서 나타나고 있는 실정이다.[81] 따라서 부의 편중을 슈퍼스타 경제학으로 설명하려는 것은 부를 축적한 많은 사람들이 능력을 인정받은 극소수 슈퍼스타의 등 뒤에 숨어 자신의 부를 숨기려는 의도가 있는 것은 아닌지 의심스럽다.

그럼에도 오늘날 미국 사회에서는 수많은 사람들이 승자독식이라는 헛된 희망을 품고 이 미칠 것 같은 경쟁의 회오리에 자신을 맡기고 있다.[82] 그에 따라 미국 사회는 돈을 쟁취하기 위한 무한경쟁 때문에 공동체성을 상실했다고 한다.[83] 부의 불평등한 분배는 개혁을 억제하는 직접적 효과를 발휘하고, 이것은 간접적 효과에 의해서 더욱 강화되며, 전체적으로 이런 결과는 사회에서 일반적으로 보수적인 태도를 지니게 만들고 있다.[84] 우리 몸에 치명적인 피해를 주는 암세포는 자신만을 위해 정상세포에 비해 4~5배 이상의 포도당을 소모할 뿐만 아니라 식욕부진을 유발하여 체중 감소로 이어지게 만들어,[85] 한 생명의 영속성을 중단시킨다. 무한경쟁에 따른 승자독식을 암세포와 비교할 수는 없겠지만, 승자독식으로 부의 불평등이 심화되면 암세포로 인해 식욕부진과 체중감소가 나타나듯이 사회가 건강하게 유지되지는 못할 것이다.

스펜서가 주장한 경쟁과 최적자생존 논리를 미국의 기업가들이 자신들의 축적된 부를 정당화하는 이론으로 받아들이면서, 미국의 자본주의는 꽃을 피웠다고 말할 수도 있을 것이다. 그러나 이에 대한 반대급부로 미국 사회는 불평등이 심화되었다. 불평등한 사회일수록 폭력과 정신질환, 범죄자 수감, 비만, 미혼모가 더 많아지고 기대수명이 짧아진다. 또한 불평등은 사회 응집성을 약화시킨다. 불평등한 사회의 사람들은 덜 신뢰하고 덜 배려하며, 더 경쟁적이고 더 두려워하기에, 이들은 점점 더 고립되고 스트레스받고 우울해지게 되어, 결국은 불행이 온 사회에 전염병처럼 퍼져나가게 된다.[86] 오늘날 미국 사회의 한 단면일 것이다.

5

우리나라에서의 뒤틀어진 경쟁

2023년의 한 여론 조사에서, 우리나라와 가장 잘 어울리는 이미지로 '경쟁적이다'가 36.5%로 가장 높았고, 10대와 20대에서 '한국인인 것이 싫다'라고 답한 비율이 29.4%였는데, 과열 경쟁과 성공에 대한 강박이 사회 불만으로 표현된 것으로 풀이하고 있다.[1] 다른 여론 조사에서는 응답자의 90% 이상이 한국 사회를 경쟁이 치열한 사회로 인식했다. 특히 2001~2004년에 출생한 세대 가운데 10명 중 9명은 한국의 입시 경쟁이 심하며, 사교육비 부담이 큰데, 이들의 87%는 입시 경쟁 및 사교육 부담이 출산 결정에 영향을 미친다고 응답했다.[2] 그리고 입시 경쟁을 통과한 대학생들의 89%가 학생 사이의 경쟁이 치열함을 체감하고 있으며,[3] 시민 10명 중 6명은 '우리 사회가 공정하지 않다'고 생각한다는 조사 결과도 발표되었다.[4] 게다가 한 커뮤니케이션 사이트에서는 조사 응답자의 84.9%가 향후 10년 동안 우리 사회의 불평등이 더 심화될 것으로 예상했으며, 67.8%는 개인이 노력하여 계층을 이동할 가능성이 적고, 61.6%는 자신보다 자녀 세대의 사회경제적 계층이 상승하지 않을 것으로 전망했다.[5]

우리나라에서는 사회 곳곳에서 벌어지는 치열한 경쟁을 그 부작용과 함께 '남의 불행이 곧 나의 행복'이라고 표현하고 있다.[6] 그리고 우리 사회에서 벌어지는 치열한 경쟁에서 지고 나면, 다른 사람이 나보다 낫다는 것을 쉽게 인정해야 함에도 불구하고 그렇지 못한 경향이 있는데, 아마도 경쟁 그 자체에 공정성을 부여하기도 힘들고, 경쟁에서의 승자는 패자인 자기보다 더 나은 대우를 받게 되며, 그에 따라 상대적으로 강한 박탈감을 느끼기 때문일 것이다. "같은 반 친구랑 함께 지원했는데, 친구는 최종면접에서 합격했고 저는 떨어졌어요. 아주 친한 친구였는데 경쟁심이 지나쳐 진심으로 축하하지 못했어요"[7]라는 표현은 이러한 상황을 대변해 준다. 시험이 능력과 함께 성실성을 나타내는 상징이 되면서 시험에 떨어진 이들은 스스로 성실성이 부족함을 인정하고, 시험 결과와 시험으로 인해 받게 되는 보상에도 자발적으로 동의하게 된다.[8] 결국 자신보다 더 좋은 대학에 다니는 학생들이 자신을 멸시하는 것에 문제를 제기하기보다는 스스로 자신보다 더 낮은 대학에 다니는 학생들을 멸시하는 쪽을 택하면서, 멸시를 합리화시키고 있는 것이다.[9] 한편 상대적 박탈감을 해소하는 방식의 하나로 승자들의 소유물로 간주되는 명품이나 고급 외제 자동차 또는 넓은 집이나 높은 아파트 등을 소유하려는 과소비적 경쟁도 나타나고 있다.[10] 실제로 우리나라는 1인당 명품 소비가 세계 1위 나라라는 위치를 차지하고 있을 정도이다.[11]

그러나 한 경쟁에서의 승자가 영원히 승자로 머무르는 것이 아니고 또 다른 경쟁에서는 패자로 전락할 수도 있기에, 우리 사회 모두는 승자의 기쁨은 아주 잠시 누릴 뿐, 언젠가는 패자가 될 수밖에 없다는 절박한 심정으로 살아가고 있는 것 같다. 그래서 동료 또는 선후배 간에 협력보다는 모두 경쟁에서 이길 상대로만 간주하고 있다. 그런데 승리와 패배라는 구조를 만들어내는 경쟁은 사람들에게 불안과 이기심, 자신에 대한 회의, 의사소통의 결여를 가져올 뿐만 아니라 개인들 간의 공격의 원인이 되며, 상호 관계를 파괴하고, 생산성을 낮추며, 일반적으로 생활을 불쾌하게 만든다.[12] 특히 우리나라에서 벌어지는 경쟁의 양상은 과감한 창의성 경쟁 대신 소극적 위험 회피 경쟁을, 사회적으로 최적화된 실력 경쟁 대신 과도한 간판 따기 경쟁을, 그리고 조화로운 공생 발전 대신 약육강식의 승자독식 경쟁을 한다는 점에서 사람들의 행복감을 떨어뜨리는 주된 이유가 되고 있다.[13] 그럼에도 오늘날 우리나라의 많은 사람들은 경쟁에서 살아남아 사회에 굴러가는 수많은 톱니바퀴의 하나가 되려고 자신을 희생하는 자기 계발이라는 멋진 단어를 구사하고 있다.[14] 또한 차별을 당연하게 만드는 학벌을 획득하는 것이 성공의 하나인 우리나라 상황에서 학부모와 청소년은 수단과 방법을 가리지 않고 사회적으로 인정받는 학벌을 추구하려고 경쟁하고 있는 실정이다.[15] 그에 따라 교육이 부와 권력을 획득하기 위한 수단으로 전락했는데, 성적 최상위 대학의 졸업생과 상위 대학의 졸업생 사이에서도 임금에서 유난히 큰 차이가 나타났다.[16]

그렇다면 우리나라에서 벌어지는 경쟁은 어떤 의미일까? 국립국어원에서 운영하는 표준국어대사전 홈페이지에는 '경쟁'을 "같은 목적에 대하여 이기거나 앞서려고 서로 겨룸"으로 풀이하고 있으며, 그 용례로 "완전경쟁시장, 과열경쟁, 경쟁을 벌이다" 등을 들고 있다. 한편 생명과학계에서는 '경쟁'을 "생물이 환경을 이용하기 위하여 다른 개체나 종과 벌이는 상호작용으로, 그리고 생물의 개체 수가 공간이나 먹이의 양에 비하여 많아지면 생기는 현상"으로 설명하고 있다. 첫 번째 정의는 오늘날 일반적으로 널리 사용하는 경쟁이라는 단어의 의미로 판단되며, 두 번째 정의는 생명과학에서 사용하는 단어로 설명되어 있으나, 사회에서도 널리 사용하는 생존경쟁의 의미로 판단된다. 이는 표준국어대사전에서 '생존경쟁'이 "생물이 생장과 생식 등에서 보다 좋은 조건을 얻기 위해서 다툼. 다윈의 진화론의 중심 개념으로, 생물의 증식 능력이 높아지는 반면, 필요한 먹이나 생활 공간 따위가 부족하여 나타나는 현상"으로 설명되어 있기 때문이다.

그런데 우리나라 고전을 번역하여 원문과 번역문을 제공하는 한국고전번역원의 데이터베이스에서 競爭경쟁이라는 단어로 검색하면, '경쟁'이 표준국어대사전에서 풀이하는 의미와는 다르다는 사실을 알 수 있다. 몇 가지 예를 들어보자. 우선 조선 전기 성현1439~1504의 글을 모은 『허백당집虛白堂集』에는 "복사꽃은 붉게 자두꽃은 하얗게 경쟁하듯 피어나서桃紅李白競爭榮"라는 표현이 나오며, 서거정1402~1488의 문집인 『사가집四佳集』에는 "손님들이 와서 온종일 먼저 가려고 경쟁한다客來終日競爭先"라는 시구가 있으며, 이육1438~1498의 문집인 『청파집靑坡集』에는 "꽃들은 곱다는 말에 대해 경쟁한다花如解語競爭妍"라는 표현이 나온다. 이밖에 조선시대 왕실 인물들에 대한 공식 기록을 모아 엮은 인명록인 『열성지장통기列聖誌狀通紀』에는 "춘궁에서 상소를 올리셔서 격려를 받으시고, 족속들과 대신들, 문무백관들, 마을 사람들과 노로들까지 모두 서두르며 경쟁하고 노력하셔서, 결국에는 이루어지게 되었습니다春宮上疏固讓, 宗親, 大臣, 文武百官, 下至坊民耆老, 莫不奔走競爭, 遂寢成命"라는 문구도 보인다.[17]

이러한 조선시대의 표현에서 경쟁은 오늘날처럼 '같은 목적에 대하여 이기거나 앞서려고 서로 겨루는' 것이 아니라, 단순히 '앞다투어 하는' 모양을 표현한 것으로 보인다. 비록 경쟁競爭이라는 한 단어로 표기되었으나, 서로 겨루고競 다투는爭 상태를 나타낼 뿐이다. 즉, 단순히 복사꽃과 자두꽃이 서로 앞서 다투며 피어나는 광경, 사람들이 배에 서로 앞다투어 오르려고 하는 모습, 꽃들의 고운 자태가 엇비슷하다는 의미로, 그리고 모든 사람이 서로서로 앞다투어 무언가를 이뤄냈다는 의미로 풀이할 수 있을 것이다. 그럼에도 고전 텍스트에서는 '경쟁'이라는 단어보다 '경競'이나 '쟁爭'이 홀로 쓰이는 경우가 많은데, 그것을 번역하면서 '경쟁'이라고 푼 사례가 많이 보인다. 예를 들어 "근세초칭우문近歲稍稱右文, 조고가경출유집操觚家競出遺集, 가위성의可謂盛矣"의 경우, "근세近歲에 접어들어 문교文敎를 숭상한다고 조금 일컬어지면서 문필에 종사하는 사람들의 유집遺集이 경쟁적으로 쏟아져 나오고 있으니 성대한 일이라고 말할 만하다"[18]라고 번역하는데, 競出경출은 그냥 '앞다투어 내다'는 뜻으로, 굳이 '경쟁'이라는 말을 쓸 필요는 없어 보인다. 조선시대에 사용된 경쟁이라는 단어를 이렇게 풀이한다면, 우리나라에서 경쟁이라는 단어가 지니는 뜻이 시대에 따라 변했다고 할 수 있겠는데, 그 변곡점은 대체로 대한제국 이후가 될 것이다. 이 시기에 일본에서 번역된 경쟁이라는 단어가 우리나라로 도입되었기 때문이다.

실제로 유길준이 「경쟁론」이라는 글을 발표하면서 우리나라에 경쟁이라는 용어가 맨 처음 도입되었다는 것이 지금까지의 정설이지만, 유길준이 사용한 경쟁은 오늘날 사용하는 의미의 경쟁과는 다른 맥락을 지니고 있다. 즉, 유길준은 "일반적인 경우에 경쟁이라고 하는 것은 무릇 지혜를 탐구하고 덕을 쌓는 일로부터 사상을 표현하고 기술과 예술을 익히며, 농업, 공업, 상업 등 수많은 사업에 이르기까지 한 사람 한 사람이 고귀함과 비천함, 우수함과 열등함을 상호 비교하여, 다른 사람을 뛰어넘도록 하는 욕망을 갖게 한다"[19]고 했다. 게다가 유길준은 『서유견문』에서 경쟁이라는 단어보다는 경려라는 단어를 사용했음에도, 이 단어가 오늘날 경쟁으로 번역되고 있을 따름이다.[20] 이렇듯 유길준이 주장하는 경쟁은 타인과의 투쟁을 통해서 자신의 이익과 생존을 쟁취하는 차원에서 머무르는 것이 아닌 자기계발을 위해서 분발하고 인간교제의 폭을 넓혀서 스스로 진취해가는 보다 높은 차원을 말하고 있는 것으로 평가되는데,[21] 오늘날 자신이 살기 위해서 남을 이겨야 한다는 의미를 지니고 있지는 않다.

경쟁이라는 단어의 의미가 오늘날 널리 사용하는 경쟁의 의미로 바뀌게 된 것은 가토가 생존경쟁을 경쟁으로 줄여서 사용하면서부터이다. 가토는 생존경쟁을 "동식물은 각자 생존을 유지하고 자손을 키우려고 처음부터 끝까지 다른 생물과의 경쟁에서 이겨 영역이나 지위를 차지하려고 한다. 다만, 이런 일은 무심코 지나칠 수 없도록 많은 경우에 경쟁이 맹렬하여 실로 놀랄 만한데, 이런 경쟁에서 자신의 영역이나 지위를 확보한 생물은 앞으로 생존을 보장받아 자손을 키울 수 있고, 경쟁에서 패한 생물은 완전히 죽을 수밖에 없게 될 것이다"[22]라고 설명했다. 가토가 생존경쟁이라는 용어에 나오는 경쟁을 생물들로 하여금 생존을 보장받아 자손을 키울 수 있거나, 아니면 완전히 죽게 만드는 맹렬한 과정이라고 주장한 것이다. 그런데 가토가 주장한 생존경쟁 또는 경쟁은 현재 우리나라에 널리 퍼져 당연시되고 있는 팔꿈치로 경쟁자를 넘어뜨리는 경쟁과는 조금 다른 의미로 보인다. '남의 불행이 곧 나의 행복'으로 대표되는 경쟁, 사회적으로 최적화된 실력을 추구하는 것이 아닌 과도한 간판 따기나 스펙이라는 목적 지향적 경쟁, 과정이 불공정한 것으로 간주되는 경쟁, 그리고 그 경쟁의 결과로 얻는 보상을 승자가 모든 것을 독차지하는 승자독식이나 명품 등과 관련된 과소비를 조장하는 경쟁 등은 가토가 설명하는 생존경쟁이라는 단어만으로는 설명하기 힘든 것 같다. 이러한 경쟁을 야기한 또 다른 원인에 대한 설명이 필요하다.

　역사적으로 볼 때, 대한제국 시절에 도입된 사회진화론과 생존경쟁 또는 경쟁이라는 개념은 일제강점기 직전까지 『독립신문』의 대표적인 필진이었던 서재필과 윤치호를 비롯하여 우리나라 지식인들 사이에 널리 퍼져 나라를 지키고자 하는 수단의 하나로 이용되었음을 부정할 수는 없을 것이다. 그럼에도 대한제국이 세계적인 경쟁에 밀려 패자가 되면서 일제강점기가 시작되었다. 민족의 힘을 기르고, 힘을 기르기 위해서는 국민 모두가 사회에 대한 주인의식을 가질 것을 요구한 흥사단 취지서의 내용에 나오는 "사회진화의 법칙에 대등하게 하고"라는 표현을 보더라도 사회진화론적 사상이 그 시대의 밑바탕에 깔려 있는 골격이었음을 알 수 있다.[23] 그러나 1920년대에 들어서면서 제1차 세계대전의 종전, 러시아 혁명으로 촉발된 사회주의 국가 건설 등의 전 세계에 걸친 격렬한 사회적 변화가 일어나, 공산주의, 아나키즘 등처럼 당시 유행했던 사회진화론을 대체할 수 있는 사상들이 우리나라에 도입되었고, 그에 따라 생존경쟁으로 대표되는 사회진화론적 관점은 점차 영향력을 상실해 갔다.[24] 오히려 우승열패 또는 적자생존이라는 사회진화론 이론으로 볼 때, 일본은 강자이나 우리나라는 약자이기에, 우리가 경쟁에서 패배하는 것은 필연적인 결과라는 논리로 귀결되면서, 사회진화론이 우리나라 식민지 지배의 이론적 논리를 제공했다는 비판에도 직면하게 되었다.

이러는 와중에 1920년대에 중앙정부로부터 해방된 공동체 사회 협력 모델을 추구한 크로포트킨의 상호부조론 사상이[25] 우리나라에 소개되었고, 독립운동가들의 민족해방운동 이론에 새로운 지평이자,[26] 사회진화론적 논리를 비판할 수 있는 대안으로 받아들여졌다. 1921년에는 상호부조론을 선전하는 토론회도 열렸는데, 이 자리에서 당시는 사회개조의 시대로서 우리도 개조를 해야 하고, 그러려면 상호부조론을 선전하여 생존경쟁론을 극복해야 한다는 주장이 제기되었다.[27] 일제강점기의 독립운동가였던 유자명[1894~1985]은 "(크로포트킨의) 상호부조론은 생존경쟁이 생물진화의 원동력이라고 인정하는 다윈의 진화론과 반대로 상호부조가 생물진화의 주요 요소라고 주장한다. 당시 유럽 여러 나라의 제국주의자들은 다윈의 생존경쟁 학설을 자신들의 식민침략전쟁을 변호하는 데 이용했다. 그러나 크로포트킨의 『상호부조론』은 침략을 반대하는 근거가 된다"[28]고 생각했다. 신채호는 세계 5대 사상가로 석가, 공자, 예수, 마르크스에 이어 크로포트킨을 지목했으며, 크로포트킨의 사상을 자신의 민족 해방운동의 새로운 이론적 기초로 삼았다.[29] 그러나 1930년대 중반 이후 일제가 아나키즘 활동가들을 대량으로 검거하고 이들에게 전향을 강요함으로써 아나키즘 단체는 해산되었고, 활동은 침체기에 빠졌다.[30]

그럼에도 대한제국 시절부터 일제강점기에 이르는 기간에 각종 학교 입학과 각종 자격증 취득, 취업 등과 관련된 시험에 대한 경쟁은 점점 심해졌던 것으로 알려졌다. 1886년 2월 6일 고종 황제는 신분제의 하나로 유지되던 노비의 세습 제도를 폐지한다고 공표했고, 1894년 갑오개혁으로 노비제도는 완전히 폐지되었다.[31] 조선 개국이래 단단한 사회적 기반 조직으로 존재하던 양반과 노비로 대표되는 신분제가 무너진 것이다. 그에 따라 조선시대에, 비록 입학 자격에 신분적 제한은 없었으나, 주로 양반과 양인 자제의 교육 기관이었던 서당이나 향교, 서원, 사학 등은 쇠퇴했다. 또한 고종은 1894년에 근대적인 관료 선발 제도를 만들어 신분이나 출신 지방의 차이와 상관없이 능력에 따라 인재를 등용하려고 했다. 그런데 이 시기에는 신분에 관계없이 취학할 수 있는 새로운 교육 기관인 많은 학교가 설립되었고, 민족의 자주독립과 민권의 확립을 이룩하려면 교육이 가장 필요하다는 생각이 사회 전반에 확산되면서 학교에 입학하려는 경쟁이 심화되었다. 그에 따라 1920년대에는 보통학교라고 불렸던 초등학교에 입학하려는 사람의 수가 모집 인원을 항상 초과하면서 입학시험이 시작되었다.[32] 실례를 들면, 1927년에는 초등학교 조선인 지원자 100,598명 가운데 85,788명이 합격해서 합격률이 85.3%, 1937년에는 363,638명 가운데 189,604명이 합격해서 합격률이 52.1%였다.[33] 중등학교의 경우, 1927년에는 지원자 25,123명 가운데 7,860명이 합격해서 합격률이 31.3%, 1939년에는 82,952명 가운데 17,738명만이 합격하여 합격률이 21.4%에 불과했다.[34] 학교에 입학하여 대중 교육을 받으려는 경쟁이 치열했음을 보여준다.

대학 입학 경쟁도 치열했는데, 1924년에는 경성제국대학교, 오늘날 서울대학교에 647명이 지원하여 조선인 44명과 일본인 124명 등 총 168명이 합격해 4대 1에 육박하는 경쟁률을 보였다. 그리고 1924년부터 1937년까지 경성제국대학교 입학생 가운데, 경성중학교오늘날 서울고등학교 졸업생이 430명, 용산중학교오늘날 용산고등학교 졸업생이 182명, 그리고 경성제일고등보통학교오늘날 경기고등학교 졸업생이 182명일 정도로 중학교 서열화가 나타난 것으로 조사되었다. 또한 경성중 졸업생 176명 가운데 36명이 경성제대에 입학해서 졸업생 대비 합격생 비율이 20%를 넘었으며, 용산중과 경성제일고보가 11%와 10% 수준이었다. 결국 경성제국대학교에 많은 합격생을 낸 학교들의 서열화가 일제강점기에 본격적으로 시작된 것이다.[35] 광복 이후에도 입시 지옥이 전개될 것이라며, 1946년 4월 25일자 동아일보에는 「교육균등은 언제 실시되나? 입학의 좁은 문 열라」라는 제목의 기사가 실리기도 했다.[36] 그에 따라 일제강점기는 시험을 현재의 사회적 고통으로 만든 시기로 간주되면서도,[37] 시험은 누구에게나 공정하게 기회를 제공하므로, 누구나 실력이 된다면 합격할 수 있다는 공정성과 객관성을 담보하는 하나의 신화가 되었다.[38]

하지만 일제강점기 이후에도 일본 지배계급이 사라진 자리를 차지하기 위한 우리나라 사람들 사이의 경쟁은 치열해졌다. 일제강점기에 좋은 학교를 나온 사람들과 유학생들이 새로운 지배층으로 상승해가는 현실을 지켜보았기에, 일반 대중은 자신과 가족의 미래에

다원을 오해한 대한민국

대한 보장을 자녀의 성공에 기댈 수밖에 없었을 것이다.[39] 그러나 광복 이후 정부의 교육에 대한 재정 부족과 6·25전쟁이라는 파괴적인 전란으로 인하여 학교 입시 제도는 자주 변경되었고,[40] 특히 입시 제도가 사회 각 집단의 사회경제적 이익과 맞물리면서 각 집단은 자신의 이익에 따라 제도의 방향을 변화시키고자 경쟁했다. 경제적 능력과 권력을 가진 학부모들은 중학교 입학의 자유경쟁을 요구한 반면, 일반 학부모들은 국가가 공정한 평가를 시행하고 입시부정을 막을 수 있다고 생각해서 입학시험을 관리해 주기를 기대했다.[41] 중학교가 입시 평가권을 가지게 되면 부정입학이 나타나고, 초등학교가 평가권을 가지게 되면 치맛바람이라고 하여 학부모가 부정한 방식으로 평가에 영향을 준다고 생각했기 때문이다.[42]

그러나 이처럼 학교 입시를 위한 경쟁을 제외하고는 박정희 정권이 들어서기 전까지 사회 전반에 걸친 경쟁은 잘 알려져 있지 않다. 그런데 박정희는 자신이 식민지 체제 아래에서 자신과 같은 조선인들과 만주에서 살고 있는 중국인들, 그리고 일본인들과의 경쟁을 몸소 체험하면서 살아남아 결국 성공할 수 있었기에, 경쟁의 중요성을 깨달아서 자신이 국가를 통치하게 되었을 때 모든 영역에서 경쟁 체계를 도입하였다.[43] 박정희는 새마을운동 프로젝트 초기에 부족한 재원을 효율적으로 사용하려고 공동체들이 경쟁하도록 유도했고, 마을 내에서도 농사를 열심히 짓는 착실한 농민이나 효율적인 농업 기법을 만든 농민을 포상하여 농민들끼리도 경쟁하도록 유도했다. 그리고 경쟁의 과정을 양적으로 평가하고, 평가 결과를 금전적으로 보상해 주었다.[44] 새마을운동이 당시 집성촌 중심으로 형성되었던 마을 단위로 경쟁하게 만들어 승리한 마을에게만 지원한 다음, 높은 단계로 승급하도록 함으로써 마을 사이 경쟁을 더욱 가속화시킨 것이다.[45] 박정희는 표면적으로 사회의 단결을 추구했지만, 집단 간, 집단 내에서의 갈등을 당연시하도록 만드는 제도적 틀을 제공하여 사람들이 치열하게 경쟁하도록 유도했다. 그래서 경쟁에서 이긴 자에게 모든 것을 독점할 수 있는 권리를 부여했고, 경쟁은 결과지상주의에 따라 합법적이고 도덕적인 규칙에 따르기보다는 많은 자원을 확보하려고 다양한 자원을 가진 이들과 다양한 연줄을 형성하도록 유도해서,[46] 공정하고도 객관적인 경쟁에서 벗어나도록 만들었다. 갈등의 근본적 원인인 갑을 대신하여 을끼리 서로 증오하면서 경쟁하게 만들어 수적으로 소수인 갑의 이익을 위해서 다수인 을들이 서로 싸워서 자신들의 힘을 소진하도록 만든 것이다.[47] 이런 점에서 볼 때, 오늘날 우리 사회에 널리 퍼져 있는 경쟁과 관련된 사고나 행동은 일제강점기에서 시작되어, 이승만-박정희 시대의 경험에서 강화되었다고 말할 수 있을 것이다.[48]

그에 따라 경쟁에서 이길 수 있는 다양한 연줄, 즉 혈연을 비롯하여 학연과 지연 등을 획득하려고 끝이 없는 경쟁이 시작되었다. 이 가운데, 지연과 혈연보다는 학연이 자신의 노력 여부에 따라 만들어낼 수 있기에 학연을 만들 수 있는 고학력을 취득하거나 소위 좋은 대학에 들어가려는 경쟁이 심화되었다. 실제로 1970년대까지 우리 사회의 급속한 성장과 변화의 양상이 직선적 상향 지향 경쟁체계를 강화했기 때문에, 이 경쟁에 이기려면 고학력 집단에 편입되는 길밖에 없다는 가치관이 나타났고, 대학 입시 경쟁은 한층 치열해졌다.

그 결과 1970년대 내내 대학 입학 탈락자들 문제가 발생했다. 1970년대 초에는 7만 4천명 정도였던 대입 탈락자가 1979년에는 20만 명을, 1980년에는 30만 명을 넘어설 정도였다.[49] 이러한 입시 경쟁은 배는 곯아도 공부는 해야 한다는 열의와 욕망의 표출이었으며, 경쟁의 결과로 새로운 형태의 학벌 사회가 만들어졌다.[50] 그리고 학벌은 권력과 연관되었으며 자본으로도 이어졌다.[51] 따라서 평생 따라다니는 꼬리표와 같은 좋은 대학에 입학하는 결과 하나면 나머지 모두는 포기해도 좋다는 사이비 신념이 교육 현장에 존재하게 되었고, 그 정점에는 대입 제도가 있었던 것으로 파악된다.[52] 결국 현재 우리 사회에서 벌어지는 모든 경쟁은 초중고에서부터 시작된 대학 입시 준비에서부터 출발해서 대학 졸업 후 취직으로, 그리고 직장에서의 평가와 그에 따른 보수로 이어지고 있는 것이다.

따라서 우리나라에서는 지금까지 대학 입시에서 나타나는 경쟁의 공정성을 확보하려고 끊임없이 반복적으로 대학 입시 제도를 수정, 보완해 왔다. 그러나 대학 입시에서의 불공정성이 제도의 변화로 인한 일회적인 문제가 아니라 불평등이 심화되어 가는 사회구조적인 영향이 입시 제도에 투영된 것으로 판단하는 경향도 있다.[53] 실제로 「누가 서울대에 들어오는가」라는 보고서에 따르면,[54] 강남 8학군 지역은 전국 평균의 2.5배나 높았고, 고소득 직군 아버지의 자녀 입학률은 기타 그룹의 입학률보다 16배가 높았다. 또한 출신 지역 및 소득 격차는 대학 입학 후에도 이어져 서울 출신 학생의 입학 후 학점이 지방 출신보다 상대적으로 높았다. 이러한 결과는 부모의 경제력을 바탕으로 사교육을 포함한 학습 기회의 차별을 통해 학업 성취에 차이가 발생하고, 이 학력은 다시 학벌을 통해 사회경제적 지위로 계승되는 우리 사회의 현실을 확인시켜 준 것이다.[55] 그런가 하면 고소득 지역인 서울 강남구와 저소득 지역인 강북구 학생의 지능, 노력, 유전 등 잠재력으로만 보면 두 지역의 서울대 추정 합격률은 1.7배 차이가 나지만, 실제 서울대 합격률은 20배 이상 차이가 났다는 연구 결과도 있다.[56] 그리고 우리 사회에서 교육이 차별과 불평등을 대물림하는 기제로 작용하고 있다는 연구 결과도 있는데, 부모의 사회경제적 지위가 높을수록 사교육 투자가 많으며, 아이의 문화자본이 풍부하고, 학교 교육 활동에서의 성취가 높으며, 학업성적이 우수하고, 수능에서 높은 점수를 받으며, 서열이 상위인 대학에 진학하여 학벌을 취득하게 된다는 것이다.[57]

그런데 경쟁은 경쟁에 참여할 기회가 누구에게나 평등하게 주어져야 하며, 과정은 공정해야 하고, 그 상태에서 결과의 차등적 분배가 정의롭게 이루어져야 한다. 이 세 가지 전제가 지켜지지 않은 상태에서 주어진 결과만 그대로 받아들이며 참고 버티라고 한다면, 결코 공정하지가 않다.[58] 또한 공정성과 정의를 전통적인 의미로 해석한다면, 누군가에게 보상을 하지 않고 오히려 다른 사람을 희생하면서 혜택을 누리는 행위는 당연히 부당하다고 할 수 있다.[59] 그럼에도 불구하고 우리 사회에서는 개인의 능력이 기준에 따라 정량적으로 평가되어 그에 따른 사회적 지위나 권력이 주어지는 사회를 추구한다는 능력주의가 널리 퍼져 있다. 따라서 현실의 불평등은 능력주의의 결과이므로 정당한 결과라는 믿음이 전체적으로 내면화되어 있는 것이다. 그 결과, 우리 사회에는 개인이 지닌 능력을 교육을 통해 향상시키려는 자기 계발주의와 다양한 선발과 경쟁에서 낙오된 능력이 부족한 사람에 대한 차별과 배제를 정당화하는 극단적 공정 담론이 발달하고 있다. 현실에서 능력주의가 적극적으로 실현되고 있다는 믿음은 현실의 불평등을 정당화하고 강화하는 토대로 작동하면서, 다른 능력을 갖춘 사람들을 다르게 대하는 것이 공정하다는 강한 능력주의 신화를 만들고 있는 것이다.[60]

능력주의는 5·16 쿠데타 이후 박정희를 비롯한 국가재건최고회의 최고위원들이 1962년 전면 개정 발의된 헌법안에 "능력에 따라"라는 문구를 삽입하면서부터[61] 나타난 것으로 추정된다. 이전에는 "균등하게 교육받을 권리"라고 표현되어 있었으나, "능력에 따라"라는 구절 하나를 추가했던 것이다. 부정부패를 일소해야 할 다급한 정치적 필요와 경제 개발을 위한 인적 자원론이 대두되던 시절, 똑똑한 사람을 우선 길러 뽑아 쓰자는 생각에 "능력에 따라" 교육받을 권리는 별다른 저항 없이 도입된 것으로 파악되고 있다.[62] 그리고 "능력에 따라 균등하게 교육을 받을 권리"에 대해 헌법재판소는 1994년에 "정신적, 육체적 능력 이외의 성별, 종교, 경제력, 사회적 신분 등에 의하여 교육을 받을 기회를 차별하지 않고, 즉 합리적 차별 사유 없이 교육을 받을 권리를 제한하지 아니함과 동시에 국가가 모든 국민에게 균등한 교육을 받게 하고, 특히 경제적 약자가 실질적인 평등 교육을 받을 수 있도록 적극적 정책을 실현해야 한다"[63]고 설명했다. 비록 경제력, 사회적 신분 등에 의해 교육받을 기회가 차별되어서는 안 된다고 설명하고 있지만, 현실적으로 경제력과 사회적 신분은 능력주의라는 미명으로 차별을 만들고 있다.

능력주의는 귀족주의에 반하여 출신과 상관없이 개인의 능력에 따라 보상받아야 한다는 생각으로 1958년 마이클 영이 풍자 소설에서 사용한 용어이다. 그러나 시간이 흐르면서 오늘날 사실상 귀족주의와 다를 바 없게 되었다는 지적이 있다. 능력주의가 장기간 실천되면서 학부모의 계급적 수준에 의해 큰 영향을 받는다는 점에서 이전의 능력주의와 비교해서 부정적인 의미를 지니게 되었고, 이러한 능력주의는 승자독식을 정당화하는 능력주의로 발달하여 날로 벌어지는 임금격차와 빈부격차를 정당화하는 이데올로기로 사용되고 있다.[64] 결국 능력주의는 지배의 정당성을 개인의 능력으로부터 추출하여 지배의 자격을 사람들이 아니라 한 개인으로 이동하게 만들어, 오늘날 귀족주의가 변형된 엘리트주의로 만들어졌다. 이로써 능력주의는 다시 엘리트라는 소수의 지배, 즉 탁월한 자의 지배로 돌아가게 만들었다.[65]

그러나 개인에게 주어진 능력은 개인에게 속하지만, 개인의 능력이 차이가 나도록 만드는 상황 자체는 자의적이고 우연적인 사건으로 개인이 어떻게 할 수는 없다.[66] 실제로 능력은 IQ나 유전에 따른 개인적 차원만이 아니라 문화적 자본이나 경제적 지원 구조 등과 같은 사회적 능력에 의해 결정되는 측면이 강하다.[67] 그리고 개인의 능력으로 IQ 검사 결과를 들기도 하나, 이는 우생학이라는 과학적으로 전혀 근거가 없는 사이비과학이 만들어낸 거짓일 뿐이다. 게다가 능력을 능가하는 비능력적 요인들로 차별적 교육 기회, 불평등한 사회적 자본과 문화적 자본, 특권의 상속과 부의 세습 등 도저히 손쓸 방법이 없는 불가항력적인 요인들이 존재하고 있다.[68] 한국직업능력개

발원이 2009~2010년에 대학을 졸업한 1만 4,349명을 대상으로 조사해 발표한 「부모의 소득계층과 자녀의 취업 스펙」 보고서에 따르면, 대기업 취업 확률은 어학연수 경험이 있을 경우 49%나 높아진다. 그런데 부모소득이 월 200만 원 미만일 때는 자녀의 어학연수 비율이 10%에 그쳤지만, 월 700만 원 이상일 경우에는 32%였다. 토익점수 또한 부모의 소득에 따라 평균 676점과 804점으로 엄청난 격차가 났는데, 토익점수 10점당 대기업 취업 확률은 3%가 높아진다.[69] 또한 2012년 기준으로 서울대, 연세대, 고려대 그리고 이화여대에 재학하는 학생의 35%가 월평균 가구소득이 923만 원인 소득 상위 10%에 속하는 가구의 자녀인 반면, 상위 10개 대학에 다니는 기초생활수급권자와 월평균 가구소득이 76만 원인 소득 하위 10%에 속하는 가구 자녀는 8.7%에 불과한 것으로 조사되었다.[70] 실제 개인이 가지고 있는 능력과는 다소 무관하게 부의 대물림이 능력주의라는 이름으로 포장되어 새로운 학벌 사회와 부의 차별을 만드는 요인이 되고 있는 것이다.

우리나라의 소득 상위 10%가 전체 소득에서 차지하는 비중은 2013년 말 기준으로 44.9에 달했는데, 이 비중은 1995년에 29% 였던 것이 18년 만에 16% 정도 상승해서 소득 편중 속도가 매우 빠름을 보여준다. 이는 미국 47.8%에 이어 세계 2위에 해당한다.[71] 그러나 산업화된 현대 민주 사회에서 이들 부자들의 높은 소득은 그들의 노력만으로 얻은 결실이 아닐 것이다. 각종 사회적 인프라와 교육 등 현재와 과거의 공공투자에 상당 부분 빚진 것임에도 불구하고 우리는 부자들이 이런 투자 덕분에 높은 소득을 올릴 수 있게 되었다는 사실을 간과하고 있는 것 같다.[72] 따라서 경쟁에서 밀려난 개인에게 단지 당신이 더 노력하지 않아서라고 말하는 것보다는, 사회가 출발과 과정의 공정성에서 차별을 받았던 사람들에게 결과의 차별을 통해서라도 충분히 보상을 해줘야만 할 것이다.[73]

능력주의에는 '뿌린 대로 거둔다'는 신념이 밑바탕에 깔려 있다. 그리고 '사람들이 내는 성과는 그들의 노력, 능력 또는 마땅히 받아야 할 자격으로 인한 것이기 때문에, 그들의 현재 모습은 그들의 책임'이라는 입장을 통해 사회 내의 '지위의 불평등'을 정당화한다.[74] 결국 능력주의 관점에서는, 성공한 사람이 그럴 만한 자격이 있다는 것은 실패한 사람 역시 그럴 만해서 실패한 것으로 간주된다. 더 나아가 열등한 사람은 기회를 박탈당해서가 아니라 실제로 그가 열등하기 때문임을 인식해야 한다는 주장이 가능하다. 따라서 능력주의 시대에 실패한 사람은 왜 자신이 그러한가에 대해 자신과 타인에게 답해야 하는 냉혹한 상황에 처하게 된다. 또한 능력주의 시스템에서 낮은 사회경제적 지위는 그것이 주는 고통 이외에 인과응보의 관점까지 들어가면서 사회경제적으로 낮은 지위를 갖고 있는 사람들이 느끼는 불안을 커지게 한다.[75] 그런데 희망이 개인 의지의 영역이 아님을 증명하는 자료는 많다. 서울 지역 56개 초, 중, 고교 재학생 3만 7,258명의 장래 희망을 분석한 『소득에 따라 꿈도 다르다: 소득별, 학교별 장래희망조사 보고서』를 보면, 외국어고의 경우 장래 희망이 고소득 전문직인 학생이 76%에 이르지만, 실업계의 경우 3%에 불과하다. 반대로 중하위 직종을 꿈꾸는 경우가 외고는 11%에 불과하지만, 실업계는 79%에 이른다.[76] 부의 대물림은 학벌로 이어지고, 학벌은 또 다른 부를 창출하면서, 시험이라는 도구로 평가되는 교육 또는 대학 입시라는 경쟁에서 진 사람들과 이긴 사람들 사이의 격차는 앞으로 더욱더 벌어질 것이다. 미래에 대한 암울한 전망인데, 부의 분배과정을 한마디로 표현하면, 미국에서 발달했던 승자독식의 불평등함이다.

어떻게 보면 한 개인의 인생을 결정하는 우리나라에서의 시험을 통한 이러한 경쟁이 공정하고 객관적인가라는 질문을 던질 수 있겠다. 과거 조선시대를 유지해 온 인재들을 등용하기 위해 치러졌던 과거 제도를 살펴보자. 응시 자격은 공민권자라고 볼 수 없는 천인을 제외한 모든 사람이나, 일정 연령 이전에 학교에 적을 두고 있으면서 성실히 학문을 닦고 연구하는 활동에 참여하여 일정 수준의 실력이 입증되고, 바른 인품을 갖추고 있으면 되었다. 덕성에 큰 허물이 있거나 죄를 지은 자는 과거에 응시할 수 없었다. 시험의 공정성을 위해서 그 무엇보다 응시자의 인적 사항을 알지 못하도록 인적 사항을 가리거나 잘라냈고, 답안지 원안을 그대로 다른 사람이 옮겨 적어 응시자의 필체를 알지 못하게 했으며, 시험 감독관이 응시자의 친인척인 경우 시험장에 들어가지 못하도록 하는 등 여러 방법을 시행했다. 이러한 특징은 한 개인이 출생과 동시에 혈통 요인으로 특정 지위의 집단에 속하게 만든 것이 아니라, 교육적 성장을 통해서 스스로 자신이 속할 지위의 집단에 참여하게 했다는 평가이다.[77] 따라서 조선시대의 과거 제도는 순수하게 개인의 능력에 따라 결과가 나타난 것으로 평가된다.

또한 과거에 급제한다고 해도, 특히 문과 또는 대과에서 1~3순위에 해당하는 사람만 관직에 오를 수 있었다. 실제로 1등 장원은 종6품 관직에 임명되었고, 2등인 아원과 3등인 탐화는 이보다 한 단계 낮은 정7품 관직을 받았을 뿐이다.[78] 나머지는 합격증과 어사화만 받았다. 따라서 처지가 가난한 사람이 과거에 급제했다고 해서 단번에 부자가 되는 일은 거의 불가능했다. 그럼에도 과거에 많은 사람들이 응시하는 것은 3대에 걸쳐서 과거 급제자가 나오지 않으면 양반의 지위를 잃고 양인으로 신분이 바뀌었기 때문일 것이다.[79] 그에 따라 과거에 합격해서 생원이나 진사가 된 많은 사람들이 다음 단계의 과거를 치르는 대신, 즉 더 큰 출세를 쫓는 대신 고향으로 내려가 양반 노릇을 하며 지냈다.[80] 달리 말해 과거는 양반이라는 신분과 체면을 유지하기 위한 수단이었고, 그에 따라 세대에 걸쳐 학문을 연마함으로써 과거를 보러 가거나 벼슬을 할 수 있는 권리를 행사할 수 있는 기회에 도전할 수 있는 능력을 구비하도록 유도한 것이었다.

반면 일제강점기부터 본격적으로 시작되어 오늘날까지 지속된 시험 제도는, 시험이 곧 실력이라는 인식을 심어주었는데,[81] 합격자와 불합격자, 또는 승자와 패자를 구분하려고 시행된 것이다. 그리고 승자는 합격함으로써 그에 따른 자격이나 지위를 얻게 되고, 이를 이용하여 부와 권력, 달리 말해 기득권을 획득할 수 있게 되었다. 그런데 이런 과정에서 기득권을 가진 사람이 극소수에 불과하다는 해결할 수 없는 문제가 발생한다. 시험에 합격한다는 것이 누구나 도달할 수 있는 목표가 아니라 오로지 소수만 쟁취할 수 있음에도, 모두가 가능성 하나만을 믿고 달려가는 경쟁인 것이다. 오늘날 극소수의 성공이 마치 누구에게나 가능한 보편적인 것처럼 착각하게 만들고 있는데,

특히 언론과 교육이 이렇게 만들고 있다.[82]

또 다른 문제가 경쟁 과정에서 나타나는데, 바로 불공정성이다. 단지 불공정하다는 생각을 하지 못하도록 능력이라는 단어도 등장했지만, 경쟁 자체가 불공정한 것이다. 헌법재판소에서 "정신적, 육체적 능력 이외의 성별, 종교, 경제력, 사회적 신분 등에 의하여 교육을 받을 기회를 차별하지 않고" 능력에 따라 교육을 받을 수 있다고 했지만, 모든 사람의 경제력과 사회적 신분은 한 개인에게 국한되지 않고, 개인이 속한 집안 또는 집단에 의해 이미 차이가 발생하고 있는 것이다. 그러기에 오늘날 우리나라에서 벌어지는 각종 경쟁은 출발점이 다른 불공정한, 뒤틀어진 경쟁이 되어 버렸고, 이러한 경쟁의 결과는 불평등으로 심화되어 나타나고 있다. 오늘날 우리 사회에서 많은 사람들이 '각자 능력껏 살아서 남아라'고 하는데, 이는 부유하고 힘이 있는 자들에게만 혜택을 안겨줄 뿐, 함께 뭉쳐서 변화를 만들어낼 수 있다고 믿는 사람들의 희망을 무너뜨리는 결과를 초래하고 있다.[83]

후쿠자와가 생각했던 자유주의적 관점의 경쟁은 뒤이어 나온 가토의 생존경쟁과 구별되지 못한 상태로 우리나라에 도입되어, 경쟁보다는 생존경쟁이 강조되면서 살아남기 위한 수단이 되었다. 광복 이후에는 미국에 널리 퍼진 무한경쟁과 그에 따른 보상의 독식, 즉 승자독식으로 이어지는 경쟁이 우리나라에 새롭게 도입되었다. 그리고 미국식 승자독식 경쟁과 일제강점기부터 시작된 교육에 대한 경쟁은 남을 넘어뜨려야 내가 생존한다는 사고방식으로 이어져 오늘날 우리 사회를 짓누르고 있다. 그러면서 이러한 경쟁의 원리를 다윈이 『종의 기원』에서 제공한 것으로 많은 사람들이 알고 있으나, 이는 일제강점기에 유자명이 생존경쟁을 생물 진화의 원동력으로 간주한 것처럼, 다윈의 생각을 오해한 결과일 뿐이다. 다윈의 생각을 제대로 이해해야만 할 것이다.

제2부

다윈의 생각에 대한
오해

∞

다윈은 당시에 알려져 있던 생물이 변한다는 여러 이론을 검토한 후, 자신만의 독특하면서도 새로운 종 변형 이론을 발전시켰다. 그리고 자신의 이론을 뒷받침할 수 있도록 단어들을 조합하여 자연선택으로 번역되는 'Natural Selection', 변형을 수반한 친연관계로 번역되는 'Descent with modification' 등과 같은 새로운 용어를 만들어냈다. 그런데 'descent'는 1828년에 발간된 웹스터 사전에 "어느 정도까지는 한 조상으로부터 나온 모든 사람; 무한정 이어져 온 세대의 직계. 우리는 모두 아담과 이브의 후손이다"[1]라는 의미를 지닌 descendant의 동의어로 설명되어 있다. 그래서 다윈이 사용한 'Descent with modification'이라는 용어는 변형을 수반한 후손 정도로 이해될 수 있을 것이다. 그런데 다윈은 1838년에 작성한 자신의 공책 C의 60번 항목에서 'descent'를 "종을 한 형태로 유지하는 (그러나 변형되기도 하는) 진정한 관계 또는 대응 관계로 형태를 갈라놓는 힘이며 동시에 동떨어져 적대 세력으로 만드는 힘이 있다"[2]라고 설명해 놓았다. 한 가지 형태로 유지한다는 것은 조상과 후손이 같은 형태를 지니고 있다는, 즉 시간이 흘러도 같은 종을 유지한다는 의미일 것이며, 적대 세력으로 만든다는 것은 조상과 후손이 갈라져서 서로 다른 종으로 구분되었다는 의미일 것이다. 다시 말해, 'descent'는 단순히 후손을 의미하는 것이 아니라 한 종과 같은 형태를 지닌 후손과 다른 형태를 지닌 후손 모두와의 관계, 즉 친연관계를 지칭하는 것이다.

그런데 우리나라에서는 'descent'를 유래나 기원, 계통 또는 계승으로 번역하고 있다. 표준국어대사전에 따르면 유래는 "사물이나 일이 생겨남 또는 그 사물이나 일이 생겨난 바"로 풀이되고, 동사 형태인 유래하다는 "사물이나 일이 생겨나다"이다. 기원은 "사물이 처음으로 생김 또는 그런 근원"으로, 계승은 "조상의 전통이나 문화유산, 업적 따위를 물려받아 이어 나감"으로, 그리고 계통은 "일정한 체계에 따라 서로 관련되어 있는 부분들의 통일적 조직"으로 풀이되어 있다. 최근에는 'descent'의 사전적 의미가 '이어져 내려감'을 의미하기에, 계승이 계통이나 유래에 비해 사전적으로 더 가까운 의미를 담고 있어, 'descent with modification'을 '변화를 동반한 계승'으로 번역하자는 제안도 제기되었다.[3] 그러나 다윈이 쓴 또 다른 책 *Desecnt of Man* 을 '인간의 친연관계'가 아니라 '인간의 기원'이나 '인간의 유래' 또는 '인간의 계승'으로 번역한다면, 다윈이 생각하는 바가 조금은 오해될 수 있을 것이다. 다윈은 인간이 지구상에 있는 어떠한 생물들과 어떤 관계를 맺으면서 어떻게 변화하면서 살아왔는가를 설명하려고 했을 것인데, 기원이나 유래라면 인간이 어떤 발달 과정을 통해서 오늘날 인류로 되었는가를 설명하려고 한 것으로 받아들이게 될 것이다. 물론 결과는 비슷할 것이나, 다윈은 『인간의 친연관계』에서 인간이 어떻게 독자적으로 발달했는가 보다는 인간이 살아오면서 다른 생물과 어떻게 달라졌는가를, 즉 친연관계가 어떻게 변형되었는가를 설명하고 있다.

이런 점은 어떤 분야를 처음 개척하는 사람에게서 예외 없이 부딪히는 언어의 문제로 간주될 수 있다. 낡은 언어로 새로운 사상을 설명할 수 없기 때문이다. 다윈 역시 기존의 언어로는 자신이 생각하는 진화의 개념을 설명할 수 없었을 것이다. 그러기에 다윈은 다소 모호한 용어와 표현을 사용할 수밖에 없었고, 특히 은유와 의인화된 표현을 많이 사용했다.[4] 때로는 다윈 스스로 자신이 사용한 용어에 대해 앞에서 살펴본 'descent'처럼 자신이 쓴 공책이나 다른 사람에게 쓴 편지에서 설명하기도 했으나, 많은 용어에 대해서 자세하게 설명하지 않았으며, 아직까지도 제대로 파악되지 않고 있다. 다윈은 은둔한 채 자신의 생각을 글로 발표했던 것이다.[5] 한 가지 사례를 들면, 다윈은 『종의 기원』에서 흔히 장소로 번역되는 'place'라는 단어를 사용했는데, 오늘날 이 단어는 생태학적 관점에서 볼 때, 생태적 지위에 해당하는 용어이다. 그러나 다윈이 이 단어에 대해 설명하지 않아서, 사람들이 이 단어를 단순하게 여기저기에 해당하는 장소라는 의미로 받아들이고 있다. 생태적 지위는 생물이 가지고 있는 특성을 보여주지만, 장소라는 단어에는 이러한 특성이 전혀 없다. 결국 다윈은 과학과 사회학 분야에서 핵심적이고 상징적인 인물이지만, 그가 널리 제대로 이해되고 있지 않다는[6] 평가도 나오고 있는 실정이다.

다윈이 『종의 기원』을 발표했던 당시의 지성계는 진화론의 파격적인 내용만큼이나 낯선 그의 언어를 쉽사리 받아들이려고 하지 않았다.[7] 다윈이 사용한 언어나 용어가 그의 생각을 명확하게 나타내는 데 적합하지 않았고, 그의 사고는 수많은 상충하는 체계들로 연장되고 흡수되었기 때문이다.[8] 특히 다윈의 개념들이 스펜서 등의 사회다 윈주의자들에 의해 수없이 일탈되고 이념적으로 덧칠된 의미로 사용되었는데, 원래의 의미보다는 후자의 용례가 더 큰 영향력을 행사했다. 결국 다윈의 사상이 전반적으로 제대로 이해되지 못하고, 이념적으로 탈선되어 얼룩지게 된 것이다.[9] 다윈이 '진화evolution'라는 단어를 『종의 기원』 6판에 이르러서 처음 사용했음에도 불구하고, 그가 '진화'를 주장했다고 한다. 또한 5판에서 '최적자생존'이라는 단어를 처음 사용했음에도 불구하고, 다윈을 일반적으로 최적자생존이라는 법칙의 아버지로 부르면서, '야만적 식민주의, 문화 학살, 노예제, 성차별주의' 등에 책임이 있다고도 한다.[10]

옛 고전을 하나하나 상세하게 확인할 수 없었던 시절에 형성된 이야기가 하나의 전설로 만들어지면서, 다윈의 생각을 오해하게 만든 사례도 있다. 대표적인 사례가 맬서스와 다윈을 생존경쟁으로 연결한 전설일 것이다. 맬서스는, 인구는 기하급수적으로 증가하나 식량은 산술급수적으로 증가하기 때문에, 필연적으로 식량이 부족하게 될 것이라고 주장했다. 이 주장으로 인해 사람 또는 생물이 살아남기 위해서는, 즉 생존을 위해서는 식량을 경쟁적으로 구해야만 한다는, 다시 말해 생존경쟁을 할 수밖에 없다는 전설이 만들어졌다. 이는 다윈이 『종의 기원』에서 설명한 "struggle for existence"가 생존경쟁으로 번역되면서, 자연스럽게 맬서스와 다윈이 연결된 것이다. 살아남기 위해서는 경쟁을 해야만 한다. 그러나 맬서스가 생존을 위해 경쟁해야 한다고 주장하지도 않았고, 다윈 역시 생존을 위해 경쟁해야 한다는 설명을 하지도 않았다. 그럼에도 이 두 사람의 생각이 서로 연결되어, 생존을 위해서는 경쟁해야만 한다는 전설 아닌 전설이 만들어졌고, 오늘날 우리 사회는 자신의 생존을 위해 남을 넘어뜨려서라도 경쟁에서 이겨야만 한다는 맹목적 믿음 아래 움직이고 있다.

이러한 몇 가지 이유로 인해 우리는 다윈을 오해하고 있다. 우리가 오해하고 있는 다윈의 생각들을 하나하나 살펴보자.

1

먹을 것이 부족하면 경쟁해야 하나

맬서스[1]는 영국의 성직자이면서 인구통계학자이고, 정치경제학자인데, 1789년에 『인구론』을 익명으로 출간했다가, 1803년에 2판을 출간하면서 자신의 이름을 드러냈으며, 1826년에 마지막 수정본인 6판이 나올 때까지 내용을 수정, 보완했다. 다윈은 1826년에 출간된 『인구론』 6판을 비글호 항해를 마친 뒤인 1838년에 읽었다.[2] 그러므로 맬서스와 다윈의 연결 고리는 『인구론』 6판을 기본으로 살펴보는 것이 필요하다.

흔히 사람들은 '인구는 기하급수적으로 증가하나, 식량은 산술급수적으로 증가한다'는 문장을 맬서스가 말한 것으로 알고 있다. 그러나 맬서스는 이런 표현을 적어도 『인구론』 6판에서는 사용하지 않았다. 그렇지만 초판 10쪽에는 "나는 인구가 통제되지 않을 때에는 기하급수적으로 증가하고, 인간의 생존자원은 산술급수적으로 증가한다고 말했다"[3]라는 문장이 나온다. 단지 6판에서는 "인구가 통제되지 않을 때에는 25년마다 두 배로 증가하므로 기하급수적으로 증가한다고 안전하게 말할 수 있"[4]으며, "현재 지구의 평균 상태를 고려할 때, 인간의 산업에 가장 유리한 환경에서도 생존자원이 산술급수적으로 증가하는 것보다 더 빠르게 증가할 수는 없다고 공정하게 말할 수 있다"[5]고 언급했을 뿐이다. 맬서스는 이 언급을 풀어서 "인구는 1, 2, 4, 8, 16, 32, 64, 128, 256처럼 증가하고, 생존자원은 1, 2, 3, 4, 5, 6, 7, 8, 9처럼 증가할 것이므로, 2세기 후에는 인구와 생존자원이 256 대 9가 되고, 3세기 후에는 4,096 대 13이 되어, 2천 년이 지나면 그 차이가 거의 계산할 수 없을 정도가 될 것이다"[6]라고 수리적인 설명을 덧붙였다. 이때 인구가 1, 2, 4, 8, 16, 32, 64, 128, 256처럼 증가하는 양상을 기하급수적이라고 하고, 생존자원이 1, 2, 3, 4, 5, 6, 7, 8, 9처럼 증가하는 양상을 산술급수적이라고 한다면, 6판의 언급은 맬서스가 『인구론』 초판에서 언급한 내용과 같다고 할 수 있을 것이다.

맬서스는 왜 이런 설명을 했을까? 인구가 증가하면서 생존자원이 부족하기 때문에 인간이 살아남으려면 서로 경쟁을 해야만 한다는 점을 강조하려고 이런 설명을 했을까? 적어도 지금까지 우리나라에서는 이와 같은 설명을 하면서, 다윈이 맬서스의 설명에서 생존경쟁이라는 아이디어를 떠올렸다고 간주하고 있다.[7] 외국에서도 이처럼 받아들이기도 한다.[8] 맬서스가 『인구론』 6판 1장에서 인류 진보에 영향을 끼쳐온 원인으로 모든 생물이 얻을 수 있는 영양분 이상으로 끊임없이 증가하려는 경향이 있다고 했기 때문일 것이다.[9] 그러면서 "프랭클린 박사는 식물이나 동물의 번식력에는 제약이 없으나, 그들이 서로서로 과도하게 많거나 서로의 생존자원을 방해할 때는 제약이 나타난다는 것을 관찰했다. 그는 지구 표면에 다른 식물들이 없다면, 한 종류의 식물, 예를 들어 회향이 서서히 씨를 퍼뜨려 지구 표면을 뒤덮을 것이고, 다른 정착민들이 없다면, 한 민족, 예를 들어 영국인만으로 몇 세기 안에 지구를 다시 가득 채울 수 있을 것이라고 말했다".[10]

이에 대해 "자연의 권위가 있고 모든 곳에 퍼져 있는 법칙인 필연성은 동식물을 정해진 범위 내로 제한한다. 동식물 종류들은 이 거대한 제한적인 법칙에 따라 위축되며, 인간이 그 어떤 이성적인 노력을 하더라도 이 법칙에서 벗어날 수는 없"으나, 제한이 없을 경우, 즉 "자유로울 경우에는 증식의 힘이 발휘되고, 과도하게 증식되는 것은 공간과 영양분의 부족으로 억제된다"[11]고 맬서스는 맞섰다. 이런 이유로 "인간은 강력한 본능에 따라 자신의 종족을 동일하게 증가시키려고 하는데, 이성은 이를 방해하여 자신이 부양할 수 없는 자손들을 세상에 낳아도 되는지 질문한다"[12]는 점을 맬서스는 언급했다. 한편 맬서스는 인구의 증가에 대해 "첫째, 인구는 필연적으로 생존자원에 의해 제한되며, 둘째, 매우 강력하고 명백한 제한이 있는 경우를 제외하고는 생존자원이 증가하면 인구도 변함없이 증가하며, 셋째, 이러한 제한과 인간의 우월한 힘을 제한하고 그 효과를 생존자원과 일치시키는 제한은 모두 도덕적 자제와 악행, 그리고 빈곤으로 구분될 수 있다"[13]고 설명했다.

또한 맬서스는 "인구의 궁극적인 제약을 인구와 식량이 증가하는 비율의 차이에서 필연적으로 야기되는 식량 부족으로 간주하면서도, 이러한 궁극적인 제약이 실제 기근이 발생하는 경우를 제외하고는 즉각적인 제약이 되지 않는다"고 주장했다. 여기에서 "즉각적인 제약은 생존자원의 부족으로 발생하는 모든 관습과 질병으로 설명할 수 있으며, 이러한 부족과 무관하게 인간의 신체를 조기에 약화시키고 파괴하는 모든 도덕적 또는 물리적 원인"[14]이라고 설명했다. 특히 "식물과 이성이 없는 동물의 무한 번식을 억제하는 요인이 모두 적극적이거나 예방적일 경우에는 비자발적"[15]인데, "예방적 제약이 자발적이라면 인간에게만 특유한 것으로, 이는 인간이 미래를 예측할 수 있는 독특한 추리 능력에서 비롯된 것"[16]으로 보았다. 그리고 "인구의 적극적 제약은 매우 다양한데, 인간의 자연적인 수명을 단축시키는 모든 원인, 즉 악행이나 빈곤에서 비롯된 원인을 포함하고 있다. 따라서 이 범주에는 모든 불건전한 직업, 심한 노동과 계절에 대한 고통, 극심한 빈곤, 유아의 나쁜 영양 상태, 대도시 환경, 온갖 종류의 과도한 행위, 일반적인 질병과 전염병, 전쟁, 기근 등이 포함된다"[17]고 설명하고 있다.

이러한 맬서스의 설명에 따르면, 인구는 기하급수적으로 증가하나 식량은 산술급수적으로 증가하기 때문에, 필연적으로 식량이 부족하게 되며, 그에 따라 사람들이 생존을 위해서는 식량을 경쟁적으로 구해야만 한다는, 다시 말해 생존경쟁을 할 수밖에 없다는 전설의 근거를 맬서스로부터는 찾을 수 없게 된다. 단지, 맬서스는 『인구론』 6판에서 경쟁이라는 단어를 3번, 경쟁자를 1번 사용했으며, 흔히 생존경쟁으로 번역되는 'struggle for existence'라는 용어는 단 한 번만 사용했다.

맬서스는 노동의 명목 가격과 실질 가격의 차이에 따라 발생하는 사건을 설명하면서 경쟁이라는 단어를 사용했다. 즉, "제조업과 상업

이 발전하면서 시장에 투입되는 새로운 노동자를 충분히 고용할 수 있게 되었는데, 동일한 임금을 받는 노동자의 수가 증가하면서 경쟁으로 인해 곡물의 가격이 상승하게 되었고, 그에 따라 노동 가격은 하락하게 되었으며, 하층 계급의 생활 조건은 점진적으로 나빠질 수밖에 없었다"[18]고 설명한 것이다. 이러한 경쟁은 버턴에 이어 후쿠자와가 설명한 개념과도 비슷하다.

한편 'struggle for existence'는 식량 부족 현상이 나타났을 때, 젊은 자손들이 아버지 품에서 벗어나 자신의 길을 개척해 간다는 부분에서 나온다. 즉, "현재의 곤경에 불안해하며, 더 나은 전망에 대한 희망에 부풀어 오르고, 강인한 진취성으로 고무된 이 대담한 모험가들은 자신들을 반대하는 모든 사람에게 어마어마한 적수가 될 가능성이 크다. 오랫동안 정착하여 무역과 농업에 평화롭게 종사해 온 한 나라의 정착민들은 이처럼 강한 동기를 가지고 행동하는 사람들의 에너지에 저항할 수 없는 경우가 많았을 것이다. 그리고 자신들과 같은 환경에 처해 있는 부족들과의 빈번한 다툼은 struggle for existence가 될 것이며, 죽음은 패배에 대한 처벌이고, 삶은 승리에 대한 보상이라는 생각에서 영감을 받아 필사적으로 용감하게 싸울 것이다"[19]라는 부분이다. 그러나 이 부분 역시 식량이 부족해서 생존경쟁을 할 수밖에 없다는 전설의 근거가 될 수는 없을 것이다.

그렇다면 다윈은 맬서스의 『인구론』을 읽고 어떤 생각을 했을까? 다윈이 맬서스의 『인구론』을 읽고 1838년 9월 28일 자에 쓴[20] 공책 D, 135e번 메모에는 인구는 25년보다 훨씬 짧은 시간에 기하급수적으로 증가하지만, 맬서스가 한 문장을 말하기 전까지는 아무도 사람들 사이에서 나타나는 큰 제약 요인을 명확히 인식하지 못했다. 예를 들어, 봄에는 밀이 브랜디 제조에 사용되듯이[21] 식량 자원이 다른 용도로 사용된다. 몇 년의 풍년만으로도 인구는 증가하여, 평범한 수확만으로는 식량 부족을 초래할 수도 있다. 유럽을 예로 들면, 모든 종에서는 매, 추위 등으로 평균적으로 같은 수만큼 죽는다. 한 종류의 매의 개체수가 감소하면 다른 모든 종에 즉각적인 영향을 미친다. 이러한 모든 쐐기의 궁극적 원인은 적절한 구조를 구분하고 변화에 맞게 조정하기 위함이다. 형식적으로는 맬서스가 보여준 것이 인간의 힘으로 이처럼 인구가 많아지게 하는 (아무리 자발적인 방법이라도 해도) 궁극적 결과이다. 자연의 경제에서 적응된 구조 하나하나에 수십만 개의 쐐기를 밀어 넣거나, 오히려 약한 것을 밀어내어 틈새를 만들려는 수십만 개의 쐐기처럼 강한 힘이 있다[22]

라고 기록되어 있다.

여기에서 자연의 경제는 오늘날 생태계를 의미한다. 생태계에는 생물들이 살아갈 수 있는 다양한 생태적 지위가 있는데, 지위마다 지위에 적응한 생물들이 살아갈 수 있다. 바닷가 절벽을 보면, 어떤 새들은 절벽에서 자라는 키가 큰 나무에, 어떤 새들은 키가 작은 나무에, 또는 절벽 사이에 만들어진 비어 있는 틈에서 살아가고 있다. 이러한 서식지를 생태적 지위라고 부를 수 있으며, 생태적 지위를 달리하면 서로 경쟁할 필요는 없을 것이다. 그리고 쐐기와 관련하여 다윈은 『종의 기원』 초판에서 "자연은 외관상 항복곡면과 비교된다. 이

다윈을 오해한 대한민국

표면에는 10,000개의 뾰족한 쐐기가 빽빽하게 달려 있는데, 끊임없는 충격으로 쐐기가 안쪽으로 파고들어 가며, 때로는 쐐기 한 개에만 충격을 주어도 다른 것들에게 엄청난 힘이 전달된다"[23]라고 설명했다. 다윈이 맬서스의 『인구론』을 읽고 나서 쓴 메모를 근거로 이 문장을 쓴 것 같은데, 2판부터는 이 문장이 삭제되었다.

단지 오늘날 쐐기를 자연선택이라는 의미로[24] 풀이하는데, "약한 것을 밀어낸다"는 구절은 마치 생존경쟁에서 약한 개체들이 죽는다는 의미로 풀이할 수도 있을 것이다. 그리고 이렇게 풀이할 경우, 다윈이 맬서스의 『인구론』을 읽고 생존경쟁이라는 개념을 생각했다고 주장할 수도 있다. 그러나 맬서스는 생물이 생식할 수 있는 나이까지 살아남을 수 있을 것으로 예상되는 수보다 훨씬 많은 자손을 낳는다는 자연의 일반적인 원리를 지적했다. 즉, 참나무는 매년 수백 개의 도토리를 만들고, 새는 한평생 동안 수십 개의 알을 낳으며, 연어는 매년 수천 개의 알을 낳는데, 이들 각각은 모두 성체가 될 가능성을 갖고 있는 것이다. 이런 대량의 생식 능력이 있음에도 불구하고, 성체의 수는 여러 세대를 통해 일정하게 남아 있는 경향을 나타낸다고 맬서스가 지적한 것이다. 따라서 맬서스의 『인구론』은 다윈으로 하여금 자손들 가운데 어느 것이 살아남고 어느 것이 죽느냐라는 선택이 있을 수 있다는 사실을 인식하게 한 것이다.[25]

다윈은 『종의 기원』에서 struggle for existence와 관련하여 맬서스를 언급했다. 즉, "다음 장에서는 전 세계에 있는 생명체들이 보여주는 struggle for existence를 다룰 것인데, 이런 struggle은 모든 생명체들이 기하급수적으로 증가하기 때문에 필연적으로 나타난다. 바로 맬서스 이론을 모든 동식물에 적용한 것이다"[26]라는 부분과 "생존할 수 있는 개체보다 더 많은 개체들이 만들어짐에 따라, 한 개체가 같은 종에 속하는 다른 개체들과, 또는 다른 종에 속하는 개체들과, 또는 물리적인 살아가는 조건이 같은 모든 사례에서 struggle for existence 가 반드시 나타난다. 이러한 주장은 맬서스의 원칙을 다른 차원에서 모든 동식물에 적용한 것이다. 왜냐하면 자연에는 인위적인 식량 증가도 없고, 짝짓기를 신중하게 억제할 수도 없기 때문이다"[27]라는 부분이다. 단지 이들 내용에서 struggle for existence를 생존경쟁으로 번역할 경우, 다윈이 맬서스의 영향을 받아 생존경쟁을 주장했다고도 말할 수 있을 것이다. 그러나 struggle for existence를 생존경쟁으로 번역하면서 다윈의 생각을 오해하게 만들었는데, 이 부분은 「2. 다윈이 생존경쟁을 주장했는가」 항목에서 다시 다룰 것이다.

게다가 다윈은 자서전에서도 "체계적인 탐구를 시작한 지 15개월이 지난 1838년 10월, 나는 재미 삼아 맬서스의 『인구론』을 읽었는데, (이 책에서는) 동식물의 습성을 오랫동안 관찰한 결과로부터 얻은 도처에서 진행되고 있는 struggle for existence를 아주 잘 이해할 수 있었다. 나는 이러한 상황에서 유리한 변이가 보존되고 불리한 변이는 제거될 것이라는 점이 즉시 떠올랐다. 이로 인해 새로운 종이 형성될 것이라는 이론을 갖게 되었다"라고 『인구론』에 대해 자신이 느낀 점을 드러냈다.[28] 말하자면, 맬서스의 『인구론』을 읽고 다윈이 이른바 생존경쟁 또는 생존투쟁이라는 개념을 떠올린 것이 아니라, 유리한 변이가 보존되고 불리한 변이는 제거되는, 즉 자연선택이라는 개념을 떠올린 것이다. 단지, 그 당시에는 자연선택이라는 용어 대신

다윈을 오해한 대한민국

쐐기라고 표현했을 뿐이다.

　그럼에도 사람들은 너무 많은 개체가 태어나기 때문에 전쟁, 즉 생존경쟁이 일어날 수밖에 없으며, 살기 위해서 싸울 때 가장 못나거나 가장 약한 생물이 먼저 죽고, 더 나은, 다시 말해서 가장 강하거나 더 잘 적응한 생물이 살아남는 경향이 있다고 설명하기도 한다.[29] 그러나 다윈의 생각을 이렇게 설명하게 되면, 자연선택 개념과 최적자생존 개념이 동일시되는 문제가 발생한다.[30] 그렇기에 맬서스는 그 내용보다는 오히려 등차수열이나 등비수열 같은 표현을 통해 다윈에게 강렬한 영향을 끼친 것으로 풀이될 수 있다. 이는 다윈이 살아간다는 일의 고단함이 막연한 이미지가 아니라 수학적으로 법칙화될 수 있다는 데 깊은 인상을 받아, 맬서스의 수학적 도식을 자신의 생각에 접목하면서, 자신의 진화론이 나무랄 데 없는 과학적 이론이라고 느꼈을 것이라는 평가이다.[31]

　실제로 맬서스의 이론에 따라 다윈은 많은 종류의 생물을 대상으로 증가 속도를 계산해 보았다. 하지만 실제로 그렇게 증가하지 않는다는 사실을 파악하고 질문을 던졌다. 왜? 그리고 답을 찾았다. 다윈은 "살아가는 조건이 큰 도움이 되어서 결과적으로 나이가 든 개체들과 어린 개체들이 덜 죽었으며 어린 개체들 거의 모두가 번식할 수 있게 되었다고 설명하는 것이 타당하다"[32]는 사실을 파악함과 동시에 "기하급수적으로 증가하려는 경향성이 이들이 살아가는 동안 특정 시기에 나타나는 죽음으로 인해 반드시 억제되어 왔다고 우리는 자신 있게 주장할 수가 있다"[33]는 해답을 찾은 것이다. 그러면서 앞에서 설명한 쐐기를 예로 들었다. 다윈이 맬서스의 『인구론』을 읽고 생물들이 struggle for existence 하기에 생물체의 급속한 증가에 따라 경쟁이 아닌 자연선택이 불가피함을 깨달은 것이다.[34] 실제로 다윈이 1859년 4월 6일에 월리스에게 보낸 편지에서 "맞는 말씀입니다. 나는 사육 중인 생물들을 연구하여 선택이 변화의 원리라는 결론에 도달했고, 맬서스의 책을 읽으면서 이 원리를 적용하는 방법을 바로 깨달았습니다"라고 자신이 깨달은 바를 밝혔다.[35]

또한 1868년에 출간한 『생육할 때 나타나는 동식물의 변이』에서 다윈은 "나는 종종 이 많은 독특한 동식물들이 어떻게 생겨났는지에 대해 고민했다. 가장 간단한 대답은 여러 섬에서 살아오던 정착생물들이 서로서로 친연관계를 이어오면서 변화가 일어나는 과정에서 각각 후손을 만들었으며, 모든 섬의 정착생물들이 가장 가까운 대륙인 아메리카에서 유래했을 것인데, 이곳에서 침입생물들이 자연스럽게 유입되었다고 간주하는 것이었다. 그러나 (새로운 종으로 구분할 만큼) 필요한 정도의 변화가 어떻게 이루어졌는지는 오랫동안 나에게 해결할 수 없는 문제로 남아 있었다. 이 문제는 내가 생육하는 생물을 연구하고 선택의 힘을 정확히 이해하게 되면서 해결되었다. 이 개념을 완전히 이해하자마자, 나는 맬서스의 『인구론』을 읽으면서 자연선택이 모든 생물체의 급속한 증가에 따른 필연적인 결과라는 것을 알게 되었다. 나는 동물의 습관을 오랫동안 연구해 왔기 때문에 이들의 struggle for existence를 충분히 이해할 수 있었다"[36]라고 자신의 생각을 드러냈는데, 생물이 살아남으려고 경쟁하는 것이 아니라, 생물이 자연선택되는 과정을 맬서스를 통해 보다 정확히 이해할 수 있었다는 토로였다.

오늘날 다윈의 생각에 미친 맬서스의 역할에 대해서는 많은 논의가 있다. 극단적으로, 다윈의 진화론이 맬서스의 사회경제 이론을 모든 생물에 대해 투영한 것이라는 주장도 있다. 그러나 맬서스는 개인의 이익보다는 공동의 이익을 우선시하는 반면, 다윈의 진화론은 개인의 이익이 진화 과정에서 지배적일 것이라고 제안하는 과학적 이론이라는 차이가 있다.[37] 다윈은 『인구론』을 읽기 전에 이미 개체의 변이, 평균, 우연에 관한 연구를 지속해 왔었지만,[38] 특정 시기에 살고 있는 생물체의 수가 어떻게 안정적이고 일정한 비율을 유지하는지에 대해서는 결코 진지하게 문제시한 적은 없었던 것이다.[39] 그러다가 『인구론』을 접하고 초생산성 또는 다산성에 주목했고,[40] 다른 개체들을 보존하려고 일부 개체들의 목숨을 빼앗을 때 나타나는 차이, 즉 살아남는 자들은 가장 강한 자들 또는 가장 잘 적응한 자들이라는 생각에 다윈은 통찰력을 얻은 것이다.[41]

다윈은 맬서스로부터 종들이 질병, 포식, 결핍 등에 희생양이 될 정도로 지나치게 번식하는 것이 자연에서 빈 장소, 즉 생태적 지위를 빠르게 활용할 수 있도록 해주기에 유리하다고 생각했다. 또한 다윈은 인간의 경우, 개개인이 모두 동일하지 않으며, 그들의 체질과 재능이 무작위로 배분된다는 것을 『인구론』을 통해 알게 되었다. 결국 다윈이 1838년에 추가로 얻은 통찰력은 이러한 차이점들이 우연히 발생하는 유익한 변이와 연결될 수 있다는 것이었으며, 과잉 인구와 파괴의 시기에 이러한 변이와 성공 사이의 연관성을 이해하게 된 것이다.[42] 다윈은 『인구론』을 읽고 나서 생물들이 자손을 과잉으로 낳을수록 새로운 변이가 만들어질 가능성이 더 많아지며, 그에 따라 새로운 종이 나타날 가능성이 더 커짐도 깨달은 것이다.

결론적으로 맬서스는 계속 증가하는 인구, 식량 부족, struggle for existence, 승자와 패자 등의 다윈이 생각하고 있던 자연선택에 의한 종의 진화라는 아이디어의 핵심을 제공했고,[43] 다윈은 맬서스의 『인구론』을 읽으면서 자연선택이 모든 생물체의 급속한 증가에 따른 필연적인 결과라는 것을 알게 된 것이다.[44] 즉, 『인구론』에 나오는 "인구를 조절하지 않으면, 25년마다 두 배씩 저절로 증가하거나 기하급수적으로 증가할 것이라고 말해도 좋을 것이다"라는 단 하나의 문장이 다윈에게 영향을 준 것으로 평가하고 있다.[45] 따라서 다윈이 오늘날 우리 사회에서 회자되는 소위 생존경쟁을 『인구론』을 읽고 나서 파악한 것이 아니라, 생존에 유리한 변이는 보존되는 반면, 불리한 변이는 제거되는 방식으로 새로운 종이 등장하게 된다는 이론에 착안했다고 보는 관점이[46] 타당할 것이다. 단지, 다윈이 생각한 아이디어의 출처로 맬서스의 『인구론』을 고려한 많은 역사학자들은 struggle for existence에 대해 혼란스러운 생각을 갖고 있었던 것 같은데, 이들은 자연이나 인간 사회에서의 struggle 개념이 단일하고 통일된 개념이라고 가정하는 경향이 있었고, 그에 따라 맬서스가 분명히 일종의 struggle에 대해 언급했기 때문에 본질적으로 다윈의 생각에 예고했을 것이라고 생각한 것으로 풀이하고 있다.[47] 오해의 소지가 있는 struggle과 struggle for existence에 대해 살펴보자.

2

다윈이 생존경쟁을 주장했는가

생존경쟁은 표준국어대사전에 "생물이 생장과 생식 등에서 보다 좋은 조건을 얻기 위해서 하는 다툼. 다윈의 진화론의 중심 개념으로, 생물의 증식 능력이 높아지는 반면, 필요한 먹이나 생활 공간 따위가 부족하여 나타나는 현상"으로 설명되어 있다. 생존경쟁이 다윈이 주장한 진화론의 중심 개념이라는 설명인데, 다윈이 생존경쟁을 주장했다는 그 어떤 설명이라든가, 이에 대한 근거는 제시되어 있지 않다. 그렇다면 우리는 언제부터 생존경쟁이라는 단어를 사용했을까?

구한말 통감부 시절인 1907년 서울의 광학서포廣學書舖에서 간행한 일본어 회화 독본 가운데 하나인 정운복의 『독습 일어정칙獨習 日語正則』 제5장 「인류와 인사」, 60~61쪽에는 "今ハ 生存競爭ノ時代デスカラ 何ノ事業デモ一ツ見事二遣ツテ見マセウ. 지금은 生存競爭ㅎㄴ 時代이오니 무슨 事業이든지 한번 보암즉이ㅎ여보옵시다"[1]라는 대역 문장이 나온다. 생존경쟁을 일본어 문장에 있는 한자어 그대로 옮겨 놓은 것이, 이 복합어가 일본에서 유래했음을 암시해 준다.[2] 그리고 생존경쟁이라는 용어는 1920년에 발행된 『조선어 사전』에는 나

타나지 않지만, 1930년대 지식인들에게는 적자생존이라는 용어와 함께 세상의 이치를 가장 잘 설명하는 용어로 여겨지게 했으며, 나라를 잃은 까닭도 바로 국가 간의 생존경쟁에서 우리가 나라를 지키지 못했기 때문이라고 자책하게 만든 용어로 알려졌다.[3]

1957년 한글학회에서 발간한 『우리말 큰사전』 1,667쪽에는 생존경쟁이 "【이】《사회》모든 생물이 자기의 생명을 보전하기 위하여 남보다 먼저 생활 수단을 획득하려는 노력. 이 결과로 생물 상호 간에 경쟁이 생기어 적자適者는 생존生存하고 부적자不適者는 도태淘汰를 당함"으로 설명되어 있다. 이는 생물들 사이에서 벌어지는 경쟁을 생존경쟁으로 풀이한 것으로 보이는데, 경쟁과 생존경쟁이 큰 차이가 느껴지지 않는다. 이 사전 224쪽에는 경쟁이 "【이】① 이기거나 앞서려고 다툼. ② 서로 이익이나 권리 따위를 위하여 남보다 우월한 자리를 가지려는 행동. ③《법》관부가 공사의 도급 물건의 대차, 구입, 불하 등에 관하여 일반에게 광고하여 서로 다투어 입찰함에 좇아서 결정하는 것. ④《경》각 기업가가 사고 팔고 생산함을 다른 기업가보다 될 수 있는 대로 유리하게 하기 위하여 각각 스스로 활동함"으로 설명되어 있다. 경쟁의 ②번 설명과 생존경쟁의 설명은 비슷하게 느껴진다. 단지 경쟁의 ①번 설명은 조선시대에 사용한 경쟁의 의미와 비슷하며, ④번 설명은 유길준과 후쿠자와가 사용한 경쟁의 의미와 비슷하다.

생존경쟁이라는 용어가 일본에서 유래했다는 것과 1930년대 지식인들이 널리 사용했다는 설명은 대한제국기에서부터 일제강점기에 일본에서 사회진화론과 함께 유입되었다는 의미로 판단된다. 그런데 생존경쟁은 struggle for existence에 대한 번역어이며, 적자생존은 survival of the fittest의 번역어이다. 이들 용어는 한동안 학술 전문어로 활용되다가 점차 일반적인 의미로 전용된 것으로 파악되고 있으며,[4] 20세기 초엽을 전후하여 일본에서 차용된 진화론 관련 용어로 간주되고 있다.[5] 이들 용어를 우리나라에서 언제 누가 사용했는지는 확실하지 않다. 하지만 1899년 6월 12일에 발행된 황성신문의 「대체로 한 국가가 일어서는 것이 가능하려면 상업이 번창하는 것이 반드시 필요하다」[6]는 기사에서 "일본의 인구가 해마다 사십만 명이 증가했는데, 이렇게 증가한 인구가 농업과 잠업에만 의지해서는 먹고 입는 것을 생존경쟁 현장에서 구할 수 없으니"[7]라는 내용에 생존경쟁이라는 용어가 나온다. 이 기사 이전에도 생존경쟁이라는 용어를 사용했을 것이나, 추후 확인이 필요할 따름이다. 단지 1900년 1월 1일 이전까지는 이 기사를 제외하고는 생존경쟁이 포함된 기사는 검색되지 않은 반면, 1930년 12월 31일까지는 166건의 기사에 생존경쟁이라는 용어가 포함되어 있다.[8] 어찌 되었든 생존경쟁이라는 용어를 가토 히로유키가 만든 이후, 대한제국시절 우리나라에 도입되었고, 이후 널리 사용된 것으로 추정된다.

일본에서는 가토 히로유키가 struggle for existence를 처음으로 生存競爭생존경쟁으로 번역한 것으로 알려져 있는데,[9] 1879년의 강연에서 처음으로 이 번역어를 사용했으며, 1881년에는 논문으로 발표했다. 그러면서 struggle을 경쟁이라는 단어로 번역했는데, 경쟁을 "동식물은 각자 생존을 유지하고 자손을 키우기 위해 처음부터 끝까지 다른 생물과의 경쟁에서 싸워 이겨 영역이나 지위를 자기가 차지하려고 한다. 다만, 이런 일은 무심코 지나칠 수는 없는데, 많은 경우에 경쟁이 맹렬하여 실로 놀랄 만한데, 이런 경쟁에서 자신의 영역이나 지위를 확보한 생물은 앞으로 생존을 보장받아 자손을 키울 수 있고, 경쟁에서 패한 생물은 완전히 죽을 수밖에 없게 될 것"[10]이라고 설명했다. 오늘날 생존경쟁이란 용어는 자신의 생존을 위해서는 남과 경쟁할 수밖에 없다는 의미로 받아들여지는데, 가토가 번역한 생존경쟁에서 따온 것으로 파악된다.

그런데 struggle for existence를 생존경쟁으로 번역하는 것이 타당할까? 영어 단어 struggle은 15세기에는 논증 또는 논쟁하는 의미를 지니고 있다가, 점차 노력하다, 열심히 노력하는 것으로 변했다.[11] 그리고 1828년에 발간된 웹스터 사전에는 "엄청난 노동, 사물을 얻거나 악을 피하려고 억세게 해야만 하는 노력, 몸을 뒤틀어가면서 하는 격렬한 노력, 대회나 시합, 언쟁, 갈등" 등으로 설명되어 있다. 가토가 번역한 경쟁과 『우리말 큰사전』에 나오는 경쟁의 의미는 영어 단어 struggle에는 포함되어 있지 않다. 한편 다윈의 장서에 있던 존슨 박사 영어사전에는 struggle이 "힘겹게 노력하는 것, 어렵사리 행동하는 것, 분투하는 것, 다투는 것, 경쟁하는 것, 어려운 지경에 처해 괴로워하는 것, 고통 속에 처하거나 고뇌하는 것"으로 풀이되어 있는 것으로 알려져 있다.[12]

실제로 struggle이 포함된 최근의 언론 기사를 검색해 보면 경쟁의 의미로 풀이하기에는 다소 무리가 있어 보인다. 즉, 'struggle'을 검색어로 검색해 보면, 2022년 7월 13일자 주간아시아여행Travel weekly Asia의 "The struggle is real for London's Heathrow Airport"와 2022년

8월 3일자 시사경제Financial Times의 "Heathrow struggles with fraught post-Covid labour relations"라는 기사, BBC 방송의 2023년 4월 13일자 "Planes struggle to land at Heathrow Airport due to high winds"와 2023년 10월 11일자 "People struggle to leave Israel as flights book up", 그리고 2024년 8월 11일자 "The struggle to pay 'ridiculously expensive' vet bills" 등의 기사가 검색된다. 첫 번째와 두 번째 기사는 영국 히드로 공항에서 코로나 사태를 거치면서 공항 인력이 줄어들어 밀려드는 손님을 응대하는 데 어려움을 겪고 있다는 내용이다. 세 번째 기사는 히드로 공항에서 강한 바람이 불어 비행기가 착륙하는 데 어려움을 겪고 있으며, 네 번째 기사는 전쟁의 기운이 감돌면서 중단된 항공편 때문에 이스라엘을 떠나기 위해 필요한 비행기 표를 구하는 데 어려움을 겪고 있으며, 마지막 기사는 반려견의 엄청난 치료 비용을 지불하는 데 어려움을 겪고 있다는 내용이다. 이 가운데 네 번째 기사는 경쟁으로 풀이해도 큰 문제는 없어 보이나, 기사는 표를 구하려고 여행객들이 경쟁한다기보다는 표 구하는 것 자체가 매우 어렵다는 내용이다. 이처럼 옛날이든 오늘날이든 struggle이라는 단어는 경쟁한다는 의미로 사용한다기보다는 어떤 힘든 일이나 아주 곤란한 일을 하는 모습을 드러내려고 사용하는 것 같다.

한편 최근에는 struggle을 투쟁이라는 단어로 번역하여, struggle for existence를 생존투쟁으로 풀이하면서 투쟁이 경쟁보다 더 치열한 느낌을 주기에, 이런 느낌이 struggle for existence의 의미와 더 가깝다고 설명하고 있다.[13] 그런데 표준국어대사전에는 투쟁이 "어떤 대상을 이기거나 극복하기 위한 싸움"으로 설명되어 있으며, "선과 악의 투쟁", "그는 맹수와 투쟁을 벌였다" 등이 용례로 제시되어 있다. 제시된 용례로 볼 때, 투쟁의 승자는 살아남고, 패자는 제거되거나 죽는 결과를 초래한다는 의미로 보인다. 투쟁과 경쟁은 둘 다 특정 목표, 즉 성공이나 자원 확보 등의 목표를 달성하려는 과정에서 나타나는 것 같다. 하지만 경쟁에는 타협의 여지가 있는 반면, 투쟁에는 타협의 여지가 없거나[14] 동물적 이기심이 강조된다.[15] 투쟁이 경쟁보다 더 치열한 느낌을 주는 것은 맞다. 투쟁은 투쟁의 대상, 즉 상대방을 물리침으로써 새로운 가치나 질서를 세우는 반면, 경쟁은 기존의 가치나 질서를 좇아 경쟁의 대상, 즉 상대방보다 앞서나가려고 하는 것이다. 결국 경쟁과 투쟁의 차이는 상대방을 인정하느냐의 여부에 달려 있다.[16] 그러나 상대방을 물리쳐서 이긴다는 투쟁이라는 개념 역시 struggle의 원래 의미를 제대로 드러내지는 못하는 것 같다.

다윈은 어떤 의미로 struggle for existence라는 용어를 사용했을까? 다윈은 『종의 기원』에서 "한 생명체가 다른 생명체에 의존하는 관계와 (이보다는 더 중요하게) 개체들의 일생뿐만 아니라 자손들을 성공적으로 남기는 것을 포함하는 넓은 의미로 은유적으로 사용하고 있다"[17]고 설명했다. 이러한 설명은 다윈이 struggle for existence를 첫 번째로 한 생명체가 다른 생명체에 의존하는 관계로 풀이했다. 이러한 의존 관계는 오늘날 생물들이 같은 종에 속하는 개체들끼리 또는 서로 다른 종에 속하는 개체들 사이에서 맺어지는 다양한 상호작용, 즉 공생, 편리공생, 기생, 포식, 경쟁 등과 같은 상호 관계를 의미한다. 공생은 상호작용하는 두 생물체에 이익이 되는 반면, 편리공생은 한 생물체에는 이익이 되나 다른 생물체에는 아무런 효과가 없으며,

다윈을 오해한 대한민국

기생이나 포식은 한 생물체에는 이익이 되지만 다른 생물체에는 손해가 되고, 경쟁은 두 생물체 모두에게 손해가 되는 것으로 평가되고 있다. 두 번째로 개체들의 일생과 세 번째로 자손을 성공적으로 남기는 것은 불가분의 관계이다. 한 개체가 자손을 남기려면 일단 자손을 낳을 때까지 살아남아야 하고, 그 자손을 성공적으로 키울 수 있는 삶이 유지되어야 하기에 개체들의 일생이 언급되었을 것이다. 따라서 생물체가 상호 관계 속에서 자손을 성공적으로 남긴다는 것은 자손이 개체의 일생을 살면서 또 다른 자손을 낳는 친연관계가 유지되도록 하는 것으로 진화에 필요하기 때문이다.

다윈은 『종의 기원』에서 struggle for existence의 의미를 보다 명확하게 하려고 'struggle'이라는 단어를 4가지 사례로 설명했다. 첫 번째는 먹을 것이 부족할 때 개과Canidae에 속하는 동물 두 마리가 먹이를 확보해서 살려고 서로서로 struggle하는 것이다. 두 번째는 사막 가장자리에서 살아가는 한 식물이, 물에 의존해서 살아간다고 말하는 것이 더 적절하겠지만, 건조에 대항하여 struggle하는 것이다. 세 번째는 해마다 수천 개의 씨를 만들어 내는 식물들이, 평균적으로 이들 씨 중 단 한 개만이 성숙한 개체로 다 자랄 수 있지만, 땅 표면을 이미 덮고 있는 같은 종이나 다른 종류의 식물들과 함께 struggle하는 것이다. 그리고 마지막으로는 한 나무의 한 가지에 서로서로 붙어서 자라는 겨우살이들이 struggle한다고 설명하는 경우인데, 이들이 자신이 의존해서 살아가는 나무와 함께 struggle하고 있다고 말하는 것은 당치 않지만, 한 나무에 너무 많은 겨우살이가 자라게 되면, 나무가 쇠약해져 결국 죽게 되기 때문이다.[18]

이 4가지 사례에 나오는 struggle을 우리나라에서는 지금까지 경쟁 또는 투쟁으로 번역해 왔다. 그러나 이 사례들에 나오는 struggle을 이런 식으로 번역하는 것은 문맥을 오해하게 만들 수 있다. 개과^{Canidae}에 속하는 동물들은 일반적으로 집단생활을 하며 서열에 따라 체계적으로 행동하는 것으로 알려져 있다. 이런 개과에 속하는 동물들이 먹을 것이 부족하다고 해서 서로 경쟁한다 또는 투쟁한다고 설명하는 것이 타당할까? 아니면 서로서로 협력하여 먹이를 찾으려고 더욱 더 노력한다고 설명하는 것이 타당할까? 또한 사막 가장자리에 있는 식물이 어떤 식물과 경쟁이나 투쟁을 한다고 설명할 수 있을까? 식물이 살아가려고 물을 찾기 위해 노력한다고 설명하는 것이 타당하지 않을까? 수천 개의 종자가 싹을 틔워 자라려고 기존에 있던 식물과 경쟁 또는 투쟁할 수 있을까? 종자가 가진 힘을 이용해서 살아가려고 노력한다고 설명하는 것이 좋지 않을까? 마지막으로 겨우살이의 경우, 겨우살이가 만든 열매를 새들이 먹은 다음에 새 몸 밖으로 배출되어야만 그 열매 속의 씨에서 싹이 나오는데, 새들에게 열매를 먼저 먹어달라고 경쟁하고 있다고 말로는 표현할 수 있으나, 실제로 이들이 경쟁할 수 있을까? 이런 사례들은 struggle을 경쟁이나 투쟁으로 번역함으로써 다윈의 생각을 오해하게 만들 것으로 판단된다.

그렇다면 struggle은 어떻게 번역되어야 할까? 고민의 흔적들은 다양하게 노출되어 있는데, 경쟁이나 투쟁이 아닌 몸부림이나 분투라는 단어로 번역되기도 했다. 영어 struggle이라는 단어가 '열심히 노력하다'라는 의미를 지니고 있고, 『종의 기원』에 경쟁^{competition}이라는 단어가 따로 나오므로 '경쟁'을 피해 몸부림으로 번역한 것 같다.[19]

그리고 분투라는 단어로 번역되기도 했으나,[20] 단순히 struggle을 분투로 번역했을 뿐, 번역에 대한 설명은 없다. 그런데 표준국어대사전에는 몸부림이 "있는 힘을 다하거나 감정이 격할 때에, 온몸을 흔들고 부딪는 일"로 설명되어 있고, "암벽을 뚫고 나가려는 암담한 몸부림 같은 것이 느껴진다"와 "잃어버린 아들을 찾고자 하는 어머니의 몸부림"이 용례로 제시되어 있다. 또한 분투는 "있는 힘을 다하여 싸우거나 노력함"으로 설명되어 있고, "장신 선수들을 맞아 잘 싸운 우리 농구 팀의 분투에 박수를 보낸다"가 용례로 제시되어 있다. 하지만 몸부림이라는 단어가 1828년에 발간된 웹스터 사전에 나오는 struggle의 의미, 즉 "엄청난 노동, 사물을 얻거나 악을 피하려고 억세게 해야만 하는 노력, 몸을 뒤틀어가면서 하는 격렬한 노력, 대회나 시합, 언쟁, 갈등" 등을 더 잘 나타내는 것으로 판단된다.

단지, struggle을 "어떤 일을 이루기 위해서 몹시 애쓰는 힘, 또는 고통이나 울화 따위를 참으려고 숨 쉬는 것도 참으면서 애쓰는 힘"을 의미하는 안간힘, 또는 "온갖 힘이나 수단을 다하여 애를 쓰는 일을 비유적으로 이르는 말"인 발버둥으로도 번역할 수는 있을 것 같다. 몸부림, 안간힘, 발버둥은 모두 어려운 상황에서의 노력을 표현하는 데 사용되기에, struggle의 번역어로 모두 사용할 수는 있을 것이다. 그런데 안간힘은 주로 정신적, 감정적 노력을 강조하고, 발버둥은 극단적인 곤란함 속에서 절박한 몸의 움직임을 강조하는 반면, 몸부림은 힘겹게 상황을 극복하려는 노력을 강조하는 차이가 있는 것 같다. 이런 점에서 볼 때, struggle의 번역어로는 몸부림이 조금은 더 적절한 것으로 판단된다. 따라서 지금부터는 struggle을 "몸부림, 몸부림치다, 몸부림하다" 등으로 번역할 것이다.

한편, struggle for existence의 existence를 지금까지는 모두 '생존'이라는 단어로 번역해 왔다. 그러나 existence는 무언가 또는 누군가가 존재한다는 사실, 특별한 삶의 방식, 또는 존재하거나 조건이 되는 상태를 의미한다.[21] 이러한 existence의 의미는 지금까지 번역해 온 생존, 즉 살아남는다라는 의미를 지닌 영어로 survival보다는 존재 그 자체, 즉 어떤 것이 실재하고 있다는 상태나 개념을 나타내거나 존재하는 방식이나 상태, 또는 존재의 지속성이나 생명력을 나타낸다. 이를 생물에 적용하면 생명체가 살아 있는 상태 또는 활동하고 있는 상태로 풀이할 수 있다. 따라서 existence를 단순히 존재하는 것을 넘어서 생명체의 지속적인 활동과 적응을 의미하는 생존으로 번역하는 것은 다윈의 생각을 오해하게 할 소지가 있다.

다윈은 『종의 기원』에서 "생존"으로 번역되는 survival을 1회, '생존하다'로 번역되는 survive 또는 surviving을 26회 사용했다. 명사형 survival은 "종 무리 전반에 걸친 철저한 절멸은 때로 아주 서서히 일어나는데, 일부 후손들이 보호되고 격리된 장소에 남아 있어 생존하기 때문이다"[22]라는 설명에 나온다. 동사형 survive는 "종 하나하나에서 생존할 수 있는 개체들보다 더 많은 개체들이 태어날 수 있다"[23], "어느 한 종이 생존할 수 있는 더 좋은 기회를 가지게 될 것인데, 어떤 한 종이 주기적으로 만들어 내는 수많은 개체 중에서 단지 소수의 개체만이 생존할 수 있기 때문이다"[24] 등에 나온다. 이러한 설명들에서 생존은 '살아남는다'라는 의미를 지니고 있으므로, existence를 생존으로 번역하는 경우와는 다른 의미로 판단된다.

지금까지 struggle for existence에 나오는 existence를 우리나라에서는 생존으로 이해했기에, 생존경쟁, 생존투쟁 또는 생존을 위한 몸부림으로 번역하면서 생물들이 살아남으려고 경쟁하거나 투쟁하거나 몸부림치는 것으로 풀이해 왔다. 그러나 existence가 1828년에 발간된 웹스터 사전에는 "본질이 있는 상태 또는 본질을 갖고 있는 상태, 신체와 영혼의 결합 상태로서의 존재, 영혼의 개별적인 존재, 불멸의 존재, 시간적인 존재"로 설명되어 있다. 이 단어의 풀이에 생존이라는 의미는 없어 보인다. 그래서 existence의 번역에 대한 대안이 필요한 실정이다. 그런데 existence를 생물에 적용할 경우에는 생명체가 살아 있는 상태 또는 활동하고 있는 상태로 풀이할 수 있으므로, existence는 '살아 있음' 또는 단순히 '존재'로 번역하는 것이 타당할 것이다. 따라서 struggle for existence를 '살아 있으려는 몸부림', '살려는 몸부림', 또는 '존재를 위한 몸부림' 정도로 번역하는 것이 원래의 의미를 잘 살릴 수 있을 것 같다. 그러나 다윈은 struggle for existence를 ① 다른 생물과의 상호연관성, ② 개체로서의 일생, 그리고 ③ 자손 만들기를 포괄하는 개념으로 사용했기에, 단순히 existence를 강조하여 현재 살아 있으려는 몸부림, 살려는 몸부림, 존재를 위한 몸부림 등으로 번역하는 것은 생물들이 현세대에서 몸부림치는 것에 그칠 뿐, 자손을 만든다는 개념은 포함되지 않는 것으로 판단된다. 그런데 존속이라는 단어는 '어떤 대상이 그대로 있거나 어떤 현상이 계속됨'이라는 의미를 지니고 있어, 현세대뿐만 아니라 다음 세대에 걸쳐서 일어나는 현상을 설명할 수 있을 것으로 사료된다.

최근 멸종위기에 처한 생물 종들을 보전하면서, 어떤 한 생물 종이 절멸하지 않기 위해, 즉 자연상태에서 대대로 존속하기 위해 필요한 최소한의 개체수를 최소존속개체수라고 부르고 있다. 개체수의 변화, 환경 변화, 유전적 변화, 자연재해 등에도 100년 또는 1000년 동안 생존율 99%를 유지할 수 있는 개체수인데, 상당히 오랜 시간 동안 자체적인 능력으로 유지 및 생존이 가능한 개체군의 크기로 간주하고 있다. 한때 최소생존가능개체수라고도 불렀으나, 최근에는 국립생태원에서 최소존속개체수로 부르고 있다.[25] 존속이라는 단어를 생물 종이 오랜 시간 자체적인 능력으로 유지하는 상황에 사용하고 있는 것이다. 비록 existence에 지속한다는 의미는 결여되어 있으나, 다윈이 설명하는 바에 따라 struggle for existence를 '존속을 위한 몸부림'으로 번역하는 것이 타당할 것으로 생각된다.

그리고 다윈은 『종의 기원』 본문에서 존속을 위한 몸부림struggle for existence과 명확하게 구분하여 struggle for life를 21회 사용했는데, 『종의 기원』의 영어 제목에도 포함되어 있다. 흔히 『종의 기원』을 영어로 『*Origin of species*』라고 줄여서 표기하나, 완전한 제목은 "*On the origin of species by means of natural selection, or the preservation of favoured races in the struggle for life*"이다. 우리말로 번역하면, 『자연선택이라는 수단을 통한 종의 기원 또는 struggle for life 과정에서 유리한 재래종의 보존』이다. 그리고 다윈은 『종의 기원』에서 struggle for life와 관련해서 "사막 가장자리에서 살아가는 한 식물은, 물에 의존해서 살아간다고 말하는 것이 더 적절하겠지만, 건조에 대항하여 struggle for life하고 있다고 말할 수 있다"[26] "우리가 북극 지역이나 눈이 덮여 있는 산 정상 또는 완전한 사막에 가게 되면, struggle for life하는 것은 거의 전적으로 요인들과 관련된다"[27], 그리고 "단계 하나하나는 struggle for life하면서 존재하므로, 각 단계는 자연에서 자신의 습성을 자신만의 자연의 장소에 잘 적응시켰음이 분명하다"[28]라고 설명했다. 이러한 내용은 struggle for life가 생물이 살아가는, 다윈은 『종의 기원』에서 요인이라고 표기한, 오늘날 표현으로 환경 조건에 적응하려고 노력하고 있는 것을 설명하는 것으로 판단된다. 사막 가장자리에서 살아가는 식물은 물이라는 환경 조건에, 그리고 북극 지역이나 눈이 덮인 지역에서는 추위와 하얀색의 눈이라는 환경 조건에 적응해서 살아가야만 하는데, 이처럼 독특한 지역적 특성을 다윈은 자신만의 자연의 장소라고 표현했다. 달리 말해 struggle for life는 한 생물이 일생동안 자신의 살아가는 조건에 맞춰 살아가려는 몸부림이라고 간주해야 할 것이다.

지금까지 struggle for life를 단순히 생존투쟁으로 번역하거나,[29] 생존경쟁 또는 살아가기 위한 경쟁이나 삶을 위한 경쟁으로 번역했다.[30] 그러나 다윈이 "이전의 이주생물들의 속성과 수에 의해, 그리고 서로서로 struggle for life하는 과정에서 나타나는 생물들 사이의 작용과 반작용에 의해서도 결정될 것이다"[31]라고 설명하고 있는 부분은, 생물들이 경쟁이나 투쟁을 하게 되면 승자와 패자로 구분되어 패자는 죽을 수밖에 없어도 작용과 반작용에 의해서는 공생할 수 있다는 점을 의미한다. 따라서 struggle for life 역시 생존투쟁이나 생존경쟁으로 번역하는 것은 다윈의 생각을 오해하게 만들 것이므로, 보다 적합한 번역이 필요하다. 최근에 이 용어에 대해 "살려는 몸부림"으로 번역하면서, 그 의미를 생물들이 살아가는 조건에 따라 좋은 일생을 유지하는 데 필요한 조건들을 확보하려는 몸부림으로 간주했다.[32] 그렇기 때문에 struggle for life라는 용어는 살려는 몸부림, 살려고 몸부림침, 살려고 몸부림치다 정도로 번역하는 것이 조금은 더 타당할 것으로 판단된다.

여기에서 우리는 다윈이 왜 존속을 위한 몸부림struggle for existence에서 existence가 지닌 원래의 존재한다는 의미가 아닌 존속한다는 새로운 의미로 사용했을지를 다시금 생각해 보아야 한다. 이 용어가 다윈 이전에 사용되지 않았기에, 다윈이 본래의 의미 대신 다른 의미를 부여하면서 자신만의 용어로 만들어 사용했던 것일까? 그런데 다윈이 『종의 기원』을 발표한 1859년 이전에, 맬서스, 라이엘, 월리스 등도 존속을 위한 몸부림이라는 용어를 사용했던 기록들이 있다.

맬서스는 1798년 『인구론』 초판에서 사용했다. "현재의 곤경에 불안해하며, 더 나은 전망에 대한 희망에 부풀어 오르고, 강인한 진취성으로 고무된 이 대담한 모험가들은 자신들을 반대하는 모든 사람에게 어마어마한 적수가 될 가능성이 크다. 그들이 급습한 평화로운 주민들은 그러한 강력한 동기 아래 행동하는 남성들의 에너지를 오래 견딜 수 없었다. 그리고 자신들과 유사한 부족과 마주치면, 그 싸움은 존속을 위한 몸부림이 되었고, 패배하면 죽음을, 승리하면 생명을 얻는다는 생각에 의해 필사적으로 용감하게 싸웠다"[33]라는 내용인데, 식량 부족 현상이 나타났을 때, 젊은 자손들이 아버지 품에서 벗어나 자신의 길을 개척해 가다 자신들과 비슷한 사람들을 만난다는 부분에서 존속을 위한 몸부림을 언급했다.

라이엘도 1830년 『지질학 원리』에서 "식물들을 일반적으로 고려할 때, 잘 익은 씨앗일지라도 대다수는 곤충, 새, 기타 동물들에 의해 먹히거나, 발아할 공간이나 기회가 부족하여 썩어버린다는 점을 기억해야 한다. 건강하지 않은 식물들은 보통 자신에게 해가 되는 원인으로 먼저 죽게 되는데, 대체로 같은 종의 더 강한 개체들에 의해 억눌리게 된다. 따라서 잡종이 상대적으로 생식력이나 생명력이 조금이라도 열악하다면, 그들은 야생 상태에서 한 세대 이상 유지하기 어려울 것이다. 보편적인 존속을 위한 몸부림에서 강자가 궁극적으로 승리할 권리를 지니며, 재래종의 내구성과 지속성은 주로 그들의 다산성에 달려 있는데, 잡종은 이 점에서 결핍이 있는 것으로 간주된다"[34]는 내용으로 언급했다.

그리고 다윈에게 편지를 보내 『종의 기원』을 서둘러 발표하게 만든 월리스도 1858년에 발표한 「원래 종과는 지속적으로 달라지려는 변종들의 경향에 대하여」라는 논문에서 "야생동물들의 삶은 존속을 위한 몸부림이다. 자신의 삶 자체를 유지하고 어린 새끼들을 키우려면 자신이 지닌 능력과 에너지를 최대한 발휘하는 것이 필요하다. 먹이를 찾기 어려운 기간에 먹이를 조달하는 능력과 천적의 공격으로부터 도망가는 능력이 개체와 종 전체의 생존을 결정하는 일차적인 조건들이다. 이러한 조건들이 그 종의 개체수를 결정하게 된다. 그리고 모든 상황들을 세심하게 고려하면, 언뜻 보기에는 너무나 설명할 수 없을 것처럼 보이는 것, 즉 어떤 종의 개체수는 너무나 많은 반면 그 종과 가까운 동류인 종의 개체수는 아주 적은 경우를 우리는 충분히 이해할 수 있고 어느 정도는 설명할 수 있다"[35]라고 존속을 위한 몸부림을 설명했다.

맬서스, 라이엘 그리고 월리스가 설명한 존속을 위한 몸부림을 생존경쟁이나 생존투쟁으로도 번역할 수는 있을 것이다. 그러나 맬서스는 싸움, 다른 말로 전쟁을 존속을 위한 몸부림으로 간주했을 뿐이다. 존속을 위해 몸부림치면서 적자가 생존하거나 생명체의 구조가 어떤 식으로든 변형된다는 것을 암시하는 내용은 없다.[36] 그럼에도 다윈이 맬서스의 『인구론』을 선별적으로 읽어서 자신의 존속을 위한 몸부림이라는 개념을 발전시키는 데 결정적으로 중요하다고 생각했다는 평가를 한다.[37] 그리고 라이엘은 다산성, 즉 자손을 많이 남기는 것이 존속을 위한 몸부림에 중요하다고 설명하고 있다. 일반적으로 전쟁은 도구를 이용하여 적을 이기는 행위이기에, 이를 경쟁이나 투쟁으로 간주하기에는 다소 부적절하며, 자손을 많이 남기는 것역시 경쟁이나 투쟁으로 간주하기에도 부적절해 보인다. 물론 다윈은 『종의 기원』에서 "(라이엘은) 모든 생명체들이 심각한 경쟁에 노출되어 있다고 전반적으로 그리고 철학적으로 보여주었다"[38]고 언급했다. 그러나 다윈이 왜 이런 언급을 했는지는 정확하게 파악하기가 힘들다는 평가가 있는데,[39] 라이엘의 개념은 다윈 이전의 다른 자연사학자들만큼이나 다윈의 개념과 거리가 멀었다.[40] 한편 월리스는 존속을 위한 몸부림을 첫째로 자신의 삶 자체가 유지되고, 둘째로 어린 새끼를 키워야 하며, 셋째로 먹이를 찾고 천적으로부터 도망가는 것, 즉생물의 상호작용이라고 설명하고 있는데, 이러한 설명은 다윈이 설명한 존속을 위한 몸부림에 대한 3가지 설명과 거의 유사하다. 이상으로 보듯이, 다윈이 사용한 존속을 위한 몸부림이라는 용어의 의미는 이미 다윈 이전부터 사용하던 용어를 다윈 자신만의 글로 새롭게 정의했음을 보여줄 뿐, 경쟁이나 투쟁을 강조하는 것은 아닐 것이다.

그럼에도 불구하고 다윈이 『종의 기원』에서 "같은 종에 속하는 개체들이 모든 측면에서 서로서로 막상막하의 경쟁에 내몰리게 되며, 일반적으로 이들 사이에서 가장 심하게 몸부림치는 일이 나타날 것인데, 같은 종에 속하는 변종들 사이에서도 그다음으로 같은 속에 속하는 종들 사이에서도 심해질 것이다"[41]라고 언급한 부분을 경쟁이라는 문제에 대해 새롭게 접근한 것으로 간주하기도 한다.[42] 그런데 다윈은 "가장 가까운 동류에 속하는 유형들, 즉 같은 종에 속하는 변종들, 같은 속에 속하는 종들, 비슷한 속들에 속하는 종들은 거의 같은 구조, 체질 그리고 습성을 공유하기 때문에 서로서로 가장 심각한 경쟁에 내몰리게"[43]되면 "변형되고 개량되는 과정을 거치는 유형들과 가장 막상막하로 경쟁하는 유형들은 자연적으로 가장 심한 고통을 받을 것"[44]이라고 설명했다. 즉, 생물들이 같은 구조와 체질, 습성을 공유하게 되면, 이들은 추구하는 바가 같기 때문에 필연적으로 경쟁을 할 수밖에 없고, 그 경쟁은 다른 종류들이 하는 경쟁에 비해 가장 심할 것이라는 설명이다. 그러나 다윈은 이러한 심한 경쟁을 피하는 방법으로 생물들이 서로 다른 생태적 지위를 갖도록 노력한다고 주장했다. 그래서 다윈은 『종의 기원』에서 "모든 생명체들이 자연의 경제 내에서 자신들만의 장소를 장악하려고 노력하고 있기 때문에, 만일 어떤 한 종이 자신의 경쟁자에 상응해서 변형되지 않고 개선되지 않는다면 이 종은 곧 몰살당할 것"[45]이라고 설명한 것이다. 생물들이 심각한 경쟁에 처하게 될 수는 있지만, 이러한 경쟁을 피하려고 자연의 경제 내에서 자신만의 장소, 즉 생태계 내에서 자신만의 생태적 지위를 차지하려고 몸부림쳐야만 하고, 그 결과로 지구상에 엄청나게 다양한 생물들이 만들어졌다고 다윈이 『종의 기원』에서 설명하고 있는 것이다.

그런데 다윈이 『종의 기원』을 발표할 당시 영국은 갈등, 전쟁, 파괴, 승리, 지배, 몸부림 등과 같은 단어의 이미지와 은유가 두드러지고 만연하던 빅토리아 시대였다. 사람들은 성공과 진급을 위하여 정글 속에서 경쟁[46]을 하는 것을 당연하게 받아들였다.[47] 빅토리아 시대를 대표하는 소설가 디킨스[48]와 함께 19세기 영국의 대표적인 소설가인 윌리엄 메이크피스 새커리[49]는 1854년부터 1855년까지 연재한 소설 『신참내기 The Newcomes』에서 "군중 속에서 앞으로 나아가려면 남녀를 불문하고 어깨를 사용해야 한다. 더 나은 자리가 당신 바로 앞에 나타나면, 이웃을 팔꿈치로 밀치고 그 자리를 차지하라. (…중략…) 꾸준히 밀어붙이면, 1,000명 중 999명은 네게 양보할 것이다. (…중략…) 당신은 확실히 성공할 수 있을 것이다. 이웃의 발이 당신을 방해하면, 그 발을 밟아라. 그리고 그가 발을 치워줄 것으로 가정하라"[50]면서 당시의 치열한 경쟁 양상을 신랄하게 표현했다.[51] 이처럼 많은 사람들이 성공하고 출세하려고 몸부림쳐야 했고, 의심과 두려움에 맞서 몸부림쳐야 했으며, 생존하려고 몸부림쳐야만 했다.[52] 이때 몸부림을 경쟁으로 번역한다면 생존경쟁을 해야만 했던 것이다. 이러한 시점에 일본에서는 가토가 존속을 위한 몸부림을 생존경쟁으로 번역했고, 이것이 우리나라에 거의 무비판적으로 도입되어 오늘에 이르고 있다.

그러나 다윈은 앞에서도 설명했듯이, 1869년 3월 29일 영국 태생의 생리학자인 프라이어[53]에게 보낸 편지에서 "존속을 위한 몸부림"이라는 용어는 내가 생각하는 동시성을 정확하게 표현합니다. 두 사람이 먹지 못했을 때 같은 먹이를 사냥하려고 하는 경우나 비슷하게 한 사람이 같은 먹이를 사냥하는 경우 모두를 '몸부림'이라고 표현하는 것이 정확합니다. 또는 한 사람이 난파되었을 때 바다의 파도에 맞서서 '존속을 위해 몸부림'친다고 말할 수도 있습니다"[54]라고 자신의 생각을 피력했다. 한 사람이 난파되었을 때 바다의 파도에 맞서서 생존경쟁 또는 생존투쟁한다고 말하는 것은 다윈의 생각을 오해하게 할 것이다.

3

자연선택과 최적자생존은 같은 개념인가

우리 사회에서 널리 회자되는 용어 가운데 하나가 바로 적자생존이다. 아마도 적자생존은 생존경쟁과 같이 사용되면서 '나는 강하여 생존경쟁에서 이겼으니 승자이고, 승자는 곧 적자이니 살아남아 모든 것을 가질 수 있으나, 너는 약하여 졌으니 패자이고, 패자는 곧 부적자여서 사라지기 때문에 아무것도 갖지 못한다'라는 의미로 널리 알려져 있다. 혹자는 다윈이 생물의 역사에서 이러한 원칙 또는 법칙을 발견한 것이고, 인간 역시 생물의 한 부류이니 우리의 삶 역시 이러한 원칙에서 벗어날 수 없다고들 말한다. 여기에서 말하는 적자생존은 영어 the survival of the fittest를 번역한 것이다. 엄밀히 말해, 이 영어는 적자생존이 아니라 최적자생존으로 번역해야 맞을 것인데, 영어 단어 fittest가 최상급 형태로 표기되어 있어 최적자를 의미함에도 일반적인 형태 또는 원급인 적자로 번역하고 있다.

한편 최적자생존을 약육강식弱肉强食으로 번역하기도 한다. 약육강식은 중국 당나라의 한유가 말한 "약지육, 강지식弱之肉, 强之食", 즉 "약한 것은 고기, 강한 것이 먹는다"라는 내용에서 유래한 것으로, '약한 것이 강한 것에 의해 먹힌다'라는 의미를 지니고 있다. 일반적으로 강한 자가 약한 자를 지배하거나 착취하는 현상을 설명할 때, 이 표현을 사용하는데, 강자의 생존과 지배가 약자의 희생 위에서 이루어진다는, 또는 자연에서 살아가는 강한 자만이 생존하여 자원을 차지하거나 권력을 행사하고, 약한 자는 희생되거나 착취된다는 의미이다. 이밖에 최적자생존을 우승열패優勝劣敗라고 번역하기도 하는데, 경쟁에서 강한 자가 승리하여 승자가 되어 살아남고, 약한 자는 패배하여 패자가 되어 사라지기에, 결국 승자가 모든 것을 독식한다는 의미로 사용되었다. 이러한 과정을 거치면서 자연선택이 원래의 개념과는 무관한 최적자생존으로, 최적자생존이 또 원래의 개념과는 무관한 약육강식과 우승열패로 사용됨으로써, 승자가 독식한다는 의미로 변해 다윈이 생각했던 원래 개념과는 완전히 달라졌다.

그러나 최적자생존이라는 용어는 다윈이 만든 용어가 아니고, 다윈이 지적했듯이 허버트 스펜서가 1864년 『생물학 원리』에서 처음 사용한 것으로, 다음과 같이 설명했다.

내가 이 책에서 기계적인 용어로 표현하려고 사용한 최적자생존이라는 용어는 다윈 씨가 "자연선택, 즉 살려는 몸부림 과정에서 유리한 종족의 보전"이라고 불렀던 것이다. 다윈 씨가 쓴 위대한 책 『종의 기원』은 생물계 전반에 걸쳐 이런 종류의 과정이 진행되고 있음을 거의 모든 자연사학자들이 납득할 수 있도록 보여주었다. 실제로 그의 가설이 한 번 발표되었을 때, 이 가설이 지닌 진실성은 증명할 필요가 거의 없을 정도로 명백했다. 자연선택 때문에 발생한 모든 것을 자연선택으로 설명할 수 있음을 보여줄 증거가 필요할 수는 있었지만, 그럼에도 자연선택이 항상 작동됐으며, 현재도 작동되고 있고, 계속해서 작동되어야만 한다는 점을 보여주는 증거는 필요하지 않다.[1]

여기에서 기계적인 용어라고 한 것은, 스펜서 자신이 만든 최적자 생존이라는 용어에는 어떠한 의도도 포함되지 않았다는 또는 의도하지 않고 작동한다는 의미로 보인다. 이러한 표현은 다윈이 사용한 자연선택이라는 용어에는 선택이라는 단어에 의도가 있다고 지적한 것으로, 스펜서는 자신의 용어가 더 적절하다고 판단했던 것으로 보인다. 계속해서 스펜서는

짧은 기간만 살아가는 식물들 사이에서는 대개 수피가 약간 발달하거나 아예 없는 경우가 많다. 줄기의 표면에서 이러한 수피가 만들어지는 경우에는 보통 가장 낮은 곳이거나 가장 오래된 부분에서만 관찰된다. 반면에, 오랜 기간 살아가는 식물에서는 이러한 수피가 단단하고 불투명하게 더 빠르게 만들어지는데, 분화 정도와 노출 기간 사이의 연결을 뚜렷하게 보여준다. 성장 중인 어린가지에서는 눈에서 보이지 않던 수피가 가지와 가지가 만나는 지점이 아래쪽일수록 점점 두꺼워지고, 주줄기를 따라 내려갈수록 더욱 두꺼워진다. 주줄기를 검사해 보면, 어떤 나무에서는 목재가 팽창하면서 수피가 갈라져 조각으로 떨어져 나가자 드러난 내층 조직이 곧 초록색으로 변하여 새로운 수피로 변한다. 또 다른 어떤 나무에서는 벗겨진 조각들이 계속 달라붙은 채로

오랜 세월이 지나면서 울퉁불퉁한 균열이 있는 수피로 만들어져 외부와 내부 사이에 더 뚜렷한 대조가 나타난다. 물론 이러한 이질성의 형성은 자연선택에 의해 촉진되는데, 보호 덮개가 필요한 경우에는 덮개를 가장 강하게 만든 개체가 유리한 점을 지니게 된다[2]

고 언급하면서 "가장 강하게 만든 개체"가 생존에 유리하다고, 달리 말해 최적자이기에 생존한다고 설명했다. 여기에서 보호 덮개는 수피를 다르게 표현한 것으로 보인다.

그런데 다윈은 1868년에 발간한 『생육 중인 동식물의 변이』에서 스펜서가 만든 최적자생존이라는 용어를 자연선택과 같은 개념이라고 언급했다.

삶을 위한 전쟁을 치루는 동안, 구조나 체질, 또는 본능 등에서 어떤 유리한 점을 지닌 변종들의 보존을 나는 자연선택이라고 불렀다. 허버트 스펜서 씨가 최적자생존이라는 용어로 같은 생각을 잘 표현했다. '자연선택'이라는 용어는 어떤 측면에서는 나쁜데, 의식적인 선택을 의미하기 때문이다. 그러나 조금만 친숙해지면 무시할 수 있을 것이다. 화학자들이 전기적 친밀성이라고 말하는 것에는 그 어떤 반대가 없듯이, 삶의 조건이 새로운 유형을 선택하든지 보존하든지를 결정하는 것처럼 확실히 산은 염기와 결합하는 데 선택의 여지가 없다. 이 용어는 아직까지는 좋은 것인데, 사람의 힘으로 선택하여 생육 재래종을 만든 것이 자연 상태에서 종과 변종을 자연적으로 보존하는 것과 연결되기 때문이다. 그리고 천문학자들이 중력은 행성의 움직임을 지배하는 것이라고, 또는 농학자들이 인간의 선택 능력으로 생육 재배종을 만들었다고 말하는 것과 같은 방식으로, 나는 자연선택이 하나의 지능적인 힘이라고 간결하게 말하고자 한다. 어떤 경우에는 선택이 변이성이 없으면 아무런 일도 하지 못한다. 다른 경우와 마찬가지로, 선택은 생물체를 둘러싸고 있는 환경의 작용에 어느 정도는 의존하고 있다. 또한 나는 자연이라는 단어를 때로 의인화했는데, 이러한 모호성을 피하는 것이 어렵다는 것을 알았기 때문이다. 그러나 나는 자연을 많은 자연법칙들의 총체적 작용과 그에 따른 산물로 간주하며, 이 법칙들에 의해서만 확인된 연속된 사건들이 일어날 수 있다고 본다.[3]

다윈은 기존에 존재하지 않던 새로운, 즉 자연선택이라는 개념을 표현할 때 나타나는 어려움을 보여주고, 이에 대한 사람들의 동의를 구하고자 했다. 그러나 자연을 의인화함으로써 모호성이 나타날 수 있음을 다윈 스스로 고백함에 따라, 자연선택이라는 개념은 많은 사람들로 하여금 오해하거나 배척하게 만들었다. 특히 선택이라는 단어가 사람들이 자연선택이라는 개념을 수용함에 있어 큰 장애물이었는데, 이 단어에는 어떤 미래지향적인 것, 즉 어떤 목적론적 과정이나 선택하는 주체를 암시하기 때문이다.[4] 결과적으로, 자연선택은 그 의미가 충분히 성숙되지 않은 용어였던 것이다.[5]

다윈은 『종의 기원』에서도 최적자생존을 언급했다. 단지 『종의 기원』 초판에서부터 4판까지는 이 용어를 사용하지 않았지만, 1869년에 5판을 출간하면서 처음 사용했다. 『종의 기원』 4장의 제목이 4판까지는 "자연선택"이었다가 5판에서는 "자연선택, 즉 최적자생존"

으로 표기된 것이다. 또한 5판의 본문에서도 "허버트 스펜서가 사용한 최적자생존이라는 용어가 더 정확하며, 때로는 똑같이 편리하다",[6] "유리한 변이의 보존과 해로운 변이의 파괴를 나는 자연선택 또는 최적자생존이라고 부른다",[7] "만약 변이가 유익한 특성을 지닌다면, 최적자생존 원리에 따라 원래의 유형은 곧 변형된 유형으로 대체될 것이다",[8] 그리고 "선택의 과정이 느리더라도 연약한 인간이 인위선택으로 많은 변화를 만들 수 있다면, 자연의 선택력, 즉 최적자생존에 의해서도 오랜 시간에 걸쳐 영향을 미치는 모든 생명체 간의 상호 적응과 삶의 물리적 조건들 간의 아름다움과 무한한 복잡성의 변화에는 한계가 없다고 나는 생각한다"[9]라는 문장들에서 최적자생존이라는 용어를 사용했다. 다윈이 이전까지의 『종의 기원』에서 자신이 설명했던 자연선택이라는 개념을 최적자생존이라는 개념과 같다고 설명한 것이다.

그런데 왜 다윈은 자신이 만든 자연선택과 스펜서가 고안한 최적자생존이 같은 개념이라고 설명했을까? 다윈은 『종의 기원』 초판에서 자연선택으로 "(개체에) 도움이 되는 변이는 보존되고 유해한 변이는 제거되는"[10]데, 유용하지도 해롭지도 않은 변이는 자연선택에 의해 아무런 영향을 받지 않는다고 설명했다. 다윈이 자연선택이라는 개념을 얻게 된 배경을 자서전에서 다음과 같이 회고했다.

15개월이 지나서야 나는 체계적으로 질문하기 시작했으며, 기분을 전환하려고 맬서스의 『인구론』을 우연히 읽었다. 그리고 동식물이 자라는 서식지나 생육지를 아주 오랫동안 꾸준히 관찰한 결과, 모든 곳에서 일어나고 있는 존속을 위한 몸부림이라는 개념으로부터 이러한 상황 아래에서는 적합한 변이체들이 보존되는 경향이 있을 것이며, 부적합한 변이체들은 없어질 것이라는 생각을 하게 되었다. 이런 결과로 인해 새로운 종이 만들어지게 될 것이다. 이 부분에서 드디어 내가 연구할 하나의 이론을 얻게 되었다.[11]

여기서 "하나의 이론"이 바로 자연선택이라고 부르는 이론이다. 생물체에서 나타나는 모든 뛰어난 적응 현상을 신의 '설계'라는 관점으로만 설명하던 때에, 이 적응 현상을 자연적인 원인으로 기계적으로 설명하고자 했던 것이다. 그렇기에 이 이론은 엄청나고 대단한 혁신으로 간주되었다.[12]

그럼에도 불구하고 다윈은 『종의 기원』 3판에서 다음과 같이 언급했다.

몇몇 사람들이 자연선택이라는 용어를 오해하거나 반대했다. 어떤 사람은 자연선택이 변이성을 유도한다고 상상하기도 했지만, 자연선택은 단지 생명체가 살아가는 삶의 조건에서 발생하고 유익한 변이의 보존만을 의미한다. 농업에 종사하는 사람들이 인위선택의 강력한 효과를 언급하는 것에는 아무도 반대하지 않는데, 이 경우에는 자연이 제공하고 사람이 일부를 선택하는 개체 차이가 반드시 먼저 발생해야 한다. 다른 이들은 선택이라는 용어가 변형될 동물을 의식적으로 선택하는 것을 암시한다고 반대하며, 식물은 의지가 없기 때문에 자연선택을 식물에게 적용할 수 없다고 주장하기도 했다. 문자 그대로의 의미에서 자연선택이 적절하지 않다는 점은 의심할 여지는 없지만, 화학자들이 다양한 원소의 선택적 친화성에 대해 이야기하는 것을 누가 반대하겠는가? 그렇다고 산이 자신이 선호하는 염기를 선택한다고는 엄밀히 말할 수도 없다. 내가 자연선택을 활동적인 힘이나 신으로 언급한다고 말했지만, 중력의 인력이 행성의 움직임을 지배한다고 말하는 것에 대해 누가 반대하겠는가? 누구나 이러한 은유적 표현이 무엇을 의미하고 암시하는지 알고 있다. 그리고 그것은 간결함을 위해 거의 필수적이다. 마찬가지로 자연이라는 단어를 의인화하지 않기는 어려우나, 내가 말하는 자연은 단지 많은 자연법칙들의 집합적 작용과 그 결과만을 의미하며, 법칙이라는 것도 우리가 확인한 사건의 순서를 의미한다. 조금만 익숙해지면 그러한 피상적인 반대는 잊힐 것이다.[13]

『생육 중인 동식물의 변이』에서 설명한 내용을 보충한 것으로, 다윈 스스로가 자연선택이라는 용어를 "적절하지 않은" 명칭이라고 간주하면서도 자연선택을 반대하는 사람들의 의견에 대해 자신이 생각하는 반론을 펼친 것이다. 오늘날 자연선택이라는 개념이 물리적으로 검증할 수 있는 구체적인 대상이나 과정이 아니기에, 다윈을 지지했던 사람들 누구나 자연선택이라는 개념을 이용하여 다른 사람들과는 다르게 자신만의 생각을 개진할 수 있게 되어, 자연선택에 대한 많은 오해와 의미론적 어려움이 나타났다고 볼 수 있다.[14]

실제로 자연선택 이론 자체는 몇 개의 이론들이 마치 꾸러미처럼 묶여져 하나의 이론으로 보인다. 즉, 생식적으로 과잉된 상태가 영구히 존재한다는 이론, 많은 유전적 변이들이 끊임없이 만들어진다는 이론, 개체마다 유전적으로 차이가 난다는 이론, 조금이라도 생식적으로 뛰어난 개체들이 (성선택으로) 선택된다는 이론 등이 자연선택이라는 하나의 용어에 포함되어 있는 것이다.[15] 자연선택은 이렇게 조금 이상한 이론이었기에, 다윈의 동료 가운데 극히 일부만이 이 개념을 받아들였을 뿐,[16] 거의 모든 사람이 반대했다.[17] 아마도 자연선택 이론을 반대한 사람들 가운데 그 누구도 다윈의 자연선택을 제대로 이해하지 못했을 것인데, 이러한 오해는 상당 부분 자연에서 일어나는 모든 사건이 미리 정해진 목적이나 목표를 향해 나간다는 최종주의에 대한 오랜 이념적 헌신 때문이었을 것이다.[18]

다윈의 적대자였던 세지윅[19] 뿐만 아니라 동료였던 라이엘과 후커조차도 다윈이 주장한 자연선택이 신에 가까운 힘으로 규정되었다고 불평했는데, 특히 후커는 훗날 다윈이 자연선택을 '기계장치의 신'으로 규정했다고 불평했다.[20] 또한 다윈의 친구이자 열렬한 지지자였던 헉슬리와 그레이는 다윈이 『종의 기원』에서 자연선택이 진화의 효과적인 원인이라는 점을 증명하지는 못했다고 결론지었으며, 고생물학자 오웬은 자연선택을 '순전히 추측에 근거한 가설'이라고 주장했고,[21] 허셜은 '돼지를 살 때 흥정하는 이론'으로 비하했다.[22] 많은 사람들이 '선택'이라는 용어가 목적론적 개념을 암시하고 있다고 생각했기에, 자연선택이라는 용어를 대체할 다른 용어로 '최적자생존', '선택적 보류', '편향된 배제' 등이 제안되었는데,[23] 다윈도 1860년 9월 20일에서 24일에 걸쳐 아일랜드의 식물학자 하비[24]에게 보낸 편지에서 "제가 제 책을 (『종의 기원』을) 다시 쓴다면, 자연보존natural preservation 또는 자연적으로 보존된naturally preserved이라는 표현을 사용할 것입니다. (…중략…) 선택selection과 선택된selected을 삭제하고 보존과 보존된을 삽입하면, 아마 주제가 좀 더 명확해질 수 있을 것입니다"[25]라고 썼다. 다윈 스스로도 자연선택보다는 자연보존이라는 용어를 생각했던 것이다. 그러나 같은 해 6월 6일에 라이엘에게 보낸 편지에서는 "자연보존이라는 용어는 특정 변종들의 보존을 의미하지 않을 것"이라고 지적한 바 있으며, 그에 따라 "자연선택이라는 용어가 잘못된 표현이라고 생각할 수도 있지만, 지금 바꾸는 것은 혼란을 더욱 악화시킬 것이며, (…중략…) 반복적인 설명을 통해 문제를 명확하게 이해할 수 있게 되기를 바란다"[26]고 자연선택이라는 용어에 대한 자신의 입장을 밝혔다.

특히 1858년에 다윈에게 편지와 함께 논문을 보내, 다윈으로 하여금『종의 기원』을 서둘러 집필하게 한 월리스의 권유는 자연선택과 최적자생존을『종의 기원』에 나란히 사용하게 만든 결정적 원인으로 추정된다. 월리스는 1866년 7월 2일 다윈에게 보낸 편지에서, 많은 지식인들이 자연선택에 대해 명확하게 또는 전혀 이해하지 못하고 있는 상황에 큰 충격을 받았다고 하면서, 자연선택이라는 용어가 자신에게는 명확하고 멋진 것으로 다가오지만, 일반 자연사학자들에게 깊은 인상을 주기에는 적합하지 않다고 지적했다. 월리스는 이러한 오해의 출발점이 자연이 '선택'하거나 '선호'하며, '종의 이익만을 추구'한다고 자연을 의인화해서 발생한 것으로 판단했다.[27]

따라서 저는 선생님께 (물론 지금 너무 늦지 않았다면) 앞으로 수정되어 발간될 위대한 책,『종의 기원』에 이처럼 오해의 소지가 있는 표현을 전적으로 피하는 것이 어떠하실지 제안하고 싶습니다. 그리고 스펜서가 만든 용어, 즉 최적자생존을 채택하면 어려움이 없을 것 같고 매우 효과적일 것으로 저는 생각합니다. (그는 이 용어를 일반적으로 자연선택이라는 용어보다 더 많이 사용합니다) (…중략…) 이 용어는 사실을 있는 그대로 표현하지만, 자연선택은 사실을 은유적으로 표현합니다. 자연을 의인화하더라도, 자연은 특별한 변이를 선택하지 않고 가장 불리한 것을 전멸시키기 때문에, 이 용어는 어느 정도 간접적이고 부정확합니다. (…중략…) 모든 생물은 엄청나게 증식할 수 있는 힘과 존속을 위한 몸부림이 결합되어 가장 큰 비율로 꾸준하게 파괴되는 것으로 이어진다는 점을 선생님을 반대하는 사람 그 누구도, 제가 알고 있는 한, 부정하거나 오해하지 않는다는 것은 사실입니다. 덜 적합한 생물의 생존보다는 최적자생존은 도저히 부정되거나 오해될 수가 없습니다. 최적자생존을 보장하려는 그 어떠한 지적인 선택자가 필요하다고 말할 수도 없습니다. 그러나 선생님께서 자연선택이 최적자를 선택하도록 작동한다고 말할 때에는 자연선택이 오해되고, 분명히 항상 오해될 것입니다. (…중략…) 자연선택은, 일단 이해하고 나면, 너무나 필요하면서도 자명한 원리이므로, 어떤 식으로든 모호하게 되는 것은 유감스러운 일입니다. 그러므로 자연선택에 대한 간결하면서도 정확한 정의인 최적자생존을 자유롭게 사용하시는 것이야말로 자연선택을 보다 널리 받아들여지게 할 것이며, 너무 많이 잘못 전달되고 오해되는 것을 방지할 수 있을 것이라고 저는 생각합니다.[28]

이렇게 월리스는 자신이 생각하는 자연선택과 최적자생존을 비교해서 다윈에게 설명했다. 윌리스는 자서전에서 맬서스의 『인구론』을 읽고 나서 이런 생각을 하게 되었다고 회고했는데, '왜 어떤 개체는 죽고 어떤 개체는 살아남는가'라는 질문에 대해 가장 잘 적응한 개체들이 전반적으로 살 것이라는 생각을 스스로 했다는 것이다. 말하자면, 질병으로부터는 가장 건강한 개체가, 적으로부터는 가장 강하거나 가장 민첩하거나 가장 교활한 개체가, 그리고 먹을 것이 부족할 경우에는 사냥을 가장 잘하거나 소화를 가장 잘 시키는 개체가 살아남을 수 있을 것이라고 생각한 것이다. 결국 이러한 과정을 거치면서 열등한 개체들은 죽고 우월한 개체들이 살아남아, 즉 최적자가 생존하여 점차 생물들이 개선될 것이라는 생각이 머릿속에 스쳐지나갔다고 회고한 것이다.[29] 윌리스는 다윈에게 편지를 보낼 때 자연선택이 좋은 용어라고 치켜세우면서도, 자신은 최적자생존이 더 타당하다고 생각하고 있었기에, 다윈에게 거리낌 없이 자연선택이라는 용어 대신 최적자생존을 사용하는 것이 좋겠다고 제안한 것이다.

이러한 제안에 대해 다윈은 7월 5일 바로 답장을 보내면서 자신의 생각을 윌리스에게 전달했다.

저는 맑은 햇살처럼 명쾌한 선생님의 편지에 많은 관심을 가지게 되었습니다. 최적자생존이라는 스펜서의 탁월한 표현이 갖는 장점에 대하여 선생님께서 주장하는 모든 것에 전적으로 동의합니다. 선생님의 편지를 읽기 전까지, 저는 이런 생각을 할 수가 없었습니다. 그러나 이 용어는 동사를 수반하는 명사로 사용할 수 없기 때문에 크게 반대합니다. 이 점이 제가 자연선택이라는 용어를 스펜서가 지속적으로 사용한 내용으로부터[30] 추론한 실질적인 반대 논리입니다. (…중략…) 요즘에 자연선택이라는 용어를 해외 및 국내에서 너무나 광범위하게 사용하고 있어, 저는 이 용어를 포기해야만 하는지 의문스럽습니다. 그리고 이 용어와 관련된 모든 결점에도 불구하고 저는 포기하라는 시도를 매우 유감스럽게 생각합니다. 이제 이 용어에 대한 거부 여부는 최적자생존에 달려 있습니다. 시간이 지나가면서 용어는 쉽게 이해될 수 있어야만 하므로, 이 용어를 사용하는 것에 대한 반대는 점점 약해질 것입니다. (…중략…) 외부 영향의 직접적인 효과와 최적자생존을 구분하는 것이 거의 불가능한 것처럼 보여, 얼마나 안타깝기 짝이 없는지 모르겠습니다.[31]

이 편지에서 다윈이 최적자생존에 대해 동사를 수반하는 명사로 사용할 수 없다고 지적한 것은, 아마도 '최적자생존이 우리가 플라밍고라고 부르는 목이 긴 분홍색 새를 만들었다'라는 표현보다는 '자연선택이 우리가 플라밍고라고 부르는 목이 긴 분홍색 새를 만들었다'라고 하는 표현이 더 적절하다는 의미로 판단된다. 다윈이 최적자생존은 결과를 드러내는 용어로, 그리고 자연선택은 과정을 의미하는 개념으로 받아들였던 것으로 추정된다. 자연선택이라는 용어가 해외 및 국내에서 너무나 광범위하게 사용되고 있는데도 불구하고, 이 용어를 포기해야 하는지 의문이라고 다윈은 월리스의 제안에 대해 부정적으로 답을 했다. 비록 자연선택이라는 용어에 몇 가지 문제가 있는 것은 사실이지만, 그렇다고 해서 자연선택이라는 용어를 포기하라는 제안은 매우 유감스러웠던 것이다.

특히, 마지막에 쓰인 "외부 영향의 직접적인 효과와 최적자생존을 구분하는 것이 거의 불가능한 것처럼 보인다"는 지적은 최적자생존이 환경과 무관하게 최적자이기에 또는 가장 강한 자이기에 생존할 뿐, 생물에게 환경이 가하는 영향에 어떠한 적응적 변화를 했는지를 전혀 파악할 수 없다는, 달리 말하면 환경과 최적자 사이에 어떤 상관관계가 있는지를 파악할 수 없다는 반론으로 보인다. 실제로 월리스에게서 편지를 받기 전인 1866년 6월 30일에 다윈은 후커에게 편지를 보내면서, "그가^{스펜서가} 논의하면서, 한편으로는 교목의 줄기에 목본 조직이 발달하는 것을 인정하고, 다른 한편으로는 견과의 가시나 껍질에서도 목본 조직의 발달을 인정하고 있어,[32] 외부 환경의 직접적인 작용이 어디에서 시작해서 어디에서 끝나는지를 추측한다는 것이 불가능하여 매우 불만족스럽다"[33]고 자신의 불편한 속내를 내비쳤다. 여기에서 목본 조직은 스펜서가 설명한 수피인데, 수피 발달과 환경과의 관계가 명확하지 않다는 점을 지적하고 있다. 결국 다윈은 자연선택이 과정으로 진행되고, 최적자생존은 결과로 드러날 뿐인데, 이 둘을 같은 개념으로 간주해서, 자연선택이라는 용어를 포기하라는 지적을 자신은 수용할 수 없다고 강변한 것이다.

그런데 다윈은 『종의 기원』 초판에서 "어린 뻐꾸기가 한 둥지에서 부화한 형제들을 밀쳐내는 것, 개미들이 노예를 만드는 것, 맵시벌의 유충이 살아 있는 애벌레의 몸 안에서 먹고 사는 것 등과 같은 본능이 특별히 물려받거나 창조된 것이 아니고, 모든 생명체의 진보를 유도하는, 즉 개체수를 늘리고, 다양하게 변하며, 가장 강한 것은 살고 가장 약한 것은 죽는 한 가지 일반적인 법칙의 작은 결과들이라고 간주하는 것이 논리적인 추론은 아니나, 내 생각으로는 더 납득이 가는 것 같다"[34]라고 마치 최적자생존을 인정하듯이 언급했다. 물론 『종의 기원』 초판은 1859년에 출판되어 스펜서가 만든 최적자생존이라는 용어가 나오기 전이기에, 다윈이 최적자생존을 인정했다고는 할 수 없을 것인데도, "가장 강한 것은 살고 가장 약한 것은 죽는 한 가지 일반적인 법칙의 작은 결과들"이라고 언급한 것이다.

최근 이 언급에 대해 다윈이 자비롭고 자애로운 신이 왜 생물 하나하나가 죽을 수밖에 없는 공포스러운 상황을 만들었을까라는 질문을 던지고, 자신이 던진 질문에 대해 답을 한 것이라고 풀이하고 있다. 이러한 해석은 다윈이 1866년 12월 14일 부올[35]에게 보낸 편지에서, "저는 이 세상의 엄청난 아픔과 고통이 신이 직접 개입해서 나타났다기보다는 자연에서 나타나는 사건의 필연적인 결과, 즉 일반 법칙으로 바라보는 것이 더 만족스럽다고 생각합니다. 물론 이것이 전지전능한 신의 관점에서는 논리적이지 않다는 것을 알고 있습니다"[36]라고 스스로를 다독인 듯한 내용에서 알 수 있다. 이처럼 다윈이 쓴 편지와 노트들을 살펴보면, 그가 잔인하고 기괴한 행동들에 대해 혐오감을 느끼면서, 자비롭고 자애로운 신이 이런 공포를 창조하지 않았을 것이라고 생각하는 경향을 알 수 있는데,[37] 생물들이 죽을 수밖에 없는 엄청난 아픔과 고통이 다윈에게는 자비로운 신에 대한 믿음을 반대하는 가장 강력한 논거 가운데 하나였다. 이러한 고통이 자연선택 이론과 잘 맞아떨어진다고 생각한 것이다.[38]

동물은 통증, 배고픔, 목마름, 두려움과 같은 고통이나, 먹기와 마시기, 종의 번식 등과 같은 쾌락, 혹은 음식 탐색과 같은 방법으로 두 가지 수단이 결합된 방법에 의해 종에 가장 유익한 행동을 추구할 수 있다. 그러나 어떤 형태의 통증이나 고통도 장기간 지속되면 우울증을 유발하고 행동력을 감소시킬 수 있어도, 커다랗거나 갑작스러운 재앙에 대해서는 스스로를 방어하도록 만드는 데 잘 적응되어 있다. (…중략…) 이러한 습관적이거나 자주 반복되는 쾌락의 총합이 감각을 지닌 대부분의 존재들에게 고통보다 더 많은 행복을 제공한다는 것을 나는 거의 의심하지 않는다. 비록 많은 경우에 고통을 겪기도 하지만, 이러한 고통은 자연선택을 믿는 것과 완전히 호환된다. 자연선택은 그 작용이 완벽하지 않지만, 다른 종들과의 삶을 위한 전쟁에서 가능한 한 성공적으로 각 종을 만들도록 하며, 놀랍도록 복잡하고 변화무쌍한 환경 속에서 작용한다.[39]

다윈이 자서전에 쓴 글이다. 생물이 겪어야만 하는 고통에 대한 자신의 생각을 토로하면서 "많은 고통의 존재는 모든 생명체가 변이와 자연선택을 통해 발전해 왔다는 관점과 잘 맞아떨어진다"[40]고 마무리했다.

다윈은 자연선택이라는 용어보다는 최적자생존이라는 용어를 사용하자는 윌리스의 제안을 편지에서는 거절했지만, 이 제안을 받은 후인 1869년에 출간된 『종의 기원』 5판에서는 자연선택과 최적자생존을 같은 개념으로 설명했다. 왜 이런 방식으로 최적자생존이라는 용어를 수용했는지는 의문이다. 다윈이 '자연선택'이라고 불렀던 개념은 생존을 선호하는, 즉 자원을 좀 더 잘 사용하거나, 날씨나 기후에 잘 적응하거나, 질병에 대해 뛰어난 저항성을 지니거나, 또는 적으로부터 도망갈 수 있는 능력이 있는 어떤 특성을 의미한다. 하나의 개체는 뛰어난 생존 능력을 지니고 있어서가 아닌 단순히 번식에 좀더 성공적이었기 때문에, 다음 세대에 많은 유전적 정보를 전달하는 것이다.[41] 이러한 개념은 가장 강한 자가 살아남고 약한 자는 죽는다는 스펜서의 최적자생존 개념과는 완전히 상충된다.

다윈은 스펜서와 안면을 트려고 전혀 노력하지 않았던 것으로 알려져 있다. 오히려 훗날 최적자생존이라는 표현을 차용한 것은 별도로 하더라도 일부러 스펜서의 저술을 멀리했다.[42] 그런데 최적자생존이라는 용어는 말 그대로 동어반복으로,[43] 최적자이므로 생존하는 것은 당연할 것이고, 최적자가 생존하지 않는다면 최적자라고 말할 수 없을 것이다. 그리고 과학자들 가운데 그 누구도 최적자생존이라는 용어가 제대로 정착하리라고 기대하지 않았으며, 이 표현이 사회로 파고들 것이라고도 상상하지 못했다. 다윈도 최적자생존이라는 용어에 특별한 무게가 부여될 것이라고는 기대하지 않았다. 그럼에도 불구하고 스펜서에서 시작되어, 월리스를 거쳐 다윈에게까지 전달된 최적자생존이라는 용어가 탄생되었으며, 이 용어는 영국 빅토리아 시대를 살아가던 사람들의 사고의 틀을 구성하는 핵심이 되었다.[44] 그리고 사람들이 최적자 개념을 사회적 성공으로 받아들이면서 인간에게도 적용하는 용어가 되었다. 특히 일본의 소위 사회진화론자들이 이 개념을 생존경쟁과 함께 적극적으로 수용하면서, 생존을 위한 경쟁에서 이기면 적자로서 생존하게 될 것이라는 생각으로 이어졌고, 우승열패나 약육강식이라는 개념으로 치환되어, 결국 승자독식

사회를 만드는 이념적 근거로 전용되었다. 현재 우리 사회를 과정보다는 결과를 중시하게 만들고, 승자독식을 위한 무한경쟁 세계로 잘못 이끈 이념적 근거가 탄생한 것이다. 이러한 과정에 잠시 다윈이 개입하기는 했으나, 다윈과는 무관한 것으로 간주해야만 할 것이다.

　다윈은『종의 기원』에서 지구상에 분포하는 생물다양성의 원인을 규명하려고 했다. 어떻게 지구상에 다양한 생물들이 만들어졌는가를 파악하려고 한 것이다. 그리고 그 답으로 다윈은 생물들이 자신만의 생태적 지위를 확보하려고 몸부림쳐 왔다는 사실을 확인했다. 물론 자신만의 생태적 지위를 찾으려고 하는 것을 살아남기 위한 경쟁으로도 간주할 수 있으나, 다윈은 경쟁보다는 자신의 지위를 찾으면 자연스럽게 살아남고 그렇지 못하면 자연스럽게 죽는 현상을 발견했고, 자연스럽게 살아남은 개체들이 자손을 낳고, 자손들 역시 조상들이 했던 일들을 반복하면서, 새로운 종으로 만들어질 수 있음을 확인한 것이다. 따라서 오늘날의 생물다양성은 생물들이 다윈이『종의 기원』에서 언급한 자신만의 장소, 즉 생태적 지위를 먼저 찾으려는 자유주의적 관점의 경쟁이지, 다른 생물과의 생존을 건 자본주의적 관점의 경쟁이 아니다. 생태적 지위를 찾는 데 유리한 변이를 지닌 개체는 살아남고, 불리한 변이를 지닌 개체는 죽을 수밖에 없는 자연선택 결과로 오늘날의 생물다양성이 탄생한 것이다. 만일 오늘날 우리가 하고 있는 무한경쟁을 다윈이 주장했다고 가정한다면, 지구상에는 다양한 생물 대신 극소수의 최적자만이 존재할 것이다. 비유적으로 말하면, "적합해서 생존survival by fitness은 대부분의 생존을 의미하며, 최적자이기에 생존survival of the fittest은 유리한 일부만의 생존을 의미한다. 이 차이는 케임브리지 대학교에서 학사 과정을 일반적으로 통과한 학생들과 수학 분야 우등생으로 통과한 학생들로 비교될 것이다".[45] 오늘날 지구상에서 살아가는 우리가 모두 케임브리지 대학교의 수학 분야 우등생은 결코 아닐 것이다.

오늘날 자연선택은 종에 대한 논의의 핵심으로 남아 있으며, 진화는 집단생물학과 심리학에서 실험실 유전학과 유전체학에 이르기까지 과학 분야의 핵심으로 자리를 잡았다. 모든 성공적인 이론과 마찬가지로, 자연선택은 처음 제안된 이후 1세기 반 동안 변형되고, 의문을 제기받으면서 발전해 왔다. 그러나 기본적인 통찰력은 과학 역사상 거의 전례 없는 수준으로 살아남았다. 다윈이 처음부터 인식했듯이, 자연선택을 이해하는 것은 우리 자신의 기원과 운명을 이해하는 데도 필수적이다. 종에 대해 생각하는 것은 우리 자신에 대해 생각하는 것을 포함한다.[46] 비록 다윈이 자연선택과 최적자생존을 같은 개념으로 한때 간주하기는 했지만, 자신만의 삶에 유리한 변이를 지닌 생물을 보존하는 자연선택과 자본주의의 무한경쟁을 정당화하려고 사용하는 최적자생존은 명확하게 구분해서 사용되어져야 할 것이다. 게다가 다윈은 "자연선택은 절대적인 완벽함을 만들지 않는다. 또한 우리의 제한된 능력으로 판단하건대, 절대적인 완벽함은 어디에서도 발견되지 않는다"[47]라고 제시했다. 오늘날을 살아가는 우리는 완벽하지 않지만, 자신만이 지니고 있는 삶에서 유리한 점을 찾아야만 할 것이다.

4

진화는 진보라는 개념을 포함하는가

 최근 현직에 있는 두 교수에게 메일을 보냈다. 두 교수가 쓴 글에 '진화'라는 단어가 포함되었기 때문이다. 첫 번째 교수에게는 "선생님께서 이번에 「OOO OO, OO, 진화」라는 제목의 글을 발표하신다고 들었습니다. 발표 제목에 진화라는 단어를 사용한 특별한 이유가 있으신지 궁금합니다"라는, 그리고 두 번째 교수에게는 "그런 점에서 「OO의 탄생」은 탐미적이고 지적인 다큐의 진화를 보여준 사례로 참고할 만하다고 하면서 진화라는 단어를 사용하셨는데, 특별한 이유가 있을까요"라는 질문이었다. 첫 번째 교수는 "어떤 계기에 의해 한 사람의 세계가 더욱 깊어지고 도약하게 되었다는 의미"라고 답장을 보내주었으며, 두 번째 교수는 "즐겨 쓰는 단어로, 발전이나 변화보다 더 강한 의미를 지닌 것 같다"고 답을 해주었다. 그러나 이 답변들은 생물 현상을 설명한 다윈이 주장했다는 진화와는 전혀 상관이 없다.

 표준국어대사전에서 진화를 검색하면, ① 일이나 사물 따위가 점점 발달하여 가는 것과, ② 생물이 생명의 기원 이후부터 점진적으로 변해가는 현상으로 풀이되어 있다. 진화라는 단어가 두 종류의 의미를 지닌 것으로 되어 있다. 생물학에서 사용되던 진화라는 단어에 새로운 의미가 부여된 것이다. 1957년에 발간된 『우리말 큰사전』에는 진화를 ① 사물이 진보에 따라서 점점 좋은 데로 변하여 나아감, ② 생물이 외계의 영향과 내부의 발달로 인하여, 간단에서 복잡으로, 하등에서 고등으로 체제가 나아져서, 드디어 오늘날에 천차만별의 생물이 되는 일로 퇴화의 반대말이라고 설명되어 있다. 또한 퇴화라는 단어가 표준국어대사전에는 ① 진보 이전의 상태로 되돌아가는 것과, ② 생명체의 기관이나 조직의 형태가 단순화되고 크기가 감소하는 따위의 진화나 계통 발생 및 개체 발육 과정에서 퇴행적으로 변화하는 것으로, 그리고 『우리말 큰사전』에는 ① 진보하여 가던 것이 그 진보 이전의 상태로 돌아가는 것과, ② 생명을 가진 물체의 세포 구조가 비교적 복잡, 정밀하던 상태가 점점 간단, 소략하게 되어 생명 혹은 본질이 줄어드는 것으로 설명되어 있다. 아마도 두 교수가 언급한 진화에 대한 설명은 모두 첫 번째 풀이, 즉 진보라는 개념을 차용한 것으로 판단된다.

그러나 다윈은 『종의 기원』에서 "최근 유형이 옛날 유형보다 더 고도로 발달했는가 여부에 대한 많은 논의가 있었다. 나는 이 주제에 들어가고 싶지 않은데, 아직까지도 자연사학자들이 고등 유형과 하등 유형이 무엇을 의미하는지에 대해 서로서로를 만족시키도록 정의하지 못하고 있기 때문이다"[1]라고 언급했다. 이는, 생물이 환경에 적응하면 생존한 것이고, 그렇지 않으면 죽게 될 것인데, 한 종에서 여러 종으로 만들어지는 종이 변천함에 있어서 생물에게 고등 또는 하등이라는 등급을 부여하는, 즉 진보를 논의하는 것은 부적절하다고 평가한 것으로 판단된다. 이런 관점에서 보면, 진화를 간단에서 복잡으로, 하등에서 고등으로 체제가 나아지는 것으로 설명한 『우리 말 큰사전』의 정의는 다윈의 생각과는 약간의 차이가 있는 것으로 판단된다. 아마도 표준국어대사전에서는 이런 차이를 줄이려고 진화를 단순히 "점진적으로 변해가는 현상"으로 설명한 것으로 보인다. 한편 "두더지와 땅굴을 파고 사는 일부 설치류의 눈은 크기로 볼 때 흔적만 있으며, 어떤 경우에는 피부와 털로 완전히 덮이기도 한다. 이러한 눈 상태는 아마도 사용하지 않게 됨으로써 단계적으로 축소 되었으나, 자연선택의 도움도 모름지기 있었을 것이다"[2]라는 『종의 기원』에 나오는 설명은 퇴화를 종이 변화하는 과정, 즉 잘못된 표현 이지만 진화의 한 부분으로 설명하고 있는 것 같다. 따라서 표준국어 대사전이나 『우리말 큰사전』에서 설명하는 것처럼 퇴화가 진화의 반 대 개념은 아닐 것이다.

그럼에도 진화를 사물이 진보함에 따라서 점점 좋은 데로 변하여 나아간다고 설명하는 것이 진화에 대한 올바른 정의인지는 확인할 필요가 있을 것 같다. "어떤 계기에 의해 한 사람의 세계가 더욱 깊어 지고 도약하게 되었다는 의미"와 "발전이나 변화보다 더 강한 의미" 로 진화라는 단어를 사용했을지라도, 이러한 의미는 생물의 진화를 진보와는 무관한 것으로 간주했던 다윈의 생각을 왜곡할 수 있기 때 문이다.

진화는 영어 단어 evolution의 번역어로, 1878년 5월 이노우에 테 츠지로[3]가 처음 번역한 것으로 알려져 있다.[4] 그리고 웹스터 사전 1828년판에는 evolution이 다음과 같이 설명되어 있다. "펼치거나 풀어내는 행위로, ① 펼쳐지거나 풀려진 일련의 것, ② 기하학에서는 곡선을 펼쳐서 신개선⁵을 만드는 과정으로, 원이나 다른 곡선의 주변이 균등하게 직선으로 접근하는 것, 즉 모든 부분이 동등하게 펼쳐져서 같은 선이 점차적으로 더 큰 원의 호가 되어, 결국 직선으로 변하는 과정을 의미하는 것, ③ 대수학에서는 거듭제곱에서 제곱근을 추출하는 것, 그리고 ④ 군사 전술에서는 병력의 행이나 열을 두 배로 늘리거나, 회전하거나, 반대로 움직이는 등의 방식으로 병력의 배치를 변경하여 공격하거나 방어할 때 더 유리한 위치를 차지하거나 다른 위치를 점령하는 것" 등으로 설명되어 있다. 영어 단어 evolution이 기하학, 대수학, 군사 전술 등에서 사용된다는 설명은 있으나, 생물학에서 사용된다는 설명은 없다. 단지 evolution에는 구조가 복잡한 형태로 응축되어 있다는 의미가 함축되어 있고, 진보적인 변화라는 의미가 포함되어 있는 것으로 간주되기도 한다.⁶ 결국 이러한 설명은 다윈 시대에 사용된 evolution이라는 단어가 더 응축된 형태로 존재하던 부분들이 드러나는 행위를 지칭할 뿐,⁷ 생물의 변화나 흔히 말하는 진화와는 아무런 상관이 없었다.

하지만 evolution이라는 단어는 다윈 시대에 생물학 분야에서 이미 사용되고 있었다. 1744년 스위스의 생물학자 폰 할러⁸가 성체의 모양이 난자 또는 정자 안에 담긴 상태에서 축소된 형태, 즉 호문쿨루스를 갖추고 있다는 이른바 전성설을 주장하면서, 이 호문쿨루스가 완전한 형태로 발달해가는 과정을 evolution이라고 처음으로 표현한 것이다.⁹ 물론 이전에도 evolution이라는 단어는 사용되었는데, 1669년 수밤메르담¹⁰은 곤충의 발생을 연구하면서 "변화라는 단어는 (곤충에서) 다른 무엇을 의미하는 것이 아니라, 부분의 점진적이고 자연스러운 evolution과 성장만을 의미한다"[11]라는 내용에서 사용했다. 이후 1760년에 발표된 글에서도 evolution이라는 단어가 나오는데, 버섯에서 포자가 필요한 영양분을 흡수하는 과정으로 사용되었다.[12] 심지어 다윈의 할아버지인 이래즈머스 다윈[13]도 "어린 동식물이 알이나 씨앗에서 점진적으로 evolution하고, 이후 점차 더 완전한 상태나 성숙으로 나아가는 과정을 관찰했다"[14]는 내용에서 사용했다. 그럼에도 이러한 의미를 지닌 단어를 다윈은 사용할 수가 없었을 것이다. 인류의 모든 역사가 이브의 난소 안에 미리 포장되어 들어 있다면, 다윈이 주장하는 자연선택은 이렇게 예정되어 있는 일의 진로를 바꿀 수 없기 때문이다.[15] 달리 말해 호문쿨루스에 한 개체의 모든 것이 미리 결정되어 있다면, 다윈이 주장했던 변이가 나타나고, 환경과 생물 사이에서 상호 관계가 형성되고, 생물과 생물 사이의 상호연관성으로 인해 나타나는 자연선택이라는 과정은 생물이 살아갈 때 그 어떠한 일도 할 수 없을 것이며, 그에 따라 종의 변화는 일어나지 않기 때문이다. 실제로 다윈도 1862년 10월 1일에 팔코너[16]에게 보낸 편지에서 "종이 필연적으로 변화하는 어떤 미지의 evolution 법칙이 존재한다고 말씀하시는 것이라면, 저는 동의할 수 없습니다"라고 하면서 evolution이라는 단어를 부적절한 용어로 간주했다. 아마도 다윈이 evolution을 생물들이 필연적으로 변화하도록 만드는 미지의 법칙이라고 부르고 있어, 팔코너가 오늘날 생각하는 evolution이라는 개념이 아닌 창조론에 입각하여 생물들이 변화하게 창조되었기에 변화한다는 생각으로 evolution이라는 단어를 사용한 것으로 추정되기에 동의할 수 없었을 것이다.

이런 이유인지는 정확하게 알려져 있지 않지만, 다윈도 1859년에 발간된 『종의 기원』에서는 evolution이라는 단어를 한 번도 사용하지 않았다. 대신 다윈은 한 종이 다른 한 종으로 변화하는 과정을 '변천transmutation'과 '변형을 수반한 친연관계descent with modification'로 표현했다. 다윈은 『종의 기원』 302쪽의 "일부 누층에서 종 무리 전체가 돌발적으로 출현하는 급격한 방식은 종이 변천한다는 믿음에 치명적인 결점이라고 몇몇 고생물학자들이 세게 몰아쳤다"[17]는 부분에서만 유일하게 변천을 사용했을 뿐, 변형을 수반한 친연관계라는 용어는 23회 사용했다.

단지 다윈은 『종의 기원』의 제일 마지막 문장에서 "evolved"라는 단어를 단 한 번 사용했는데, "처음에는 소수였던 유형이거나 단 하나였던 유형에 몇몇 능력들과 함께 생명의 기운이 불어넣어졌다는 견해에는 장엄함이 있다. 그리고 이 행성이 고정된 중력 법칙에 따라 자신만의 회전을 하고 있는 동안, 너무나 단순한[18] 유형에서 시작한 가장 아름답고도 훌륭한 유형들이 끝도 없이 과거에도 물론이지만 현재에도 진화하고 있다"[19]라는 문장처럼 "evolved"는 "진화하고",[20] "태어나고"[21] 등으로 번역되었다. 최근에는 "evolved"를 "전개되고"[22]나 "발달하고"[23]로도 번역하고 있다. 그런데 다윈은 1842년에 작성은 되었지만 공식적으로 발표는 하지 않은 소논문에서도 "evolved"라는 단어를 사용했다. 그 소논문에서는 "생명체가 성장하고, 동화하며, 번식할 수 있는 능력을 가지고 처음에는 하나 또는 소수였던 유형에 생명의 기운이 불어넣어졌다는 견해에는 간단하면서도 장엄한 면이 있다. 이 행성이 고정된 법칙에 따라 회전하고, 육지와 바다가

다윈을 오해한 대한민국

변화 주기에 따라 서로 교체되면서, 너무나 단순한 유형에서 시작하여 미세한 변화들이 점진적인 선택이라는 과정을 통해 끊임없이 유형들이 가장 아름답고 놀랍게 evolve했다"[24]라는 내용에서 사용되었다. 이 소논문의 내용은 『종의 기원』 마지막 문장과 거의 유사한 것으로 판단된다. 그리고 이 당시에 사용되었을 것으로 생각되는 웹스터 사전 1828년판에는 evolve가 ① 펼치다, 열다 등의 확장하는 의미와 ② 내뿜다 등의 방출하는 의미로 설명되어 있어, 명사인 evolution과 큰 차이가 없다.

한편 라이엘도 1832년에 발표한 『지질학 원리』의 "우리는 진보적 계획의 마지막에 있는 위대한 단계로 곧바로 넘어간다. 여기서 오랑우탄은 이미 단세포생물에서 evolved하여 천천히 인간의 속성과 존엄성을 획득하게 된다"[25]라는 부분에서 evolved를 언급했다. 라이엘은 지질 지층에서 생명체의 한 유형이 다른 유형으로 바뀌어 나타나는 현상을 evolution이라고 설명했는데,[26] 종은 변하지 않은 것으로 믿었기에, 오늘날 사용하는 evolution의 개념과는 차이가 있다.[27] 또한 라이엘은 evolution과 관련해서 "(라마르크는) 바다의 연체동물들이 먼저 존재했으며, 이들이 점진적인 evolution을 통해 육상에 살게 되는 동물들로 개선되었다고 상상했다"라는 내용에서도 언급했다. 이는 라이엘이 개선을 evolution 과정에서 필수적인 요소로 간주했음을 보여주며, evolution이라는 단어가 성숙을 향한 발달 과정과 발생학적으로 연관되어 있으므로 그가 이 단어를 선택했던 것으로 추정하고 있다.[28]

이 밖에도 evolution이라는 단어가 정치 또는 사회 구조를 설명하는 데 사용되었다. 잉글랜드의 기록물관리사이자 역사가인 팔그레이브 경[29]은 1837년에 "우리의 헌법적 정부 형태는 evolution에 의해 만들어졌다. 그리고 필요에 따라 기관들이 생겨났다"[30]는 내용으로 evolution을 언급했다. 이때의 evolution이라는 단어에는 이전에 사용되던, 즉 기존에 있던 구조들이 펼쳐진다는 발생학적 의미보다는 오로지 새로운 조건에 적응하면서 나타나는 변화[31] 또는 일반적인 역사적 과정이나 사건의 순서[32]라는 의미가 함축되어 있다. 말하자면, evolution 의미가 사람에 따라 다양하게 사용되었다.

이런 점으로 미루어 볼 때, 다윈이 소논문과 『종의 기원』에서 evolved라는 단어를 사용한 것은, 그가 생물의 점진적인 발생학적 의미를 반영한 것이 아니라 일반적인 역사적 과정이나 사건의 순서를 설명하는 데 적합하다고 생각했기 때문일 것이다. 비록 다윈이 생명의 전반적인 발달을 evolution으로 생각했을지라도 특정 생물이 다른 생물로 변화한다는 의미로는 사용하지 않았던 것으로 추정하고 있다.[33] 실제로 17세기부터 비과학자들은 evolution이라는 용어를 거의 모든 종류의 연결된 사건의 연속에 대해 비유적으로 표현한 것으로 알려져 있다.[34] 물론 1860년 이전에 evolution을 변천과 관련해서 설명하는 사례는 있었어도, 그렇다고 해서 다윈이 사용한 변천과 진보progress를 연결하는 것은 쉽지 않다. 다윈이 생각한 종 변천은 진보적 과정이 아니었으며, 또한 그는 진보를 설명하려고도 하지 않았기 때문이다.[35] 그런데 다윈은 생물 종이 정적인 것이 아니라 끊임없이 변화하고 적응해 나가는 과정에 있다고 주장하고 있어서, 생물의 이러한 지속적인 변화를 표현하는 데에는 고정되어 있지 않고 계속 변화하는 과정을 의미하는 evolved라는 단어가 그에게 보다 더 적절했을 것으로 추정된다. 따라서 evolved를 변화를 암시하는 진화, 전개, 또는 발달 등의 용어로 번역해도 큰 상관은 없을 것이다. 그러나 오늘날에는 진화가 진보를 의미하고, 전개는 한때 전성설을 뒷받침하는 용어로 사용되었기에 검토가 필요할 것으로 판단된다.

그럼에도 다윈은 1872년에 발간된 『종의 기원』 6판에서는 evolution을 8회 사용한 것을 비롯하여 evolutionist를 2회, 그리고 evolve를 6회 사용했다. 8회 사용된 evolution의 경우 한 사례를 제외하고는 모두 6판에서 추가된 부분이었으며, evolutionist 역시 추가된 부분이다. 그리고 evolve의 경우 4회는 6판에서 추가되었으며, 1회는 1869년에 발간된 5판에서부터 추가되었다. 그런데 『종의 기원』 초판의 내용에서 evolution이라는 단어로 수정된 단 한 사례가 302쪽에 나온다. 즉, "만일 같은 속이나 과에 속하는 수많은 종들이 생물계로 한꺼번에 동시에 들어왔다면, 이 사실은 자연선택으로 친연관계가 서서히 변형되었다는 이론the theory of descent with slow modification에 치명적일 것이다"[36] 라는 부분에서 "자연선택으로 친연관계가 서서히 변형되었다는 이론the theory of descent with slow modification"이 "자연선택에 의한 진화론the theory of evolution"으로 수정되었다. 『종의 기원』에서 23회 사용된 "descent with modification"이라는 용어 가운데 302쪽에 나오는 부분만이 6판에서 유일하게 evolution이라는 단어로 치환되었을 뿐, 나머지는 초판 그대로 표기되어 있다. 이런 점에서 볼 때, 다윈은 변형을 수반한 친연관계descent with modification를 evolution으로 생각했던 것으로 판단되지만, 왜 단 한 곳만 evolution으로 수정하고 다른 부분은 수정하지 않았는지 궁금할 따름이다.

한편 다윈은 변형을 수반한 친연관계에 대해 『종의 기원』에서 설명하지 않아, 정확한 의미를 파악하기에는 힘든 상황이다. 그렇지만 1868년에 발간한 『생육할 때 나타나는 동식물의 변이』에서 "같은 속에 속하는 종들이 공통조상으로부터 분기한 이후 이들 종이 변형되어 왔다는 변형을 수반한 친연관계 이론에 따르면, 종들을 서로서로 다르게 구분하는 형질들은 다양하게 변했으나, 체제의 다른 부분들은 변하지 않았다고 할 수 있다"[37]라고 변형을 수반한 친연관계 이론을 설명했다. 즉, 공통조상에서 파생되어 나온 여러 종들이 각자의 환경에 적응하면서 변형되는 과정을 다윈이 변형을 수반한 친연관계 이론이라고 불렀고, 이를 『종의 기원』 6판에서는 evolution이라고 간주했던 것으로 판단된다. 그런데 이러한 설명에서도 다윈이 생각한 evolution에는 진보라는 개념은 포함되어 있지 않다.

왜 다윈은 『종의 기원』 6판의 새롭게 추가된 부분에서는 변형을 수반한 친연관계라는 표현 대신 evolution이라는 단어를 사용했을까? 아마도 1859년에 정자 속에 훗날 성체로 자랄 조그만 형체가 있다는 폰 할러의 전성설이 잘못된 것으로 확인되어서, 다른 목적으로 evolution이라는 단어를 사용할 수 있게 되었기 때문일 것이다.[38] 그런데 독일에서는 폰 베어[39]가 1828년에 배아의 발달이 본질적으로 이질성 또는 구조의 복잡성을 만들어내는 과정임을 강조하면서, 이를 독일어로 Entwickelung이라고 불렀으며, 우리말로는 발달 정도로 번역되는데, 괄호 안에 'evolutio'라는 라틴어를 병기했다.[40] 그리고 폰 베어의 연구가 1853년에 영어로 번역되면서, Entwickelung이 발달development로 옮

겨졌고, 괄호 안에 'Evolutio'가 병기되었다. 즉, "Radiate Development (Evolutio radiata), which, proceeding from a centre, repeats similar parts peripherally"[41] 라고 번역되었는데, 우리말로는 "방사형 발달방사형 Evolutio, 중심에서 시작하여 주변으로 유사한 부분들이 반복하는 과정이다"로 풀이된다. 폰 베어가 evolution이라는 단어를 사용하면서, 단어의 의미에 중요한 변화가 일어났는데, evolution이라는 단어가 단순히 기존 부분의 펼쳐짐이 아니라, 복잡성이 증가하려는 경향성에 의해 직접적으로 조절되는 과정을 설명하는 데 적합한 용어로 간주된 것이다.[42] 또한 다윈의 친구인 후커는 쌍떡잎식물, 외떡잎식물 그리고 겉씨식물을 비교하여 설명하면서, "(이들의) 진정한 위치에 대한 논란은 많은 겉씨식물의 자연계에서의 위치가 종이 evolution에 의해 생성된다는 관점에서 보면 다소 다른 측면을 가진다"[43] 라고 언급했는데, 당시에는 겉씨식물을 떡잎을 2장 지닌 식물의 한 부류로 간주했기에, evolution이라는 관점에서 보면 문제가 제기된다는 설명으로 판단된다. 오늘날에는 겉씨식물이 지구상에 먼저 출현했고, 이후 떡잎이 2장인 식물이 출현하고, 떡잎이 하나인 식물이 맨 마지막에 출현한 것으로 간주하고 있다. 생물학 분야에서도 의미가 조금은 변화된 evolution이라는 단어가 사용되기 시작한 것이다.

다윈도 1868년부터는 지인들과 편지를 주고받으면서 evolution이라는 단어를 사용했다. 그해 후커에게 보낸 7월 28일 편지에서는 "최근에는 거의 보편적으로 종이 evolution한다는 믿음은 (어떤 방식으로든) 대체로『종의 기원』덕분이라고 생각합니다"[44] 라는 내용에서, 그리고 8월 23일 편지에서는 "개인적인 문제보다 더 중요한 것은 당신이 종의 evolution에 대한 믿음을 엄청나게 발전시킬 것이라는 확신입니다"[45]라는 내용에서 evolution을 사용했다. 이후 1869년에는 evolution이라는 단어를 편지에서 3회, 1870년에는 5회, 1871년에는 7회, 그리고 1872년에는 『종의 기원』에서 6회에 걸쳐 사용했다. 다윈이 어떤 이유로 evolution이라는 단어를 변형을 수반한 친연관계라는 용어 대신에 주로 사용하게 되었는지는 확인하지 못했다.

다윈이 evolution이라는 단어를 사용하게 된 계기를 또 다른 곳에서도 찾을 수 있다. 바로 사회진화론을 주창한 것으로 알려진 스펜서와 관련되어 있다. 스펜서는 1851년 사회가 유지되고 기능하는 질서의 법칙을 찾으려는 사회학 분야의 『사회정학』이라는 책을 집필하면서 evolution이라는 단어를 쓰기 시작했다. 스펜서는 이 책에서 "새로운 아이디어가 우리 마음에서 evolution하는 원인이 결국 다른 마음에서도 유사한 결과를 초래할 확률, 혹은 아마도 확실성을 고려할 때, 위에서 제시된 주장은 제한 없이 인정되어서는 안 된다"[46]는 내용에서 사용했고, 또한 "이 법칙을 인식하고 따를 수 있는 능력은 인류의 궁극적인 특성이며, 현재 evolution 과정에 있다"[47]는 내용에서 사용했다. 이들 내용에서 스펜서가 사용한 evolution이라는 단어는 다윈이 생각한 생물의 변화와는 다른, 아마도 한 생물의 발달이라는 의미로 풀이하는 것이 더 타당할 것으로 보인다. 그리고 1852년에는 「발달 가설」이라는 글에서 다음과 같이 서술했다.

최근에 있었던 발달 가설에 대한 토론에 대해 한 친구가 나에게 이야기해 준 바에 따르면, 토론을 벌이던 한 사람이 우리의 모든 경험에 비추어 볼 때, 종의 변천과 같은 현상을 결코 알지 못하기 때문에, 종의 변천이 일어났다고 가정하는 것은 비철학적이라고 주장했다. 내가 그 자리에 있었다면 비판의 여지가 있는 그의 주장을 무시했을 것이라고 생각하는데, 우리의 모든 경험으로 비추어 볼 때 창조된 종을 결코 알지 못하기 때문에, 어떤 종이 창조되었다고 가정하는 것은, 그가 제기한 설명만으로는, 비철학적이다. Evolution 이론이 사실에 의해 적절하게 뒷받침되지 않는다고 거침없이 거부하는 사람들은 자신의 이론이 사실에 의해 전혀 뒷받침되지 않는다는 점을 잊고 있는 것처럼 보인다. 어떤 믿음을 가지고 태어난 많은 사람들처럼, 이들은 자신에게 부정적인 믿음에 대해서는 가장 엄격한 증거를 요구하지만, 자신의 믿음에 대해서는 아무것도 필요하지 않다고 가정한다.[48]

위 글에서는 발달, 변천, evolution 등의 단어가 혼재하는데, 변천의 경우는 "종의 변천"이라고 사용하고 있어 종의 변화를 의미하나, 발달과 evolution의 경우는 정확한 설명이 없다. 단지 이 두 단어가 종이 창조되었다는 가설을 반박하려고 사용된 것으로 보인다. 그러나 「발달가설」이라는 글에는 "일련의 변화 과정을 거쳐 원생동물이 포유동물로 만들어졌다"[49]고 설명하는 부분이 있어, 스펜서가 사용한 발달이나 evolution이라는 단어는 다윈이 생각하는 종의 변천과는 다른 의미를 지닌 것으로 판단된다. 비록 스펜서가 위 글에서 "Evolution 이론the theory of evolution"이라고 썼지만, 종의 변천에 적용할 수 있는 진보적인 철학을 구축할 가능성을 그때까지는 충분히 이해하지 못했던 것으로 간주되고 있다.[50]

이후에도 스펜서는 사회를 생명체처럼 이해하여, 1860년에 사회를 구성하는 개별 요소들이 상호작용하는 복합적인 시스템으로 간주할 때 개별 요소들이 전체에 기여하면서 사회가 발전한다는 사회생명체론을 주장하는 「사회생명체」[51]라는 논문을 발표하면서, "모든 생명체의 형태가 그 종의 evolution 과정에서 겪었던 외부 힘의 평균적인 작용으로 인해 형성되었다는 것이 결국 밝혀진다면, 사회의 외부 형태가 주변 조건에 따라 달라진다는 것도 마찬가지로 공통점이 될 것이다"[52]라는 내용에서 evolution이라는 단어를 사용했다. 또한 스펜서가 1862년에 출판한 『첫 번째 원리』의 "현재 모든 종류의 evolution이 무한한 비일관적 동질성의 상태에서 확실한 일관된 이질성의 상태로의 변화라는 결론은, 한때 모든 조직체가 죽었을 때 더 빠르거나 느린 부패 과정을 겪는다는 궁극적인 결론과 같은 입장에 있다"[53]는 내용에서도 사용했다. 하지만 이런 내용들에서도 evolution이라는 단어는 종이 변한다는 의미와는 상관이 없어 보인다.

그런데 스펜서가 1867년에 출판한 『첫 번째 원리』 2판에서는 "evolution을 가장 단순하고 일반적인 측면에서 물질의 통합과 그에 따른 운동의 소멸"[54]이라고 정의하면서도, "일반적으로 evolution은 펼치고, 열고, 확장하며, 내보내고 방출하는 것을 의미하지만, 우리가 이해하는 evolution은 구체적인 집합체의 증가를 포함하고, 그에 따라 그 확장을 포함하면서도, 그 구성 물질이 더 퍼진 상태에서 더 집중된 상태로 변했다는 것을 의미한다"[55]라고 이전에 사용했던 evolution의 의미를 버리고 새롭게 정의했다. 그러면서 14장 evolution의 법칙에서 evolution을 천문학, 지질학, 생물학, 심리학, 사회학 등에 적용했지만, 이러한 설명들이 종의 변천과는 무관했음에도 스펜서는 evolution이라는 단어를 자신의 글에서 지속적으로 사용했다. 스펜서는 진보라는 단어가 인간 사회의 발전과 강한 연관성을 가지고 있다고 판단했기에, 그가 인간 사회의 발전 과정에 대한 대체 명칭으로 evolution이라는 단어를 제안한 것으로 보고 있다.[56] 스펜서에게 evolution은 진보를 향해 나가는 과정이었던 것이다.[57]

이후 스펜서는 다윈이 발표한 『종의 기원』을 읽고 나서, 다윈이 사용한 '자연선택'이라는 용어보다는 '최적자생존'이라는 용어가 더 적합하다고 1864년에 발표한 『생물학 원리』에서 제안했다. 스펜서는 이 책에서 '다윈'을 100회 이상, 'evolution'이라는 단어를 200회 이상 언급했다. 특히 생물의 발달을 설명하면서, evolution에 대해 "일상적인 언어로 발달development은 종종 성장growth의 동의어로 사용된다. 따라서 이런 의미와 앞으로 사용되는 발달은 부피의 증가가 아니라 구조의 증가를 의미한다고 말할 필요가 있다. 또한 evolution이라는 단어는 성장과 발달을 모두 포함하므로, 두 가지 모두를 포함할 경우에만 사용해야 한다고 말할 수 있음을 덧붙이고자 한다"[58]라고 주장했다. 이는 지금까지 발달과 비슷한 의미로 사용했던 evolution이라는 단어에 성장이라는 의미를 덧붙여 사용하겠다는 통보이다. 그러나 『생물학 원리』에서 사용된 evolution이 모두 이런 의미로 사용되지는 않았다.

스펜서는 줄곧 단순한 것이 복잡한 것으로 가는 법칙이 전 우주의 모든 것에 보편적으로 적용된다고 주장해 왔다. 그래서 생물계에서는 진보가 복잡성이 증가하는 방식으로 나타나는 것으로 간주했는데,[59] "생물체의 진보가 동질적인 것에서 이질적인 것으로의 변화로 이루어진다는 것은 논란의 여지가 없는 사실이다. 이제 우리는 첫째로, 생물체의 진보는 모든 진보의 법칙이라는 점을 보여줄 것"[60]이라고 주장했다. 그러나 스펜서의 이런 주장이 처음에는 일부 친구들을 제외하고는 대체로 무시되다가, 1870년대에 훨씬 많은 인기를 얻기 시작하면서, 거의 동시에 evolution이라는 용어가 과학적 논의에서 두드러지게 등장하게 되었다.

한편 스펜서는 적응도 강조했기 때문에 일반적인 수준에서는 다윈의 이론의 인기 상승과 쉽게 연관될 수 있었는데, 스펜서와 다윈의 이론이 evolution이라는 한 단어로 연결되었다. 단지 스펜서가 생각한 evolution은 계속해서 복잡성의 점진적 증가에 머무르고 있어, 다윈의 생각과는 차이가 있었다.[61] 그렇지만 다윈도 『종의 기원』 초판부터 5판까지 사용해 왔던 변형을 수반한 친연관계라는 다소 긴 문구보다 6판에서는 시류에 따라 부분적으로 한 단어로 된 evolution을 사용했다.

그런데 스펜서가 생물과 인간 사회를 비유하여 사회의 발달을 설명한 것은 흥미로워 사람들의 마음을 사로잡았다.[62] 특히 스펜서는 생명체가 시간에 따라 변화하고, 그 변화를 통해 새로운 가능성이 만들어진다고 생각했는데, 이러한 사고는 당시 널리 퍼져 있던 기계론적 결정론에 대한 대항으로도 간주되었다. 이런 점에서도 스펜서는 당시에 많은 사람들의 시선을 받았다.[63] 그러나 스펜서가 자연이 보여주는 사실들 사이의 관계를 파악하지는 않고 사실들만 가지고 논의했다는 문제 제기도 있으며,[64] 스펜서의 생각이 다윈의 사고에 긍

정적으로 기여한 것은 전혀 없어 생물학적 사상의 역사에서 그를 완전히 무시하는 것도 정당하다는 평가도 있다. 이렇듯 스펜서의 생각은 오히려 계속해서 상당한 혼란을 야기하는 근원이 되었다. 가장 큰 문제는 스펜서가 존속을 위한 잔혹한 몸부림을 기반으로 한 사회 이론, 즉 사회다윈주의의 주된 대변자가 되었다는 점이다. 현실에서는 스펜서의 사고가 다윈의 사고보다 대중적인 오개념에 더 가까웠기 때문에 인류학, 심리학, 사회과학에 결정적인 영향을 미쳤고, 다윈 이후 많은 시간 동안 이 분야들을 연구하는 대부분의 저자에게 'evolution'이라는 단어는 스펜서가 의미한 것처럼 더 높은 수준과 더 큰 복잡성으로의 필연적인 진행을 의미했다. 이러한 오랜 신화를 불식시키기 위해서는 이 점을 명확히 해야 하지만, 안타깝게도 여전히 몇몇 사회과학자들은 스펜서식 사고를 다윈에게 귀속시키고 있는 실정이다.[65] 스펜서의 진화론이 다윈의 진화론과 동일하다는 오해도 인류학과 사회학에 큰 장애가 되었지만,[66] 오히려 스펜서는 죽었고, 그의 책은 읽을 가치가 없다는 평가도 있다.[67]

한편, 스펜서가 저지른 신용사기극은 사회다윈주의로 알려진, 즉 수많은 가지치기로 이루어진 다윈주의의 둥지에 여전히 스펜서식 뻐꾸기가 마치 탁란하듯이 앉아 있는 형태로 우리 역사책에 존재하고 있다는 사실로 비아냥스러운 주장도 있다.[68] 적응이라는 사고가, 특히 인간 사회에 적용될 때는 사회스펜서주의Social Spencerism라는 표현을 사용하여 스펜서가 기여한 부분을 인식시킬 때가 있다는 것이다.[69] 또한 역사가들은 사회스펜서주의를 논의하고 있을 뿐이므로, 사회다윈주의라는 용어가 폐기되어야 한다는 주장도 있다.[70] 사회진화론이라는 용어를 만든 일본에서도 최근에는 사회다원주의를 사이비 과학적인 학설로 간주하고 있다.[71] 특히, 생물과 인간 사회를 비교한 스펜서의 생각은 생물의 체계와 인간 사회의 체계의 근본적인 차이를 무시한 것이므로, 전반적인 재검토가 필요할 것이다. 생물의 체계는 세포로 시작하여 조직, 조직계, 기관, 기관계 그리고 개체로 이어지거나 종부터 시작하여 속, 과, 목, 강, 문, 계로 이어지는 내포 체계이다. 반면 인간 사회의 체계는, 군대 계급을 예로 들면, 이병부터 시작하여 일병, 상병, 병장, 하사, 중사, 위관급, 영관급 그리고 장성급으로 이루어지는 수직 체계 또는 계층 체계로 이루어져 있다. 내포 체계에는 한 단위의 전체 모임을 상위 단위로 구분해서 부르는데, 예를 들어 세포들의 전체 모임을 조직이라고 불러도, 조직을 대표하는 세포는 존재하지 않는다. 그러나 계층 체계에서는 하위 단위의 전체 모임을 대표하는 선임이 존재하며, 선임들의 모임에는 하위 단위의 구성원들은 참여하지 못한다. 예를 들어 위관급의 대표가 영관급이라면, 영관급 모임에 위관급은 참여할 수가 없는 것이다. 이렇게 내포 체계와 계층 체계의 근본적인 차이가 존재함에도 불구하고, 스펜서는 이런 차이를 인지하지 않은 것이다. 스펜서는 「사회생명체」라는 논문에서 "모든 남자는 전사이자 사냥꾼이지만, 그들 중 일부만이 추장 회의에 포함된다. 그리고 추장 회의에서 누군가가 일반적으로 최고의 권위를 가진다. 따라서 계급과 권력에는 일정한 구별이 있다"[72]고 설명하고 있다. 그러나 생물의 체계에서는 구별은 존재하지만 계급이나 그에 따른 권력은 존재하지 않는다.

오늘날 우리나라에서는 evolution을 진화로 번역해서 사용하고 있

는데, 아마도 일본에서 번역된 것을 그대로 사용하고 있는 것 같다. 일본에서는 철학자 이노우에 데츠지로가 동경제국대학교에서 발행하는 『학예지림学芸志林』 1878년 5월호에 「종교와 자연과학이 서로 모순됨을 논함」이라는 논문을 발표할 때 evolution을 進化진화로 번역하면서[73] 사용되기 시작했다. 이 논문에는 theory of evolution이 만물진화론萬物進化論으로, 일본어로는 テヲリーオフエウヲリコーシヨン으로, evolution이 진화론進化論으로, 일본어로는 イウヲリューシヨン으로 표기되어 있다.[74] 그러나 evolution을 진화로 번역한 이유는 명확하게 파악하기 힘들다. 단지 이 당시에는 진화라는 번역어보다는 변천을 더 많이 사용했으나,[75] 1880년경부터는 진화를 더 많이 사용했던 것으로 알려졌다.[76] 이후 일본에서 1879년에 발간된 최초의 진화론 관련 책으로 알려진 이사와 슈우지의 『생종원시론生種原始論』[77] 서문을 동경제국대학교에서 진화론을 가르쳤던 모스 교수가 썼고, 이를 이사와 슈우지가 번역했는데, 이 서문에 '진화'라는 표현이 나온다.[78] 『생종원시론』은 헉슬리가 1862년에 발표한 『종의 기원On the Origin of species』[79]의 부분 번역이며, 1889년에 『진화원론進化原論』으로 완역되었다.[80]

일본에서 evolution의 번역어로 사용한 진화를 우리나라에서는 흔히 진보라는 개념을 포함하는 의미로 받아들이고 있다. 그리고 진보는 라틴어 progredior에서 유래한 영어 progress의 번역어로 간주되는데,[81] 일본에서 1881년에 발간된 『철학자휘』에는 progress가 進步진보로 번역되어 있다. 표준국어대사전에는 진화가 "일이나 사물 따위가 점점 발달하여 가는 것"으로 설명되어 있어, "정도나 수준이 나아지거나 높아짐" 또는 "역사 발전의 합법칙성에 따라 사회의 변화나 발전을 추구"한다는 진보의 설명과 비슷하다. 이러한 현상에 대해, 진화라는 단어가 서구에서 애초에 그보다 앞서 통용되던 진보라는 개념을 강화하고 확장하는 과정에서 탄생했으며, 우리나라에서는 19세기 말부터 소개되기 시작한 서구의 사회진화론에 포함된 진보 개념과 더불어 의미가 극대화되었기 때문으로 풀이하기도 한다.[82] 비슷한 맥락으로 일본에서 문명-서양-진보의 관계를 진화라는 번역어를 통해 규정하려고 했던 입장이 우리나라의 개화파 지식인들에게 전달된 것으로 파악하고 있는데,[83] civilization의 번역어인 문명이 동아시아 근대 전환기의 시대정신으로 자리잡는 과정에 진보의 개념이 결정적인 역할을 한 것으로 풀이하고 있다.[84] 그러나 이러한 풀이는 우리나라에서 전통적으로 인간 주체의 도덕적, 학문적 변화를 중심으로 하면서도 드물지만 현실 상황의 개선까지 포함하는 것을 진보로 간주했던 의미와는 다소 다른 것이다.[85] 그럼에도 대한제국 시대에 도입된 진화라는 신조어[86]에 익숙하지 못한 일반 대중들에게 진화는 사실상 진보로 환원되어 이해되었다.[87] 그에 따라 진화라고 써야 됨에도 진보라고 표기하기도 했다. 예를 들면, "진보의 원천은 경쟁에 있으며, 국가에서 경쟁적으로 선한 법제를 창출하고 개인도 경쟁적으로 학문을 수련해야 진보가 실현된다"는 『독립신문』의 기사 내용에서도 진화 대신에 진보가 쓰였다.[88] 사실상 진화와 진보가 개념적으로 차이가 있지만, 우리나라에서는 개화기와 일제강점기를 거치면서 이 두 단어를 거의 비슷한 의미로 사용하고 있는 실정이다.

왜 진화와 진보가 비슷한 개념으로 자리를 잡았을까? 일본에서 진

다윈을 오해한 대한민국

화와 진보의 개념이 정립된 시기를 검토할 필요가 있을 것이다. 메이지 유신 시기에 일본 정부는 외국의 유명 학자들을 초청하여 대학교에서 강의를 하도록 부탁했는데, 500명 이상의 학자들이 일본에 들어온 것으로 알려져 있다. 독일 출신의 동물학자 힐겐도르프[89]도 이런 일환으로 1873년 3월에 일본으로 들어와 동경제국대학교의 전신인 동경의학학교에서 자연사와 자연과학을 강의했다. 힐겐도르프가 다윈의 『종의 기원』을 1859년 또는 1860년에 읽었을 것으로 추정하고 있으며, 그의 강의를 1873년에 소설가 모리 오가이[90]가 기록으로 남겼는데, 이 기록에 다윈과 진화에 관한 내용이 포함되어 있다. 그러나 모리는 자신의 소설에서 다윈이나 진화를 언급하지는 않았다.[91] 힐겐도르프가 다윈의 진화 이론을 일본에 처음으로 전해준 것은 확실하지만, 그가 진화론에 대해 강의했다는 사실은 마츠바라 시노수케[92]가 자신의 책에서 한 줄로 알렸을 뿐 거의 알려지지 않았다.[93]

한편 1876년에 힐겐도르프가 독일로 돌아간 이후에는 미국의 동물학자 에드워드 모스가 1877년 5월부터 동경제국대학교 동물학과의 초빙교수로 일본에서 활동하면서 진화론을 강의했다. 연체동물학자였던 모스는 자신의 연구 재료를 확보하려고 자비로 일본에 방문했다가 동경제국대학교 동물학과에서 강의를 맡게 되었다.[94] 모스는 어려서부터 조개를 채집하여 조사하는 일에 관심이 많았는데, 21세가 되어서는 하버드대학교에서 다윈의 견해를 반대하던 루이 아가시[95]의 도움으로, 비록 대학생은 아니었지만, 이 대학교의 강의를 수강하게 되었다. 그 당시에는 다윈의 『종의 기원』이 막 출판된 시기였고, 하버드대학교 내에서 활발한 토론이 진행되었다. 모스는 1867년에는 『미국자연사학자들』이라는 잡지를 창간하였고, 1875년에는 일본 방문에 필요한 경비를 확보하려고 『동물학의 첫 번째 책』을 발간하기도 했다.[96] 이런 활동을 거치면서 모스는 다윈의 지지자가 되었다. 그리고 일본에서는 일반 대중을 위해서도 강의했고, 이 강의를 들었던 이시카와 치요마쓰[97]가 강의 내용을 토대로 1883년 『동물진화론』을 출판했다.[98] 이 책의 서문은 코넬대학교에서 식물학을 공부하고 동경제국대학교 교수를 역임한 야타베 요키시[99]가 썼는데, "다윈 씨의 생물원종론이 한때 세상에 나와 사방에서 유행하여 생존경쟁과 적자생존의 이론을 탐구하는 사람들이 계속해서 나타나고 있다"로 시작한다.[100]

이어서 모스의 초청으로 일본에 들어온 페놀로사[101]는 1878년부터 동경제국대학교 철학과와 정치경제학과의 교수로 부임했다. 페놀로사는 음악과 인문학적 분위기 속에서 자라다가, 헤겔과 스펜서의 철학적 미학에 관심을 두었으나,[102] 후일 일본에서 생활하면서부터는 일본의 전통문화로 관심 방향을 돌렸다.[103] 페놀로사가 하버드대학교에 다닐 때에는 스펜서 클럽의 설립에 참여했는데, 당시 하버드대학교에는 스펜서의 숭배자였던 피스크에 의해 스펜서 붐이 나타났다.[104] 페놀로사는 동경제국대학교에서 철학을 중심으로 정치학, 경제학, 논리학 등 모든 학문을 망라하여 강의하면서[105] 헤겔, 다윈, 스펜서 등의 연구 결과를 가르쳤으며,[106] 특히 스펜서를 세계에서 가장 위대한 사상가라고 역설하고 다녔고,[107] 일본에 스펜서의 최적자생존이라는 개념을 생물학적이라기보다는 사회학적 맥락에서 알렸다.[108] 그런데도 페놀로사는 1898년에 일본을 다시 방문해서는 영문학을 주로 강의하면서[109] 자신을 일본으로 초청해 준 모스와 함께 일본의 도자기를 수집하러 다녔다.[110] 한편 스펜서의 사상은 동경제국대학교의 토야마 마사카츠[111]와 가토 히로유키의 영향으로도 일본에 널리 퍼졌는데,[112] 특히 토야마 마사카츠는 미시간대학교에서 공부할 때, 강의 교재가 스펜서의 책이었다.[113]

하지만 후쿠자와는 페놀로사가 스펜서를 소개하기 전인 1875년에 스펜서의 『사회학 연구』를 읽었고, 1877년에는 『제1원리』를 읽었는데, 1874년에는 「학자의 직분을 논함」이라는 글에서 힘의 균형을 설명하는 수단으로 스펜서가 주장했던 사회생명체설을 원용했다.[114] 그러나 스펜서의 책은 페놀로사가 일본에 입국한 1878년에 『대의정치론』이란 제목으로 일본에서 처음으로 번역되었다.[115] 일본에서는 스펜서를 자유민권운동의 기초로 받아들였을 뿐만 아니라, 이 운동에 정반대되는 메이지 정부에 의해서도 자유민권운동을 반대하는 기초로도 매우 중요하게 받아들여졌다.[116] 또한 게이오대학교와 동경제국대학교 등 대학에서도 스펜서의 책을 교재로 채택하여 강의가 진행되었다.[117] 그리고 페놀로사로부터 진화론을 배웠던[118] 아리오 나가오[119]는 스펜서의 영향이 커짐에 따라 그의 사고를 사회진화론이라고 불렀다.[120] 특히 스펜서가 출판한 많은 종류의 서적이 일본에서 번역되었는데, 1877년부터 1888년까지 스펜서가 주장한 사회진화론 관련 서적은 20권으로 생물진화론 서적 4권보다 5배 많았다.[121] 스펜서가 미국을 방문하여 사회다윈주의의 시작을 알리던 1882년에 일본에서는 스펜서의 붐이 절정이었다. 그해만 하더라도 스펜서가 쓴 논문 「사회생명체」가 『사회조직론』으로 번역된 것을 비롯하여, 『형벌의 원리』, 『상업 이해론』, 『사회학 원리』, 『권리제강』 등 5권이 번역되었다.[122] 그에 따라 당시 일본에서는 "진화론이라는 말은 날개를 달고 날아간다"라는 유행어가 나올 정도였다. 그리고 스펜서의 사고에 근거해서 만들어진 사회진화론은 자유민권파, 관료, 학자, 학생, 언론인, 기독교인, 불교도인, 그리고 후에 나오는 사회주의자 등 다양한 사회집단과 국가 사상의 기본 원리가 되어 버렸다.[123]

이런 점에서 볼 때, 일본에서는 진보와 무관한 다윈의 생물진화론과 진보를 당연시하는 스펜서의 사회진화론이, evolution이라는 단어를 매개로 거의 동시에 유입되어서 마치 하나의 이론으로 수용되었던 것으로 판단된다. 그러나 다윈의『종의 기원』은 스펜서의 책이 번역되고 약 20년이 지난 1896년에 이르러서 타치바나 센자부로[124]에 의해『생물시원 일명 종원론生物始原 一名 種原論』으로 번역되었다. 그러나 당시의 일본 생물학자들은 진화론에 대해 언급하지 않았는데, 이들이 진화론을 평가할 수 있을 만큼의 과학의 축적이나 생물학의 축적이 없었기 때문이며, 특히 논란이 되었던 자연선택에 대해서도 일본인 학자들이 자신의 생각을 밝힐 수 없어 소극적인 태도를 취할 수밖에 없었을 것으로 추정하고 있다.[125]

메이지 시대 전반에 걸쳐 일본에서는 다윈보다 스펜서의 영향이 훨씬 컸으며, 일본어 번역어인 진화는 스펜서가 주장한 철학의 용어로 널리 알려졌다.[126] 그에 따라 메이지 시대의 일본 지식인들은 다윈이 생물학의 한 이론으로 구축한 진화론을 사회의 진화를 설명하는 이론으로 받아들였고, evolution이라는 단어 속에서 그들은 다윈이 생각했던 생물 변천의 이론이 아닌 사회 진화의 비결을 읽고자 했다.[127] 또한 당시 일본에서는 존속을 위한 몸부림을 생존경쟁으로 오역함으로써, 다윈의 진화론을 생존경쟁의 원리로 받아들이게 되었다.[128] 그리고 아리오 나가오가 『사회진화론』을 발간한 이후, 오늘날에는 변하고 좋아지는 것 뿐만 아니라 무엇이든 진화라는 수식어를 붙이고 있는 실정인데, 그에 따라 무엇이든 진화라는 단어를 붙이면, 특히 책의 경우, 흥행에 성공하고 있다.[129] 오늘날 일본에서는 매일 신문이나 텔레비전을 보면 운동선수부터 연예인, 기업, 상품과 작품, 심지어 학문까지 '진화'하고 있음을 알 수 있다. '진화'가 '고도의 진보'라는 의미로 남용되고 있는 것이다.[130] 결국 일본에서는 진화론 하면 '종의 기원'으로 대표되는 다윈 진화론을 떠올리지만, 실상은 '생존경쟁' 또는 '생존투쟁'을 전면에 내세운 사회진화론을 가리키는 경우가 많다. 주로 일본의 인문계 지식인들이 생각하는 '진화론'은 사회진화론인 경우가 많으며, 일반인의 이해도 이에 가깝다.[131]

이러한 오해는 메이지 시대의 대표적인 이론 가운데 하나인 생존경쟁이라는 오역에 근거한 사회진화론 때문으로, 오늘날 일본에서는 이 이론을 사이비 과학적인 학설로 간주하고 있으며,[132] 심지어 일본의 진화학 발전에 있어 큰 마이너스를 가져온 요인이자 치명적인 역사적 불행의 요인으로도 간주하고 있다.[133] 오늘날 일본에서는 생물학에서의 진화란, 사회진화론의 기저에 있는 진보, 발전이라는 생각은 없으므로, evolution의 번역어인 진화는 생물의 진화에는 그다지 적절하지 않은 것으로 평가하고 있다.[134] 또한 진화가 진보라는 의미로 남용되고 있어, 일반적 의미의 진화와 생물학적 진화는 다르다고 전문가가 아무리 설명해도 이해되지 못하고 있는 실정이다.[135] 결국 사회에 널리 퍼져 있는 진화론은 진보나 발전의 향기가 조금이라도 풍기면 과학의 옷을 입고 유통될 수 있는 상황이 되어 버렸다.[136]

우리나라에서도 흔히 진화의 반대 개념으로 퇴화를 떠올리는데, 표준국어대사전에도 이렇게 설명되어 있다. 그러나 다윈은『종의 기원』에서 다음과 같이 설명했다.

> 내가 생각하는 변형을 수반한 친연관계라는 견해에 따르면 흔적기관의 기원은 단순하다. (…중략…) 작고 노출된 섬에서 살아가는 딱정벌레의 날개에서 볼 수 있는 것처럼, 어떤 조건에서는 유용했던 기관이 다른 조건에서는 유해할 수도 있다. 그리고 이런 사례에서 자연선택은 지속적으로 이 기관을 서서히 아무런 해가 없는 흔적으로 축소시켰을 것이다. (…중략…) 변형을 수반한 친연관계라는 견해에 따르면, 흔적 상태이고 불완전한 상태이며 쓸모없는 상태 내지는 완전히 발육부진인 기관들의 존재는 사람이 기존의 창조주의에 근거해서 확실하다고 설명할 때 나타나는 기묘한 어려움으로부터 벗어나 심지어 예측될 수도 있고, 유전의 법칙에 따라 설명될 수도 있을 것이라고 우리는 결론을 지을 수가 있다.[137]

변형을 수반한 친연관계를 다윈이 evolution으로 간주했으니, 위 인용문은 진화의 반대되는 개념으로 퇴화를 설명하는 것이 아니라, evolution이 어떤 경우에는 발달 또는 진보하는 경향으로, 또 어떤 경우에는 퇴화 또는 축소되는 경향으로 나타남을 설명하는 것으로 간주해야만 할 것이다. 달리 말해 evolution을 진보 또는 발달을 의미하는 진화라는 단어로 번역하는 것은 다윈의 생각을 잘못 이해하게 만들 것이다. 아니 그렇게 이미 만들었고, 만들고 있다.

진화라는 단어로 인해 생물진화론과 사회학 이론이 쉽게 연결되었다. 이러한 연결이 사라지지 않는 원인으로 연구자 등 과학에 종사하는 사람들이 진정한 진화의 개요를 제대로 전달하지 못했기 때문이라는 주장도 있다. 또한 정치인 등을 비롯하여 어떤 변화를 주장하고자 할 때 사용하기에 편리한 용어라는 점도 잘못된 사용의 원인이 되고 있다.[138] 이를 바로잡기 위해서는 수고로움을 두려워하지 말고 반복해서 옳은 것을 전달하는 것 외에는 방법이 없을 것이다. 게다가 전문가들이 좁은 전문 지식을 확대 적용하여 사회학 이론을 전개하는 것도 경계해야 할 것이다.[139]

물론 다윈도 오늘날 진보로 번역되는 progress라는 단어를 『종의 기원』에서 사용했다. 그러나 대부분 생물의 변천과는 무관한 일이나 사건의 진행, 진척 또는 진전의 의미로 사용한 것으로 보인다. 예를 들면, "시곗바늘이 엄청나게 오랜 시간이 지나갔음을 표시할 때까지 우리는 서서히 진보해 가는 변화들을 전혀 볼 수는 없다",[140] "나는 지질학의 진보를 목격했다. 그리고 저자마다 이러저러한 엄청난 누층에 대해 논의하면서, 누층이 침전하는 동안에도 축적된 것이라는 결론에 도달한 점에 나는 깜짝 놀랐다",[141] 그리고 "이런 점은 많은 고생물학자들이 가지고 있는 모호한, 그럼에도 잘 정의되지 못한 감정, 즉 체제는 전반적으로 진보한다는 생각을 설명해 준다"[142] 등이다. 한편 "결과적으로 만들어지면서 진보하는 과정에 있는 새로운 변종이나 종은 일반적으로 이웃에 있는 동족에게 심한 압박을 가하여 이들을 몰살하는 경향을 보이게 된다"[143]에서는 발달을 의미하는 것처럼 보이나, 진행이라는 의미로 풀이하는 것이 더 타당할 것이다.

따라서 evolution을 진보의 개념이 포함된 진화라고 번역하는 것보다는 대안이 필요할 것이다. 단지 진화를 계속해서 사용하는 방안도 있을 수 있는데, 이는 학문의 지속성은 유지될 수 있으나, 오늘날 진보와 관련해서 목격되는 많은 혼란은 불가피할 것이다. 대안으로 4가지를 제시할 수 있을 것 같다. 첫 번째로, 우리나라에서는 처음으로 다윈과 진화설을 소개한 것으로 알려진 한성순보 1884년 3월 8일 기사에 나오는[144] 순화醇化라는 단어를 사용하는 방안이 있을 것이다. 순화가 표준국어대사전에는 ① 정성 어린 가르침으로 강화됨, ② 잡스러운 것을 걸러서 순수하게 함, 그리고 ③ 재료를 취사선택하여 불순 요소를 없애는 일 등으로 설명되어 있어, 다윈이 설명하는 변형을 수반한 친연관계라는 의미는 찾을 수 없는 것 같다. 두 번째로, 일본에서 먼저 evolution의 번역어로 사용된 변천變遷, transmutation으로 번역하는 방안이 있을 수 있다. 그런데 다윈도 『종의 기원』에서 변천이라고 한 번 사용했으며, 그 의미도 단순히 세월의 흐름에 따라 바뀌고 변하는 것으로 표준국어대사전에 설명되어 있다. 변천의 비슷한 말로 전천轉遷, 화천化遷 등이 나오는데, 사용 용례는 제시되어 있지 않다. 세월의 흐름에 따라 변하는 것만으로는 다윈의 생각을 반영하기에 부족한 것으로 판단된다. 세 번째로, 중국에서 evolution의 번역어로 사용하는 연화演化를 사용하는 방법이 있을 것이다.[145] 우리나라에서는 이 단어를 사용하지 않으나, 중국에서는 evolution을 진화로 번역하는 것이 맞는지 연화로 번역하는 것이 맞는지에 대한 오랜 논란에 있으며,[146] 대만에서도 연화로 번역하는 추세에 있다.[147] 단지 연화라는 단어를 사용하면 진보라는 개념을 포함하고 있는 진화라는 단어 때문에 발생하는 혼란은 사라질 것으로 생각된다. 그러나 연화演化의 연演은 "어떠한 영향이나 작용 따위가 넓게 미치거나 스며드는 현상"을 의미하기에, 다윈이 생각하는 변형을 수반한 친연관계라는 내용을 거의 포함하지 않는 것으로 판단된다. 마지막으로, 새롭게 만들어 사용하는 방안이다. 다윈이 변형을 수반한 친연관계를 『종의 기원』 6판에서 evolution이라는 단어로 표기했으므로, '친연관계가 변형된다'는 의미로 '친변親變'으로 번역하는 방안을 제시하고자 한다.

다윈이 『종의 기원』 6판에서 evolution이라는 단어를 사용하지 않았으면 이런 혼란이 제기되지 않았을 것인데, 다윈의 생각이 궁금할 뿐이다. 그러나 다윈은 사용했고, 스펜서가 사용한 evolution과 명확하게 구분되지 못한 상태로 일본으로 전달되었고, 일본에서 번역된 진화라는 용어는 우리나라에 도입되어 많은 혼란을 야기하면서 오늘날에 이르고 있다. 혼란을 멈추어야만 할 것이다. 단지 진화라는 단어가 이미 우리 사회에서 고정되어 있다면, 사용을 막을 수는 없을 것이다. 그러나 진보라는 개념이 포함된 진화라는 단어를 생명과학계에서는 퇴출시키고, 새로운 방안이 모색되어야 할 것이다.

5

무시된 생태학적 개념들

확보할 수 있는 식량 자원보다 더 많은 개체들이 태어나기에 살아남으려고 서로 경쟁을 할 수밖에 없고, 경쟁에서 진 생물은 죽고, 이긴 생물만이 살아남는다는 진화 이론을 다윈이 주장했다고 많은 사람들이 알고 있다. 그러나 이런 점은 다윈의 생각을 오해한 것이라고 지금까지 설명했다. 사람들이 왜 이렇게 생각했을까? 아마도 먹을 것이 부족하니, 서로 먹을 것을 확보하려고 경쟁했고, 경쟁 결과 이긴 자와 진 자가 나오는 것은 너무나 당연하고도 자연스럽게 연결되기 때문일 것이다. 그런데 먹을 것이 부족하면 새로운 식량 자원을 모색해야만 되지 않을까? 경쟁만 한다면 생물이 다양해질 수 있을까? 경쟁을 하게 되면 승자만 살아남게 될 것이고, 이러한 경쟁이 지속적으로 반복된다면 소수의 승자만이 남게 될 것이므로, 아마도 지구상의 생물다양성은 현저하게 감소할 것이다. 그래서 다윈이『종의 기원』에서 이런 점을 설명하려고 했을까? 아닐 것이다. 이보다는 오히려 다윈은『종의 기원』에서 생물이 다양해지는 과정을 설명하려고 노력했다.

아마도 사람들이 이렇게 생각할 수밖에 없었던 것은 다윈의 생각에서 핵심적 역할을 한 생태학과 관련된 용어들에, 즉 오늘날 생태계 내의 생태적 지위로 간주되는 자연의 경제와 장소[1] 등을 제대로 이해하지 못했기 때문으로 판단된다. 그에 따라 우리말로 너무나 쉽게 번역되는 place와 station이라는 단어를 사람들이 깊이 고민하지 않고 번역한 반면, 쉽게 번역하기 힘든, 또는 번역해도 의미를 제대로 파악할 수 없는 the economy of nature와 the polity of nature는 단순히 자연의 경제나 자연의 체계로 번역하거나 아예 번역하지 않고 지나친 것이다. 『종의 기원』 초판을 기준으로, 역자에 따라 place는 장소로 번역되거나,[2] 장소, 자리, 위치, 지역 등으로,[3] 또는 빈자리, 자리, 공석, 위치, 지역, 장소 등으로[4] 번역되었다. 그리고 station도 역자에 따라 지점과 정착지로 번역되거나,[5] 서식지, 서식하는 장소, 모든 곳, 출몰 지역, 서식 장소, 정착지, 장소, 지역 등으로,[6] 또는 곳, 모든 공간, 땅, 특정한 장소, 지역, 서식지, 장소, 환경조건 등으로[7] 번역되었다. 그러나 다윈은 place와 station을 단순히 지역이나 장소가 아닌 생태학적 개념으로 사용했다. 오늘날 place는 생태적 지위로, 그리고 station은 생태적 지위의 하위 개념의 하나인 공간적 또는 서식지 지위로 사용한다.[8]

그런데 생물과 환경과의 관계를 규명하는 생태학이라는 학문이 다윈 시대에는 아직 정착되지 않아서, 다윈이 사용했던 place나 station을 생태학적 관점에서 정확하게 이해하기에는 어려움이 따랐을 것이다. 실제로 생태학ecology이라는 용어는 다윈의 『종의 기원』이 발간된 이후인 1866년에 헤켈이 처음 사용한 것으로,[9] 독일어로는

Oecologie로 표기되었고, 영어로는 ecology로 번역된 것이다. 헤켈은 "생태학Oecologie, 즉 자연 자원의 관리에 관한 학문은 생리학의 한 부분으로 지금까지 교과서에서 전혀 다루어지지 않았지만, 이와 관련하여 가장 빛나는 놀라운 성과가 나타날 것으로 기대한다"[10]는 포부와 함께 생태학에 대한 정의를 다음과 같이 언급했다.

생태학이란 생명체와 환경 사이의 관계에 대한 전반적인 과학이며, 여기에는 넓은 의미에서 모든 존재 조건이 포함된다. 이러한 조건은 부분적으로 생물적이고, 부분적으로 무생물적이다. 우리가 보여준 바와 같이, 두 가지 모두 생명체의 형태에 매우 중요하며, 생명체가 적응하도록 강요한다. 모든 생명체가 적응해야 하는 무생물적 존재 조건에는 제일 먼저 서식지의 물리적 및 화학적 특성, 기후빛, 온도, 습도 및 대기의 전기적 조건, 무기영양소, 물과 토양의 성질 등이 포함된다.[11]

이러한 언급은 생물이 또 다른 생물이라는 생물적 조건과 빛, 온도, 습도 등과 같은 무생물적 조건 속에서 살아가고 있음을 의미한다. 여기에서 언급된 존재 조건을 다윈은 『종의 기원』에서 "살아가는 조건"이라고 했는데, "좀 더 고등한 생명체들이 자신들을 둘러싼 생물적, 부생물적 살아가는 조건들과 더 복잡한 연관성을 맺고 있"[12]기에, "모든 생명체들 사이에서, 그리고 생명체와 물리적인 살아가는 조건들 사이에서 발견되는 상호연관성이 얼마나 무한히 복잡하면서도 서로에게 잘 부합하는지도 유념"[13]해야 한다고 설명했다. 그러면서 자연선택이 "아주 조용히 알아차리지 못하게 살아가는 생물적, 무생물적 조건과 관련하여 생명체 하나하나를 개선하도록 작동하게"[14] 할 뿐만 아니라, "생명체 하나하나의 다양하게 변화하는 부위가 생물적, 무생물적 살아가는 조건에 지금도 적응하도록, 또는 오랜 세월 동안 이들을 적응시키도록 작용하게"[15]한다고도 설명했다. 즉, 생태학이라는 용어를 만든 헤켈이 바라보는 생물과 무생물 사이의 관계와 생물의 적응 문제가 다윈의 생각과 비슷한 것이다. 그리고 헤켈은

생물적 존재 조건으로 우리는 어떤 생명체가 접촉하는 모든 다른 생명체와의 전반적인 관계를 고려하는데, 다른 생명체 대부분은 어떤 생명체에 유익하거나 해로운 영향을 미친다. 생명체 하나하나는 다른 생명체와 친구 또는 적이 되며, 이 가운데 일부는 한 생명체의 존재를 지원하고, 다른 일부는 해를 끼친다. 또한 다른 생명체에 필요한 생물적 식량으로 되거나 기생하여 살아가는 생명체도 생물적 존재 조건의 범주에 포함된다. 선택 이론에 대한 논의에서, 우리는 이러한 모든 적응 관계가 생명체의 전반적인 형성에 얼마나 중요한지를 보여주었으며, 특히 생물적 존재 조건이 무생물적 존재 조건보다 생명체에 훨씬 더 심각한 변형 작용을 미친다고 강조해 왔다. 그러나 이러한 관계가 지니는 놀라운 중요성은 과학적 처리와는 전혀 상응하지 않는다. 지금까지 이 분야를 연구하는 과학으로서의 생리학은 생명체의 보존 기능, 즉 개체와 종의 보존, 영양 및 번식 등만을 거의 대부분 조사했으며, 관계의 기능 중에서는 오로지 생명체의 개별 부분 간의 관계와 전체에 대한 관계에서 나타나는 기능만을 조사해 왔다. 그런 반면에 생리학은 생명체와 환경 간의 관계, 즉 생명체 하나하나가 자연이라는 가정에서 차지하는

위치와 전반적인 자연의 경제학^{der Oeconomie des Natur}에서의 역할을 대체로 간과했고, 관련된 사실들의 수집을 비판적이지 않은 자연사에 맡겨 두었으며, 이를 기계적으로 설명하려는 시도도 하지 않았다.[16]

라고 덧붙였다. 다윈도 살아가는 조건 가운데 하나인 생물적 요인이 생물의 변화에 중요하다고 강조했는데, "경쟁하는 다른 종이 없다면, 거의 모든 종의 개체수가 심지어 자신의 분포 중심지에서도 몹시 증가한다는 것, 그리고 거의 모든 생물이 다른 생물을 먹이로 하거나 먹이로 먹힌다는 것, 달리 말해 생물 하나하나가 직접적이든 간접적이든 다른 생물들과 아주 중요한 방식으로 연관되어 있다는 것 등을 우리가 명심해야 한다"[17]고 설명했다.

또한 헤켈은 "생태학이란 자연의 경제학에 관한 지식의 집합을 의미한다. 이는 생물체가 무생물적 환경과 생물적 환경 모두에 대해 가지는 총체적 관계를 조사하는 것을 포함하며, 특히 생명체가 직접적 또는 간접적으로 접촉하는 동물과 식물 간의 우호적이거나 적대적인 관계를 포함한다. 즉, 생태학은 다윈이 존속을 위한 몸부림의 조건이라고 언급한 모든 복잡한 상호 관계를 연구하는 학문"[18]이라고 하면서, 다윈이『종의 기원』에서 사용했던 '자연의 경제'가 생태학의 연구 대상을 의미하는 것으로 설명했다. 그런데 다윈 이전 린네[19]도

자연의 경제학이란 자연적인 것들과 관련하여 창조자의 전지전능한 배열을 이해하는 것으로, 이를 통해 자연에 있는 것들이 일반적인 목적과 상호 이용을 위해 적합하게 된다. '상호 이용'은 전체 아이디어

의 핵심으로, '어떤 것의 죽음과 파괴는 항상 다른 것의 회복에 기여해야 한다'는 것이다. 따라서 곰팡이는 죽은 식물의 부패를 촉진하여 토양을 비옥하게 하고, 땅은 '자신이 식물에게 받은 것을 다시 식물에 제공'한다.[20]

라고 설명했다. 단지 린네는 자연의 경제학을 라틴어로 oeconomia naturae라고 표기했는데, 이 oeconomia라는 단어는 17세기에 '집과 관련된 사물의 안내와 정리'라는 의미로 사용되었다.[21] 게다가 집을 의미하는 오이코스oikos는 개개의 구성원이나 부분의 상호작용이 중요한 요소가 되는 공간을 의미하므로,[22] 자연의 경제oeconomia naturae는 자연을 이루고 있는 생명체 하나하나와 이들의 상호작용, 그리고 이들을 둘러싸는 공간, 즉 오늘날 의미로 생태계의 관리를 의미하는데, 이러한 관리를 오늘날 생태학ecology이라고 부르고 있다. 따라서 다윈이 『종의 기원』에서 언급한 자연의 경제학은 생태계 또는 생태계를 관리하는 생태학 정도로 이해될 수 있을 것이다. 그리고 우리말로는 자연의 경제로도 번역될 수 있을 것인데,[23] 자연의 섭리, 자연계, 자연계의 질서, 자연의 질서[24] 등으로 번역하기도 한다. 그러나 자연의 경제로 번역하고, 생태계 또는 생태학을 지칭하는 의미로 간주함이 타당할 것이다. 이런 점에서 볼 때, 헤켈이 생태학에 기여한 부분은, 그가 연구해서 얻은 논리적 결과라고 하기보다는 독일의 과학계가 다윈의 사상을 해석하려는 과정에서 산출된 결과로 이해하는 것이 타당하다는 주장이 제기되기도 했고,[25] 자연에 대한 우리의 이해를 다윈식으로 설명하는 과정에서 생태학이라는 용어를 만들었다는 평가도 있다.[26] 『종의 기원』에 나오는 자연의 경제의 몇몇 용례는 다음과 같다.

1. 그럼에도 이런 결론이 철저하게 사람의 마음에 뿌리를 내리지 못한다면, 분포, 희귀, 풍부, 절멸 그리고 변이 등과 관련된 모든 사실을 포함한 전반적인 자연의 경제를 어슴푸레하게 본 것이거나 완전히 잘못 이해한 것이라고 나는 확신한다.

2. 만일 우리가 종 하나하나가 과도하게 증가하려고 한다는 점을, 그리고 우리는 거의 인식하지 못하는 일부 억제 작용이 항상 작동 중이라는 점을 잠시 동안 잊고 있다면, 자연의 경제 전체를 완전히 이해하지 못하게 될 것이다.

3. 일반적인 견해에 따르면 왜 배의 구조가 자연의 경제 내에서 홀로 완벽한 역할을 수행하는 성체의 구조보다 이러한 (분류의) 목적에 더 중요한지는 결코 뚜렷하지가 않다.[27]

위 문장들에서 자연의 경제를 생태계로 풀어보면 조금은 이해가 수월할 것이다. 첫 번째 문장은 생태계 내에서 생물들이 어디에 어떻게 왜 분포하는가, 생태계 유형에 따라 생물 종류별로 개체수가 많아 풍부하거나 적어 희귀하거나 너무 적어 절멸에 이르는 양상은 어떠한가, 그리고 생태계 내에서 생물들이 왜 다양하게 변하는가라는 내용으로 풀어볼 수가 있다. 두 번째 문장은 오늘날 생태계가 평형을 이루고 있다는 점을 설명하는데, 어떤 지역에 살고 있는 생물의 종류와 개체의 수, 물질의 양과 에너지 흐름 등은 먹이그물과 같은 현상이 나타나면서 안정된 상태로 유지되고 있는데, 먹이그물이 복잡할수록 생태계의 평형이 잘 유지된다는 의미이다. 세 번째 문장은 배아는 어미나 수정난 속에서 어미나 수정난이 제공하는 양분으로 성장하는 반면, 온갖 생물들로 가득 찬 생태계 내에서는 한 개체가 스스로 자기에게 필요한 양분을 확보해야 한다는 점을 설명하고 있다. 자연의 경제라는 용어의 의미는 받아들이는 사람마다 다르게 받아들일 수 있을 것이나, 이를 생태계로 환원하면 거의 모두 비슷한 의미로 받아들이게 될 것이다.

그리고 린네가 설명한 '상호 이용'은 생물과 생물이 서로 연관되어 있으므로 가능할 것인데, 이를 다윈의 표현으로 말하면 "종들 사이의 상호연관성"으로 풀이할 수 있을 것이다. 다윈은『종의 기원』에서 "종들 사이의 상호연관성이 가장 중요하다. 내가 믿기로는, 이 연관성이 지구상에 있는 정착생물들 하나하나의 현재의 번성과 미래의 성공과 변형을 결정하기 때문이다. 역사적으로 여러 지질 시대에 걸쳐 지구상에 살아왔던 셀 수 없이 많은 정착생물들 사이에서 나타났던 상호연관성을 우리는 알려고도 하지 않았다"[28]고 언급했다. 단지 린네는 "창조자의 전지전능한 배열을 이해"하려고 상호 이용을 논의한 반면, 다윈은 모호한 상태로 남아 있는 상호연관성을 찾으면 "모든 종이 독립적으로 창조되었다는 생각이 잘못"[29]임을 확인할 수 있을 것으로 생각했다.

한편 다윈이『종의 기원』에 언급한 the polity of nature의 경우, 린네가 사용한 politia naturae와 같은 의미로 판단된다. 단지 politia는 도시나 공동체의 통치와 정책을 의미한다. 비록 oeconomia가 가정

다윈을 오해한 대한민국

과, 그리고 politia는 도시나 지역 사회와 관련이 있지만, 두 용어 모두 관리와 조직을 포함한다. 그리고 다윈이 1841년에 린네의 논문들을 모두 읽었기에, 『종의 기원』에서 the polity of nature와 자연의 경제를 같은 의미로 서로 교환하여 사용했던 것으로 간주하고 있다.[30] 우리나라에서는 the polity of nature가 자연의 조직 구조나 계층 구조, 위계질서, 체계 그리고 생태계로,[31] 또는 자연의 체계[32]로 번역되었는데, 번역되지 않고 누락되기도 했다.[33] 단지 자연의 체계는 자연의 경제, 즉 생태학과 같은 의미로 사용했으나 이보다는 생태계라는 의미로 간주되기도 했는데,[34] 『종의 기원』에 나오는 the polity of nature는 자연의 체계로 번역하는 것이 타당할 것으로 판단된다. 『종의 기원』에 나오는 자연의 체계의 몇몇 용례는 다음과 같다.

1. 자연선택이 항상 극단적으로 서서히 작용하고 있다는 점을 나는 전적으로 인정한다. 이 작용은 자연의 체계에 있는 장소에 따라 결정되며, 이 장소는 어떤 종류의 변형을 겪은 정착생물들의 일부가 더 잘 점유할 것이다.

2. 특별한 유형의 수가 무한정 증가하지 않는 이유를 우리는 알고 있는데, 자연의 체계 내에 있는 많은 장소가 무한정 많지 않기 때문이다.

3. 어떤 한 종의 자손들의 구조, 체질 그리고 습성이 더 다양하게 변하면, 이들은 자연의 체계 내에서 더 많은 장소를 점유하고, 그에 따라 더 다양하게 변한 지역으로 퍼져 나갈 수 있으며, 결국 개체 수도 증가할 수 있게 될 것이다.[35]

자연의 경제와 마찬가지로 위 문장들에서 자연의 체계를 생태계로 풀어보면 조금은 더 쉽게 이해될 것이다. 첫 번째 문장은 자연선택이 생태계에 있는 많은 다양한 place, 즉 생태적 지위에 걸맞게 변형된 생물들이 살아가도록 작용한다는 설명이다. 그럼에도 불구하고 두 번째 문장은 생태계에 다양한 생태적 지위, 즉 place가 무한정 많지는 않다는 설명이며, 세 번째 문장은 생물들이 다양하게 변하면 생태계에 있는 다양한 place를 점유할 수 있다는 설명이다. 자연의 체계를 자연의 경제와 마찬가지로 생태계로 이해하지 못한다. 이러한 문장들에 담긴 의미를 제대로 이해할 수 없을 것이다. 다윈은 『종의 기원』에서 다른 수식어나 연관된 단어 없이 자연의 경제라는 용어만을 3회 사용한 반면, 10회는 이 용어 앞에 place라는 단어와 함께 사용했고, 자연의 체계라는 용어는 8회 사용했는데 이 용어 앞에는 반드시 place라는 단어를 사용했다.

그런데 자연의 경제는 존속을 위한 몸부림과 자연선택과 관련된 place와 station이라는 개념을 포함한다.[36] 다윈이 『종의 기원』에서 사용한 place와 station이라는 단어를 빈자리, 자리, 공석, 위치, 지역, 장소 등과 같이 다양하게 번역할 것이 아니라 자연의 경제, 즉 생태계와 관련된 생태학적 용어로 번역해야만 할 것이다.

생태적 지위는 ecological niche 또는 단순히 niche라고 쓰는 용어의 번역어로, niche라는 단어의 개념은 다윈이 설명하는 생물학에서 영감을 받아 만들어진 것으로 알려져 있다.[37] 실제로 place를 생태적 지위라는 의미로 맨 처음 사용한 존슨[38]은 "한 지역에서 살아가는 다양한 종들이 환경에서 서로 다른 생태적 지위를 차지할 것이라고 기대할 수 있다. 이는 적어도 현재의 신념의 결과로, 즉 모든 종은 가능한 한 많이 존재하며, 그 수는 오직 먹이 공급에 의해 제한된다는 믿음에 따른 신념의 결과로, 이러한 믿음은 다윈이 보여준 맬서스적 성향의 결과"[39]라고 설명했다. 그리고 그리넬[40]은 생태적 지위라는 개념을 연구 프로그램에 처음으로 도입하면서 다양한 종들의 생태적 지위에 대해 명시적으로 설명했다. 그리넬에게 생태적 지위라는 용어는 특정 장소에서 종의 존재를 조절하는 모든 요소를 포함하는데, 여기에는 온도, 습도, 강수량, 피난처 등과 같은 비생물적 요인과 식량, 경쟁자, 포식자 등의 생물적 요인이 포함된다. 결국 생태적 지위는 환경 요인의 복합체로서, 종들이 진화하고 서로를 배제하는 장소라고 할 수 있을 것이다.[41]

다윈도 『종의 기원』에서 "생존할 수 있는 개체보다 더 많은 개체들이 만들어짐에 따라, 한 개체가 같은 종에 속하는 다른 개체들과, 또는 다른 종에 속하는 개체들과, 또는 물리적인 살아가는 조건과 같은 모든 사례에서 존속을 위한 몸부림이 반드시 나타난다. 이러한 주장은 맬서스의 원칙을 다른 차원에서 모든 동식물에 적용한 것"[42]이라고 언급했는데, 존슨의 설명을 뒷받침해 준다. 또한 "자연선택은 생명체 하나하나의 다양하게 변화하는 부위가 생물적, 무생물적 살아가는 조건에 지금도 적응하도록, 또는 오랜 세월 동안 이들을 적응시키도록 작용"한다는 언급은, 생물이 생물적, 무생물적 살아가는 조건, 즉 그리넬의 설명에 따르면 생물적, 무생물적 요인에 의해 자연선택이 일어난다는 설명이다.[43] 결국 다윈이 언급한 자연의 경제와 관련된 place의 개념은 다윈 이후 사용되기 시작한 생태적 지위[niche]

의 개념과 일치하는[44] 것으로 간주해야 할 것이다. 단지 생태적 지위가 지니는 의미나 개념은 용어가 처음 만들어진 이후 오늘날까지 많은 변화 과정을 겪었지만, 의미는 모두 존속을 위한 몸부림으로 구조화된 생태계에 대한 다윈의 관점을 중심으로 한다. 원래 생태적 지위라는 단어는 자원, 포식자 및 서식지와의 관계에서 생태계 내의 place를 의미했다.[45] 따라서 다윈이 『종의 기원』에서 사용한 place는 오늘날 생태적 지위를 의미하는 것으로 받아들여야 할 것이다. 생태적 지위라는 개념은 다윈의 생물학에서 영감을 받아 20세기 동안 성장해 왔을 뿐만 아니라 생태학 분야의 학문이 발전하는 중심 이론으로 되면서 더욱 성장했다.[46]

생태적 지위의 의미를 지니고 있는 place를 우리말로 어떻게 번역해야 할지가 문제로 남는데, 역자에 따라 장소, 자리, 위치, 지역, 빈자리, 공석 등으로[47] 번역되었다. 그런데 장소는 어떤 일이 이루어지거나 일어나는 곳이라는 의미를 지닌 반면, 자리는 사람이나 물체가 차지하고 있는 공간을, 위치는 일정한 곳을 차지한 자리를, 지역은 일정하게 구획된 어느 범위의 토지를, 공석은 빈자리를 의미하는 것으로 표준국어대사전에 설명되어 있다. 하지만 생태적 지위는 생물종이 특정한 서식지공간 생태적 지위 이외에도 특정한 영양원영양 생태적 지위, 또는 다양한 환경요인다중 요인 생태적 지위에 적합하게 맞는 것을 의미하므로, place를 '어떤 일이 일어나는 곳'이라는 의미의 장소로 번역하는 것이 타당할 것이다.

생태적 지위를 보여주는 대표적인 사례는 다윈도 처음에는 정확하게 파악하지 못했던 갈라파고스 제도에 서식하는 다윈핀치새를

들 수 있다. 갈라파고스 제도는 남아메리카에서 서쪽으로 1,000km 떨어진 적도 부근 태평양의 19개 섬과 주변 암초로 이루어진 섬들로, 화산이 폭발하여 만들어졌다. 그래서 섬들이 처음 만들어졌을 때는 어떤 생물도 살지 못했을 것이나, 섬이 식으면서 오늘날처럼 다양한 생물들이 살아가게 되었다. 이 가운데 다윈핀치새는 갈라파고스 제도에 서식하는 작은 새들로, 분류학적으로 풍금조과^{Thraupidae}에 속하는 갈라파고스핀치속^{Geospiza}의 큰선인장핀치^{G. conirostris}를 비롯하여 14종에서 15종에 속하는 새들을 통칭하는 이름인데,[48] 최근에는 17종으로 간주하고 있다.[49] 이들은 모두 남아메리카에서 살아가다가 갈라파고스 제도로 이주한 하나의 공통조상에서 파생되어 형태와 생태 면에서 비교적 빠르게 오늘날처럼 다양하게 된 것으로 알려져 있다.[50]

비록 같은 종에 속하는 개체들일지라도 섬마다 서식하는 집단의 부리의 크기와 형태는 서로 다르나,[51] 종 수준에서는 그 어떤 종도 동일한 형태의 부리를 갖고 있지 않다.[52] 이들의 부리는 먹이에 따라 매우 전문화되어 있는데,[53] 부리 모양은 종마다 먹을 수 있는 종류의 한계를 정하고 있다.[54] 각 부리 유형은 특정 목적에 맞는 최적의 형태를 완벽하게 만드는데, 어떤 부리는 가장 작은 씨앗을 선택하는 데 적합하고, 다른 부리는 부드러운 음식을 선택하는 것보다는 깨는 데 적합하며, 몇몇은 찌르는 데 뛰어나고, 일부는 꽃과 과일의 내용을 추출하는 데 유용하며, 또 다른 부리는 숨겨진 곤충을 찾거나, 심지어 어떤 경우에는 바닷새의 피를 찾는 데 적합하다.[55] 단지 길고 뾰족한 부리는 꽃이나 잎 또는 나무를 탐색하는 데 적합하며, 볼록하게 휘어진 부리는 부리 끝에서 힘을 가할 수 있어 무언가를 물어내는 데 유용하고, 부리가 길면서도 기부가 두꺼운 부리는 단단한 씨앗을 깨는 데 유용하다.[56]

한편 부리가 가장 비슷한 다윈핀치새는 한 섬에 함께 섞여 살지 않는데,[57] 같이 살아갈 경우 다소 긴 부리를 지닌 종들의 부리는 평균보다 더 길어지는 반면, 짧은 부리를 지닌 종들의 부리는 평균보다 짧아져 의식적으로 서로의 생태적 지위를 피하고 있다.[58] 그런가 하면, 같은 섬에 살아가는 종들 사이에 같은 먹이를 취하여 경쟁하는 것처럼 보이는 경우도 있다. 큰땅핀치*Geospiza magnirostris*와 중간땅핀치*G. fortis*의 경우인데, 큰땅핀치는 열매에 가시가 달린 남가새속*Tribulus* 식물의 열매를 강력한 부리로 통째로 부셔 1분 이내에 네 알 이상의 씨를 먹을 수 있는 반면, 중간땅핀치는 부리도 작고 턱도 약하여 1분 30초 이상 걸려 겨우 세 알을 먹을 수 있다. 그래서 중간땅핀치는 때로 큰땅핀치 뒤를 따라다니면서 큰땅핀치가 미처 먹지 못한 씨들을 먹기도 하는데,[59] 중간땅핀치는 체중이 20g 정도로 큰땅핀치의 34g에 비해 2/3 수준에 불과하기에[60] 이 정도만 먹어도 생존에 크게 지장이 없었을 것이다. 이처럼 같은 섬에 살지 않는 것은 공간적 지위를 달리하는 것이고, 먹이양을 달리하는 것은 영양적 지위를 달리하는 것이다. 따라서 생태적 지위를 달리하게 되면 같은 지역에서 살아가더라도 경쟁을 피하여 다양한 생물들이 살아갈 수 있게 될 것이다.

『종의 기원』에 나오는 생태적 지위를 의미하는 장소의 몇몇 용례는 다음과 같다.

1. 왜 동류 종들 사이에서 벌어지는 경쟁이 가장 심각한지를 어렴풋이 알 수 있는데, 자연의 경제에서 거의 같은 장소를 차지하고 있기 때문이다.

2. 모든 생명체들이 자연의 경제 내에서 자신들만의 장소를 장악하려고 노력하고 있기 때문에, 만일 어떤 한 종이 자신의 경쟁자에 상응해서 변형되지 않고 개선되지 않는다면 이 종은 곧 몰살당할 것이라고 말할 수 있을 것이다.

3. 종 하나하나에 속하며 다양하게 변하는 후손들이 자연의 경제 내에서 가능한 한 많으면서도 서로 다른 장소들을 점유하려고 노력하는데, 이곳들은 후손들이 지닌 형질들이 분기하려는 경향을 지속적으로 드러내고 있음을 보여 주려고 나는 시도했다.[61]

첫 번째 문장은 동류 종들 사이에서 벌어지는 경쟁이 가장 심각하다고 했는데, 동류는 같은 종류나 부류를 지칭한다. 예를 들면 호랑이와 고래는 포유류라는 관점에서 보면 동류종이라고 말할 수 있지만, 사는 곳이라는 관점에서 보면 전혀 다른 종이 된다. 그런데 다윈은 『종의 기원』에서 동류를 하나의 공통부모에서 유래하여 거의 같은 구조, 체질 그리고 습성을 공유한다고 설명했기에, 동류 종에 속하는 개체들은 자신들이 찾고자 하는 생태적 지위, 즉 장소가 같아서로 먼저 찾으려는 경쟁이 심각하다는 의미이다. 두 번째 문장은 생물들이 자신만의 장소를 찾고자 할 때, 어떤 개체나 종이 장소를 먼저 찾는 데 유리한 점을 지니게 되면, 다른 개체나 종들도 이에 대응해서 또 다른 유리한 점을 지녀야만 자신만의 고유한 생태적 지위를 찾을 수 있게 되고, 그렇지 않으면 죽게 될 것이라는 설명이다. 그러나 이러한 경쟁보다는 세 번째 문장에서는 생물들이 서로 다른 장소, 즉 생태적 지위를 찾으려고 노력해 왔기에, 같은 장소를 찾기 위한 경쟁보다는 서로 다른 장소를 찾으려고 노력했다는, 이를 다윈은 형질들이 분기했다고 설명했다. 아마도 이러한 형질 분기가 경쟁보다 더 많이 일어났기에, 오늘날 지구상에는 많은 생물들이 살아갈 수 있게 되었을 것이다.

한편 station은 역자에 따라 지점과 정착지, 서식지, 서식하는 장소, 모든 곳, 출몰 지역, 서식 장소, 장소, 지역, 곳, 모든 공간, 특정한 장소, 땅, 환경조건 등으로 번역되었다. 그러나 이 역시 place와 마찬가지로 생태학적 개념의 용어로 번역되어야만 할 것이다. 다윈 이전 린네는 "모든 나라에서 서로 다른 종들에게는 바다, 호수, 습지, 계곡, 들판, 바위, 음지 등에서 살아가도록 배정된 station이 있는데, 종마다 각기 다른 토양, 모래, 점토, 흙 또는 석회암 등이 할당되어 있다"[62]고 언급했다. 이후 드캉돌은 "생육지를 식물이 자생하는 넓은 지역으로, station을 식물이 평상시에 늘 자라는 특정 지역의 속성"[63]으로 설명했다. 이런 구분은 훔볼트로 하여금 유럽과 아메리카의 고산식물들을 비교하면서, 종들이 종종 전혀 다른 지역, 즉 생육지에서 살면서도 매우 유사한 토양이나 기후 조건, 즉 station을 차지한다고 주장하도록 만들었다.[64] 또한 드캉돌은 "station은 이 모든 환경의 다양하고 불균형적인 조합으로 만들어진 일종의 평균적인 결과이다. 따라서 습지는 바닷물이나 민물이 영양분을 공급하는지, 점토나 모래 위에 있는지, 평야나 산지에 있는지, 열대 기후나 한대 기후에 있는지에 따라 근본적으로 다르게 나타난다"[65]고 설명했다. 그러나 라이엘은 린네나 드캉돌보다 station에 대해 더 역동적인 관점을 갖고 있었는데, 무생물적이든 생물적이든 환경이 항상 변하고 있으므로, station 역시 끊임없이 만들어지거나 사라지는 것으로 간주했다.[66]

자연의 경제라는 개념처럼 station의 개념 역시 자연에 이미 존재하는 것을 포착하는 방법이다. 린네, 훔볼트, 드캉돌은 식물들이 특정한 station을 가지는, 즉 자신들이 존재하기 위해서는 특정한 토양 유형, 기후 등이 필요하다고 생각했다. 반면 라이엘은 station의 개념을 확장하여, 물리적 조건 이외에 다른 생물과의 상호작용이라는 개념을 포함시켰는데, 이런 개념을 다윈이 수용한 것으로 간주하고 있다.[67] 비록 다윈은 일관성 있게 사용하지는 않았지만, 그의 station 개념은 드캉돌의 개념처럼 특정 지역의 무생물적 환경을 간단히 지칭하는 것이 아니라, 라이엘이 사용한 station처럼 특정 생물 유형이 요구하거나 선호하는 모든 환경적 조건을 지칭하는 것으로 보인다.[68] 다윈이 『종의 기원』에서 station을 언급한 내용을 살펴보면 다음과 같다.

어떤 나라에서 살아가든 간에 개체수가 오래전에 이미 평균적으로 최대치에 도달한 육식성 사지동물을 사례로 들어보자. 만일 이 동물이 자연적으로 증가하도록 허락한다면, (그 나라의 조건에는 어떠한 변화가 없다고 할 때) 현재는 다른 동물이 점유한 장소를 이들의 다양한 후손들이 점유할 때만 증가할 수 있을 것이다. 예를 들어, 이들 중 일부는 죽어 있든 살아 있든 간에 새로운 종류의 먹이를 먹을 수 있을 것이며, 다른 일부는 새로운 station에서 살아가거나, 나무를 기어오르거나, 물을 자주 찾아다닐 것이며, 아마도 또 다른 일부는 육식성 습성을 줄여 나갈 것이다. 육식성 사지동물 후손들의 습성이나 구조가 다양하게 변하면 변할수록, 이들은 더 많은 장소를 점유하게 될 것이다.[69]

여기에서 "새로운 station"이란 단순히 특정 지점만을 의미하지는 않는다. 자신이 살아남으려면 물론 새로운 특정한 지점도 필요하지만, 그 지점에서 먹을 수 있는 식량 자원도 확보해야 하며, 자손도 남길 수 있어야만 할 것이다. 이런 점에서 보면, 다윈이 인지한 station은 이전 사람들의 정적인 개념보다는 라이엘이 인지한 역동적인 특징을 보인다. 그런데 다윈은 육식성 사지동물이 자신의 생존을 위해서는 새로운 종류의 먹이를 찾든가 먹는 습성을 바꾸든가 나무를 기어오르든가 새로운 station에서 살든가 간에 여러 가지의 생존 방식을 찾아야만 한다고 설명하고 있다. 따라서 station은 장소, 즉 생태적 지위의 한 종류로 간주하는 것이 타당할 것이다.

흔히 생태적 지위는 생물이 살아가는 물리적 공간의 특성을 의미하는 공간적 또는 서식지 지위, 식습관과 관련된 영양적 지위, 그리고 다양한 환경 요인과 관련된 다중 요인 지위 등과 같은 하위 개념으로 구분한다. 앞 문단에서 새로운 종류의 먹이나 습성의 변화는 영양적 지위를, 나무를 기어오르는 것은 공간적 지위를, 그리고 물을 자주 찾게 되는 것은 다중 요인 지위를 의미할 것이다. 따라서 새로운 station에서 살아가는 것은 공간적 지위를 의미한다고 간주해야할 것이다. 지금까지 지점과 정착지, 서식지, 서식하는 장소, 모든 곳,

출몰 지역, 서식 장소, 장소, 지역, 곳, 모든 공간, 특정한 장소, 땅, 환경 조건 등으로 번역된 station을 생태적 지위의 하위 개념으로 간주한 다면, 특정한 지점을 의미하거나 생태적 지위의 하위 개념 가운데 하나만을 의미하는 번역어는 지양하고, '일정한 곳에 자리를 잡아 머물러 사는 곳'이라는 의미의 정착지로 번역하는 것이 타당할 것으로 판단된다. 단지 표준국어대사전에는 정착지를 곳이 아니라 "머물러 사는 땅"으로 설명하고 있는데, 땅에 "그 지방 또는 그곳"이라는 의미도 있어 땅이라는 개념을 조금은 확대 해석하고자 한다. 『종의 기원』에 나오는 공간적 지위를 의미하는 정착지의 몇몇 용례는 다음과 같다.

1. 같은 지역 내에서 서로 다른 정착지를 자주 다니거나, 약간 다른 계절에 번식하거나, 또는 같은 종류의 변종들끼리 짝짓기하는 것을 선호함으로써 같은 동물에 속하는 변종들이 오랫동안 뚜렷하게 유지된 사실들을 보여주는 의미 있는 목록을 내가 가지고 있기 때문이다.
2. 귀화식물들은 자신의 새로운 터전의 특정한 정착지에서 좀 더 특별히 적응한 일부 무리에 속할 것으로 예상했다.
3. 같은 내륙이나 바다에서 살아가는 생물 종들이 다른 지점과 정착지에서 서로 뚜렷하게 구분되더라도 친밀성을 보인다는 점이다.[70]

첫 번째 문장은 생태학적 지위 가운데 정착지라는 공간적 지위와 다른 계절이라는 공간적 지위를 보여주는 사례이며, 두 번째 문장은 새로운 터전이라는 지역에서도 특정한 정착지, 즉 귀화식물만의 공간적 또는 서식지 지위에 관련된 사례이며, 세 번째 문장은 같은 지점일지라도 정착지라는 공간적 지위가 다를 수 있음을 보여주는 사례이다. 바다의 경우, 수심에 따라 햇빛이 들어오는 정도가 다르므로 서로 다른 생물들이 살아가는데, 서로 다른 생물들이 살아가는 수심을 정착지라고 설명한 것이다.

다윈이 『종의 기원』에서 언급한 자연의 경제, 자연의 체계, 장소 그리고 정착지가 다윈 시대에는 생태학적 개념어로 사용되었다. 이러한 개념어를 단순어로 번역하는 것은 다윈의 생각을 오해하게 만들 것이다. 특히 장소나 정착지가 단순한 공간이라면 공간을 차지하기 위한, 즉 남을 이기기 위한 경쟁이 필연적일 것이다. 그러나 장소를 생태적 지위로, 정착지를 공간적 지위로 바라본다면, 자신만의 생태적 지위와 공간적 지위를 확보하려고 생물들은 자유롭게 경쟁할 것이다. 이러한 경쟁은 결국 생물들의 다양화, 즉 다윈의 표현에 따르면 형질 분기를 유도할 것이며, 그러한 결과가 오늘날 우리가 볼 수 있는 지구상의 생물다양성이다. 한 가지 사례를 들어보자.

극단적으로 좁은 지역이라도, 특히 유입에 장애가 없고 개체와 개체 사이의 다툼이 심각한 곳이라면, 우리는 정착생물들의 높은 다양성을 볼 수 있다. 실례로, 수년간 완전히 같은 조건에 방치한 90cm × 120cm 정도 되는 크기의 잔디밭 한 구역을 조사해 보면, 18속, 8목에 속하는 식물 20종을 발견할 수 있는데, 이는 이들 식물들이 서로서로 얼마나 크게 다른지를 보여준다. 좁고 균일한 작은 섬, 또는 민물로 된 조그만 연못에서 살아가는 식물이나 곤충도 비슷하다. (…중략…) 좁은 지역의 땅 어디서든지 매우 가깝게 살고 있는 동식물 대부분은 (그곳의 자연과 맞아떨어지는 그 어떤 특이점도 없을지라도) 그 땅에서 살아갈 수 있었고, 그곳에서 살아가려고 모든 힘을 쏟아붓고 있다고 말할 수도 있다.[71]

이 내용은 다윈이 『종의 기원』에서 언급한 것으로, 그가 1857년 9월 5일 아사 그레이에게 보낸 편지에도 나온다.

또 다른 원리는 분기 원리라고 부를 수 있는데, 저는 종의 기원에서 중요한 역할을 한다고 믿습니다. 동일한 지점에 매우 다양한 형태가 있다면 더 많은 생명을 유지할 수 있을 것입니다. 우리는 1평방 야드의 잔디밭에서 20종의 식물들이 18개 속에 속하는 것을 관찰한 적이 있습니다. 혹은 작은 균일한 섬에서 발견되는 식물과 곤충들은 거의 같은 수의 속과 과에 속하는 경우가 많습니다. (…중략…) 앞에서 말한 사실들로부터 각 종의 다양한 자손들은 가능한 한 자연의 경제에서 많은 다양한 장소를 차지하려고 시도할 것입니다. 비록 소수의 개체들만 성공하겠지만, 새롭게 만들어진 변종이나 종은 일반적으로 덜 적합한 부모를 대체하고, 절멸시킬 것입니다.[72]

다윈은 생물들이 생태계 내에서 살아가는 방편으로 자신만의 독특한 생태적 지위를 차지하려고 몸부림치고 있다는 점을 설명하면서, 다양한 생물들이 만들어지는 과정을 분기 원리라고 불렀다.[73] 그리고 1858년 6월 8일 후커에게 보낸 편지에서는 이 원리를 "자연선택과 함께 제 책의 핵심"으로 간주했으며,[74] 『종의 기원』에서는 자신의 이론에서 "상당히 중요"[75]한 것으로 간주했다.

또한 다윈은 "같은 지역에서 살아가는 정착생물들의 다양화가 주는 유리한 점은, 실제로, 한 개체의 몸에 있는 기관의 생리적 분업이 주는 유리한 점과 같다"[76]라고 분기 원리와 분업, 그리고 생태적 지위가 거의 연관되어 있다고 언급했다. 일반적인 생태계 내에서 동식물들이 더 넓게 더 완벽하게 각기 다른 살아가는 습성으로 다양하게 변하면 변할수록, 즉 형질 분기를 통해 다양하게 변하고 그에 따라 습성, 즉 생태적 지위가 다양해지면, 이런 생태계 내에서는 더 많은 개체가 살아갈 수 있다고 다윈은 설명하고 있다. 오늘날 다윈이 설명한 분업은 생리적 분업이라기보다는 생태적 분업으로 간주하고 있는데, 그가 생태계 내에서 생태적 분업으로 생물마다 자신만의 생태적 지위를 지니게 됨으로써 생물들은 유리한 점을 얻고, 이는 종의 다양성으로 이어진다고 주장한 것으로 간주하고 있다.[77] 이러한 주장은 다양한 생태적 지위가 만들어지는 지점에서는 그렇지 못한 지점보다 생물다양성이 높을 것이라는 추정으로 이어질 수 있을 것인데, 다윈은 이런 점을 1855년 6월 20일에 자신의 공책에 다음과 같이 기록했다.

친연관계 이론에는 분기라는 개념이 함축되어 있고, 그에 따라 더 많은 생명을 지탱하는 구조의 다양성도 함축되어 있다고 생각한다. 나는 히더로 두껍게 덮인 히스와 비옥한 초원을 바라보면서 이러한 결론에 이르게 되었다. 두 번째 지역이 첫 번째 지역보다 더 많은 생명을 지탱한다는 점을 의심할 수가 없다. 따라서 (부분적으로) 더 많은 동물들이 살아갈 것이다. 이것은 최종적인 원인은 아니지만, 몸부림친 결과라고 생각해야 한다.[78]

친연관계 이론은 다윈이 주장한 친변이고, 분기는 형질 분기를 의미하며, 구조의 다양성은 생태적 지위의 다양성을 의미할 것이다. 그러므로 다윈이 『종의 기원』에서 형질 분기로 다양한 유형이 만들어지고, 이런 유형들이 다양한 생태적 지위를 지니게 됨에 따라 부모종과는 다른 유형의 자손으로 만들어진다고, 즉 친연관계에 변형이 일어난다고 설명하고 있는 것이다. 분업과 분기, 생태적 지위의 특수화가 지닌 장점에 대해 진화학자 마이어는 "한 지역에서 더불어 살아가는 정착생물들이 자신들의 생태적 요구가 서로 더 많이 다를수록, 이들은 서로 덜 경쟁할 것이고, 그에 따라 자연선택은 더 많이 분기하려는 변이를 선호할 것"[79]이므로, 생물들이 경쟁을 피하게 될 것이라고 설명했다.

생물들이 서로서로 경쟁만 한다면, 승자와 패자로 구분될 것이고, 패자는 사라지고 소수의 승자만 남을 것이나, 현재 지구처럼 다양한 종들이 살아간다는 사실은 곧 이들이 서로서로 경쟁을 회피하고 자신만의 생태적 지위를 확보하려고 몸부림치고 있다고 말할 수 있을 것이다. 생물들이 이처럼 경쟁을 회피하려는 것을 흔히 경쟁배제의 원리라고 부른다. 생물들이 비록 같은 지역에서 살아가더라도, 서로 다른 먹이를 먹는다든가, 살아가는 지점을 달리한다든가, 서로 행동하는 시간을 달리한다든가 등 여러 가지 방법으로 경쟁을 피하려고 노력한다는 설명이다. 앞에서 예로 든 좁은 면적에 자라는 18속, 8목에 속하는 식물 20종도 서로 경쟁을 피하면서 한 곳에서 살아가고 있다고 설명하는 것이 타당할 것이다.

경쟁만을 강조하는 것은 생물이 살아가는 생물적, 무생물적 조건 가운데 생물적 조건을 강조하는 것이다. 그러나 생물의 삶에 있어서 더욱더 중요한 것은 무생물적 조건에 적응하는 것이다. 다윈이 "좀 더 고등한 생명체들이 자신들을 둘러싼 생물적, 무생물적 살아가는 조건들과 더 복잡한 연관성을 맺고 있"[80]기에, "모든 생명체들 사이에서, 그리고 생명체와 물리적인 살아가는 조건들 사이에서 발견되는 상호연관성이 얼마나 무한히 복잡하면서도 서로에게 잘 부합하는지도 유념"[81]해야 한다고 설명했듯이, 생물과 환경과의 적절한 관계가 생물 다양성의 지속성을 담보할 것이다. 이러한 생각들을 다윈은 『종의 기원』 곳곳에서 피력하고 있다. 다윈이 설명한 상호연관성이라는 개념은 오늘날의 생태학적 개념으로 받아들여져야만 할 것이다. 그리하여 다윈이 피력하고 있는 생태학적 개념에 대해 보다 철저한 검토가 이루어져야만, 비로소 다윈의 생각을 올바로 이해하게 되었다고 말할 수 있을 것이다.

제3부

———

우리 사회에 던지는
다윈의 메시지

———

∞

물고기는 물이 없다는 것을 상상할 수도 없으므로 물의 존재에 대해 생각할 줄 모른다고 하는 것은, 우리가 경쟁 속에 너무나 깊이 빠져 있으므로 경쟁에 별다른 주의를 기울이지 않는다는 것과 마찬가지라는 설명이기도 하다.[1] 심지어 웃고 즐겨야 할 오락프로그램도 승자는 프로그램에 계속해서 출연하고 패자는 출연하지 못하는 경쟁에 빠져 있다. 게다가 사람들은 이러한 경쟁에 환호하고 있다. 그 결과로, 무한경쟁이라는 사고가 마치 누에가 뽕잎을 먹듯이 우리나라를 조금씩 망가뜨리고 있다는 주장도 있고,[2] 치열한 대한민국이라는 경쟁 사회에서는 남을 팔꿈치로 넘어뜨려야 자신이 살 수 있기에 팔꿈치사회가 되었다는 주장도 있다.[3] 그리고 인간은 진보 과정을 거치면서 경쟁이라는 본성을 지니게 되었고, 그에 따라 경쟁 사회는 우리의 본성에서 유래한 것이기에 피할 수 없다는 논리를 전개하는 경향이 있다는 평가도 있다.[4] 또한 강자만이 살아남는다고 하는 다윈의 친변론을 편협하게 해석한 적자생존 및 약육강식 논리를 인간 사회에 기계적으로 적용하여, 경쟁이야말로 인간 및 사회 발전의 효과적 방법이라는 지배자의 논리를 그대로 수용하여 경쟁을 합리화하고 있다는 지적도 있다.[5]

다윈이 『종의 기원』에서 경쟁을 이야기한 것은 사실이다. 단지 다원이 말한 경쟁이 오늘날 우리 사회에서 의미하는 경쟁과는 다른 의미라는 점을 되새겨야 할 것이다. 다윈은 그 당시 널리 사용된 경쟁의 의미로 사용했을 것이고, 그 의미는 아마도 다윈보다 조금 앞서서 버턴이 『정치경제학』에서 설명한 자유민주주의 관점에서의 경쟁과 비슷할 것이다. 다윈은 『종의 기원』 초판에서 경쟁이란 단어를 45회, 경쟁자를 14회, 그리고 경쟁하다를 10회 사용했다. 그럼에도 다윈이 "식물들이 다양한 물리적 조건에 노출됨에 따라, 그리고 다른 종류의 생물들과 (앞으로 설명하겠지만 보다 중요한 요인인) 경쟁에 처하게 됨에 따라 이런 현상이 나타난 것으로 예상했다"[6]는 의미는 경쟁이 생물들이 살아감에 있어 중요하기는 하나, 가장 중요한 요인은 아니라는 것이다. 단지, 『인간의 친연관계』에서는 "모든 문명국에서는 사람은 재산을 축적하고 그것을 자손에게 남긴다. 그래서 같은 나라에 살고 있는 어린이들은 성공을 향한 경쟁에서 결코 평등한 기회를 가지고 있는 것은 아니다. 그러나 이것이 결코 나쁜 일이라고만 할 수는 없다. 왜냐하면 재산의 축적이 없으면 기술의 진보도 없으며, 문명화된 인종이 영토를 서서히 확장해 간 것은 기술의 힘 덕분이기 때문"이라고 설명하고 있어, 마치 경제적 불평등과 잔혹한 경쟁을 다윈이 옹호한 것처럼 생각하게 만들었다는 평가도 있다.[7] 그러나 경쟁의 의미를 버턴이 설명한 것처럼 자유민주주의적 관점에서 파악한다면, 오늘날과 같은 잔혹한 경쟁을 다윈이 설명하지 않았다고 함이 타당할 것이다.

다윈이 경쟁을 "보다 중요한 요인"으로 간주한 점은, 그가 생각하는 가장 중요한 요인으로 경쟁이 아닌 무언가가 있기 때문일 것이다.

다윈은 『종의 기원』에서 가장 중요한 요인에 대하여 "우리를 둘러싸고 있는 모든 생명체 사이에서 나타나는 상호연관성을 우리가 해박하게 알지 못하고 있었다는 점을 마땅히 고려한다면, 종과 변종의 기원에 대해 설명할 수 없는 부분이 아직까지도 많이 남아 있음에 놀랄 사람은 없을 것이다. 어떤 한 종은 널리 퍼져 분포하며 개체수도 많은 반면, 이와 동류인 또 다른 종은 좁은 곳에서만 살아가고 개체수도 매우 적은 점을 누가 설명할 수 있을까? 그럼에도 종들 사이의 이 상호연관성이 가장 중요하다. 내가 믿기로는, 이 연관성이 지구상에 있는 정착생물들 하나하나의 현재의 번성과 미래의 성공과 변형을 결정하기 때문이다"[8]라고 설명하면서 "생물과 생물 사이의 상호연관성이 가장 중요하다는 점을 명심하면, 우리는 거의 같은 물리적 조건들을 지닌 두 지역에 왜 서로 다른 생명 유형들이 때로 정착했는지를 알 수가 있다"[9]고 강조했다.

다윈은 생물들이 살아가는 데 경쟁이 중요하기는 하나, 가장 중요하지는 않고, 대신 생물과 생물 사이의 연관성, 즉 상호연관성이 가장 중요하다고 설명한 것이다. 상호연관성은 오늘날 생물과 생물 사이에서 나타나는 상호작용으로 풀이된다. 상호작용은 한 생물이 작용하면, 다른 생물은 이에 대해 반작용하는 관계로, 경쟁도 이러한 상호작용의 한 종류로 간주한다. 오늘날 생물들 사이의 상호작용 가운데 가장 중요한 것으로는 서로 협력하는 공생 관계를 들고 있다. 공생은 생물들이 서로 도우면서 살아가는 관계로, 서로에게 도움이 되는 반면, 경쟁은 경쟁하는 당사자 모두에게 해로운 결과를 주는 것으로 평가하고 있다. 따라서 다윈이 경쟁을 강조했다는 주장은 어느 정도 타당성이 없는 것으로 판단된다. 그럼에도 우리 사회에는 다윈을 핑계삼아 다윈이 경쟁을 강조하면서 생물들의 삶을 근거로 설명했다고 잘못 알려져 있다.

따라서 우리나라에 널리 퍼져 있는 경쟁이라는 개념은 다윈과는 전혀 무관하다고 말해야 한다. 인생의 본질은 경쟁이 아니라 협동이며, 독점이 아니라 나눔이며, 서로 돕고 나누면서 온갖 어려움도 이겨내며 같이 살아온 것이 인류의 생존 방식이라는 주장이 있다.[10] 그런가 하면 경쟁에 대해서만 보상을 받는다면 사람들은 계속해서 경쟁할 것이나, 협력할 기회가 생긴다면 계속해서 협력할 것이고, 서로 협력할 때 더 나은 상황이 만들어진다는 것을 알게 된다면, 더 많이 협력할 것이라는 주장도 있다.[11] 인간의 윤리적 진보 과정에서는 상호 투쟁이 아니라 상호지원이 주요한 역할을 해왔으며, 더 나아가 이런 원리를 더욱더 확장시키는 것이 앞으로 인류가 더 높은 수준으로 진보하는 것을 가장 잘 보증해 줄 것이라는 믿음도 있다.[12]

실제로 인류는 타인과 공감하는 능력을 진보 과정에서 습득했다. 인류는 몇 단계에 걸쳐 인지적으로 진보한 것으로 추정하고 있다. 첫 번째는 뇌 용량이 커지면서 일반적인 지능이 증가했고, 두 번째로 자아에 대한 인식이 발달했으며, 세 번째로 약 20만 년 전에 호모사피엔스*Homo sapiens*가 출현하면서 타인의 생각에 대한 인식이 발달했으며, 네 번째로 자신의 생각을 돌아보는 자아 성찰 능력이 발달했는데, 타인이 뭘 생각하고 있는지를 헤아릴 뿐만 아니라 타인이 자신에 대해 어떻게 생각하며 그 생각에 어떻게 반응할지까지도 헤아릴 수 있게 되었고, 마지막으로 자기 자신을 과거와 미래로 투사하는 능력이 발달했다.[13] 진보 과정에서 인류는 인지능력을 갖게 되었고, 이 능력 덕분에 우리가 다른 어느 생물종에서도 찾아볼 수 없을 정도로 복잡한 문화를 개발하고 다듬을 수 있었던 것이다.[14]

이러는 과정에 네안데르탈인은 이전에 살았던 인류의 조상과는 달리 다른 구성원을 돌보았다는 흔적을 남겼는데, 집단의 다른 구성원들이 다쳐서 이동하기 힘든 구성원들에게 식량을 나누어주고, 한 야영지에서 다른 야영지로 이동하는 것을 도와준 것으로 파악되었다. 또한 이들은 사망한 동료들을 매장하기 시작했다.[15] 이처럼 다른 사람을 보살핀다는 것은 정서적 관점을 다른 사람과 공유하는 능력, 즉 다른 사람의 공감 능력을 시사하는데, 공감은 다른 사람의 마음속으로 들어가서 그 사람이 무엇을 생각하고 느끼는지를 아는 능력을 요구한다.[16] 그래서 이를 공감하는 자아라고도 부른다.[17] 인류가 다른 사람과 공감하는 능력을 습득하지 않고 오늘날처럼 서로 이기려고 경쟁하는 능력만 가졌다면, 서로 협력하지 못해 사냥이나 농업에 필요한 공동의 작업을 수행할 수 없었을 것이고, 또한 먼 곳까지 이동할 수도 없었을 것이며, 오늘날까지 생존할 수도 없었을 것이다.

그리고 인류는 자기 자신에 대해 생각할 수 있는 자신을 성찰하는 자아를 발달시켰다.[18] 이러한 특징은 자기를 객관화하여 자기로부터 거리를 두는, 말하자면 자신이 어떤 존재인지를 고찰하는 능력으로, 호모사피엔스에서 발견되는 새로운 특징이다.[19] 또한 인류는 약 4만 년 전부터 과거 경험을 활용하여 미래를 계획하면서 시간 선상의 앞뒤로 자신을 투사할 수 있는 자전적 기억을 발달시켰고, 이를 근거로 인류 혁명이라고 부르는 새로운 문화를 세계 곳곳에서 만들었다.

새로운 농경문화, 즉 신석기 시대를 맞이하면서 비로소 인류는 자신의 지식과 경험을 기록해서 그것을 공유했으며, 타인을 가르치고, 문화를 빚어내고, 이야기를 전하면서 인류 스스로를 창조해 냈다.[20] 인류는 함께 함으로써 부분의 합보다 더 큰 동물이 된 것이며,[21] 성찰하는 자아로 발달한 것이다.

다윈도 인간의 진보 과정을 설명한 『인간의 친연관계』에서 "구성원들의 추론 능력과 예지력이 향상됨에 따라, 각 개인은 경험을 통해 자신이 동료를 도우면 그 대가로 도움을 받는다는 것을 곧 알게 되었을 것이다. 이러한 낮은 동기에서 출발하여, 그는 동료를 돕는 습관을 얻게 되었을 것"[22]이라는 내용을 다루었다. 동료를 돕는 습관은 공동체의 이익을 위한 사회적 본능으로 전환되었을 것으로 다윈은 추정했는데, "인간이 공동체의 이익을 위해 습득했음이 틀림없는 사회적 본능은 처음부터 인간에게 동료를 돕고 싶은 마음과 공감의 감정을 주었을 것"[23]이므로, 다른 사람과 공감할 수 있는 감정 또는 능력이 인간을 더욱더 인간답게 만든다는 것이다. 그래서 인간에게 공감하는 감정이 만들어지면서부터 "그들은원시인들은 어느 정도 애정을 느끼고 있을 동료들로부터 떨어져 있으면 불안함을 느꼈을 것이며, 서로에게 위험을 경고하고, 공격이나 방어할 때 상호 도움을 주었을 것이다. 이러한 모든 것은 일정 정도의 공감, 충성, 용기를 의미한다"[24]는 다윈의 설명이다.

따라서 인간은 동료와 공감할 수 있기에 공감할 수 없는 행동을 하게 되면 마음의 가책을 얻게 될 것이다. "인간은 행동하는 순간에는 의심할 여지 없이 더욱 강한 충동에 따르는 경향이 있으며, 이런 충동이 때로는 인간을 가장 고귀한 행위로 이끌 수도 있지만, 인간은 다른 사람을 훨씬 더 자주 희생시켜 자신의 욕망을 충족시키려 할 것이다. 그러나 충족감을 느낀 후에, 과거의 약한 인상들이 영속되는 사회적 본능과 비교되면, 보복이 반드시 찾아올 것이다. 그렇게 되면 인간은 자신에게 불만을 느낄 것이며 미래에는 다르게 행동하겠다고 굳게 결심할 것이다. 이것이 양심이다. 양심은 과거를 돌아보고 과거의 행위를 평가하여, 약하면 후회하고, 심하면 마음의 가책이라는 불만족을 유도한다."[25] 따라서 "(본질적으로 나쁜 인간을) 제어할 수 있는 유일한 동기는 처벌에 대한 두려움과, 장기적으로 자신의 이익보다는 다른 사람의 이익을 고려하는 것이 자신에게 최선이라고 믿는 것"[26]이다.

결국 인간은 진보하면서 서로서로 공감할 수 있는 문화를 만들어 냈고, 이 문화는 다시 인간을 더욱더 진보하게 만들었다. 그리고 이러한 문화를 공유할 수 있도록 서로를 가르쳤다. 이러한 진보적 향상은 인간만이 할 수 있으며, 인간이 다른 그 어떤 동물과도 비할 수 없을 만큼 더 대단하고 빠른 향상을 이룰 수 있다는 사실은 반박의 여지가 없을 것이다. 그리고 이러한 진보적 향상이 가능했던 것은 자신이 습득한 지식을 말하고 전해주는, 즉 교육을 할 수 있는 인간의 능력 덕분일 것이다.[27]

그런데 우리나라에서는 공감대를 형성할 수 있는 문화를 습득하려는 교육이 무한경쟁으로 내몰리고 있다. 유치원 입학에서부터 대학 입학과 졸업, 그리고 직장을 구하는 일, 직장 내에서의 평가와 승진에 이르는 길까지 지속적으로 반복해서 경쟁을 해야만 하는 사회가 바로 대한민국인 것이다. 그리고 이러한 경쟁의 마지막에는 승자독식과 그에 따른 부와 권력의 창출이라는 숨겨진 목표가 자리를 잡고 있다.

대학 입시에서의 무한경쟁은 고교 평준화 정책을 무력화하기 위한 특목고 설치로부터 시작되었다. 1986년 〈교육법 시행령〉 개정으로 특수목적고에 과학 계열이 포함되면서 경기과학고등학교가 처음 설립되었고, 이후 과학고 인기가 늘어나면서 특목고의 의미가 완전히 달라졌다. 그것은 이전의 특목고와는 전혀 다른 유형의 입시 명문고로 탈바꿈했다. 1994년 서울과학고 졸업생 전원이 서울대에 입학하는 사건을 계기로 지방자치단체들이 경쟁적으로 지역 과학고 설립을 추진하게 됨에 따라 전국적으로 과학고가 생겨났다. 이러한 과학고 열풍은 인문계열에도 이어져, 1992년에는 외국어고등학교가, 1998년에는 국제고등학교가, 그리고 2001년에는 자립형 사립 고등학교가 도입되었다. 당연히 이런 고등학교들은 높은 명문대 진학률을 보였기 때문에, 이들 고등학교는 대학 진학 수단으로 전락했다. 이에 따라 대입에 유리한 특목고 입시를 위해 중학생, 초등학생들까지 심야 학원과 과외에 시달리는 교육 파탄이 일어났다.[28] 그 결과, 상류층 출신들이 한국의 지배 엘리트로 성장해 그들만의 리그를 형성하는 현상이 곳곳에서 나타났다. 법조계가 대표적인데, 대학 입시를 위한 특목고가 설립된 이후, 외국어고등학교를 졸업하고 서울대학교에 입학하여 법조계로 이어지는 과정은 하나의 흐름으로 자리를 잡았다. 대원외국어고등학교를 졸업한 현직 판검사가 129명으로 전통의 명문인 경기고등학교 졸업생 55명의 두 배가 넘는 것으로 알려졌다.[29] 이런 특별한 학교들은 미래 우리나라를 이끌어갈 청소년들에게 공통의 경험을 가질 기회를 봉쇄하는 구조이자 부유층 자제들의 집합소처럼 되어 위화감을 조성하고,[30] 사람과 사람 사이에 공감대 형성이 아닌 너와 나는 다르다는 경계를 만들어 내었다.

부의 축적이라는 관점에서도 그 사례를 찾을 수 있다. 2023년 우리나라에 소재한 세계 최대 전자회사의 한 임원이 퇴직금으로 약 130억 원, 급여로 약 17억 원, 상여금으로 약 24억 원 등 총 약 171억 원을 받은 반면,[31] 이 회사 직원들의 평균 연봉은 1억 2천만 원 정도로 발표되었다.[32] 직원들의 평균 연봉보다 무려 170배나 많은 금액을 한 사람이 받은 것이다. 그런데 우리나라 중소기업과 대기업 근로자 사이에 임금 격차가 2배 이상 나고, 나이별로는 차이가 더 큰 것으로 조사되었다. 즉, 20~24세 근로자의 경우 평균 소득은 월 157만 원으로 대기업 동일 연령 근로자의 73%에 해당하나, 50~54세 구간에서는 이 비율이 39%로 떨어진 것으로 조사되었다.[33] 이는 우리나라 대기업과 중소기업에 다니는 사람이 171억 원을 벌려면 대기업 재직자는 약 171년, 중소기업 재직자는 이의 두 배인 340년이 필요하다. 물론 이런 차이는 대표적인 승자독식사회인 미국의 대기업 CEO들이 받는 임금에 비하면 적은 편인데, 이들은 1980년대에 일반 노동자보다 40배 정도 많은 임금을 받았지만, 지금은 400배나 더 많은 임금을 받고 있다.[34]

우리는 이런 현상을 공정하다고 간주되는 경쟁에 따른 불평등으로 불러야만 한다. 그러나 능력주의에 대한 강한 믿음은 엄밀한 공정성에 대한 요구와 낮은 재분배에 대한 요구로 이어져서, 가난한 집의 자식은 자신의 부모 때보다도 더 깊은 늪에 빠지게 되었다.[35] 재벌 그룹의 부와 이익은 늘어났으나, 많은 일자리를, 비록 저임금이었지만, 만들어 낸 중소기업과 자영업자는 무너졌다.[36] 불평등이 점점 심해지고 있다.

이러한 불평등은 서로 적대적인 사회 집단의 경계를 만들고, 서로 다른 집단을 향한 반감과 혐오라는 감정을 불러일으킨다.[37] 또한 사람끼리 덜 신뢰하고, 덜 배려하는 반면, 더 경쟁적이고, 다른 사람들을 더 두려워하게 되면서, 사람들은 점점 더 고립되고 스트레스를 받으며 우울해지게 된다. 불행이 온 사회에 전염병처럼 퍼져나가고 있는 것이다.[38]

이런 불평등한 사회를 막으려면 부의 평등을 위해 우리가 더 많이 노력해야 한다. 이를 위해 사람들이 평등을 경험할 수 있는 제도를 마련하는 일에 힘쓰고, 사람들에게 협력과 협동의 경험을 제공해야 한다.[39] 타인의 고통에 대해서 공감할 수 있는 기회가 만들어져야만 한다. 그렇지 않다면, 누군가 아파할 때 그보다 더 심한 아픔을 이겨낸 또 다른 사람이 있다면, 누군가의 고통은 참아야 하고 이겨내야만 하는 것으로 강요된다. 공감이란 단지 함께 느낀다는 점에서 중요한 것이 아니라, 이를 시작으로 한 개인이 기존에 가지고 있던 고정관념의 오류를 발견할 수 있게 하기 때문에 사회적으로 권장된다. 그래서 타인의 상황을 깊고 넓게 이해할수록 당연히 타인을 섣불리 이렇다 저렇다 재단할 수 없는 이유를 발견하게 될 가능성이 높아지게 된다.[40] 공동체의 지속적인 발전은 구성원끼리 서로를 제거하거나 배제하려는 경쟁에 기초하는 것이 아니라, 오히려 구성원들의 효과적인 협력을 얼마나 최적으로 확립하느냐에 달려 있을 것이다. 공동체가 갖는 이익은 직접적이고 지배적이지만, 개체가 갖는 이익은 간접적이고 재분배됨을 알아야만 한다.[41] 능력주의와 절차적 공정이라는 이름 아래 경쟁에서 승리자로 판명된 자에게는 더 많은 기회와 자원을 집중적으로 몰아주고, 패배자로 여겨지는 자에게는 턱없이 적은 몫을 나눠주는 구조를 타파하는 논의가 연대와 협동의 첫걸음이 될 것이다.[42] 다윈이 『종의 기원』에서 생물의 친변에 있어 경쟁보다 더 중요한 요인으로 상호연관성을 꼽았는데, 오늘날 우리 사회에서는 연대와 협동이 사람과 사람을 연결해 주어 지속적으로 발전할 수 있게 해주는 상호연관성과 관련된 요인일 것이다.

한편 상호연관성을 다윈은 『종의 기원』에서 붉은토끼풀과 진홍토끼풀, 그리고 꿀벌과 뒤영벌과의 관계로 설명했다. 뒤영벌의 주둥이 길이는 8~10mm이나 꿀벌은 5mm 정도이며, 붉은토끼풀의 꽃부리 길이는 12~15mm이고 진홍토끼풀은 10~13mm이기에, 주둥이가 긴 뒤영벌은 붉은토끼풀을, 그리고 주둥이가 짧은 꿀벌은 진홍토끼풀을 주로 찾게 될 것이라고 생각한 것이다. 만일 붉은토끼풀만이 들판에 자란다면, 꿀벌에게는 매우 힘든 일이 될 것이며, 살아가려면 주둥이의 길이를 조금 길게 하거나 다른 구조로 변형하는 것이 좋을 것이라고[43] 다윈은 설명했다. 생물들 세계에서 이런 일은 비일비재할 것인데, 아마도 생물들은 자신만의 독특한 생태적 지위, 즉 다윈의 표현으로는 장소를 확보하면서 서로 경쟁을 피하려고 했을 것이다. 다윈은 『종의 기원』에서 다양한 생물들이 지구상에 어떻게 출현하였는가를 규명하려고 했다. 다윈은 살아남으려면 경쟁을 하기보다는 자신만의 생태적 지위를 확보하려고 몸부림치라고 이야기하고 있는 것이다. 그렇다면 우리의 삶을 생존경쟁, 진화, 최적자생존이라는 단어로 풀어내려고 하는 것이 아니라, 다윈의 생각을 오해하게 만든 이러한 용어를 사용하지 말고 자신만의 역할, 즉 생태적 지위를 찾으려고 노력해야만 할 것이다.

오래전인 1997년 일이다. 진화생물학자 에른스트 마이
어의 책『오래된 논쟁*One long argument*』을 번역하고 있었다. 그런데 단
어 하나 descent의 의미를 찾지 못했다. 당시에는 인터넷을 생각할
수도 없던 시절이었다. 이래저래 궁리하다가 후손이라는 단어로 번
역했다. 무언가 이상한데, 대안을 찾을 수 없었다. 그리고 10년이 흘
렀다. 2007년 후배 교수와『식물계통학』을 번역하면서 "descent with
modification"을 "변역이 수반되는 전승"으로 풀었다. 변역은 고쳐져
바뀐다는 의미이며, 전승은 문화, 풍속, 제도 따위를 이어받아 계승
하거나 그것을 물려주어 잇게 한다는 의미이다. 무언가 부족했다. 다
시 또 10년이 흘렀다.『진화론은 어떻게 진화했는가』라는 책을 쓰면
서, 인터넷을 검색했다. 다윈의 메모를 찾았다. 그리고 친연성이라는
단어가 친척으로 맺어진 인연과 같은 성질이라는 의미를 찾아내었
고, descent를 친연관계로 번역했다. 그러나 여기까지였다. 생존경쟁,
최적자생존, 진화 같은 용어들에 대해서는 의문을 조금도 제기하지
않았다.

다시 10년이 흘렀다. 다윈의『종의 기원』에 도전했다. 이번에는 생
존경쟁으로 번역되어 있는 struggle for existence의 struggle에 대해

궁리했다. 이 단어가 경쟁일까? 경쟁이라는 단어는『종의 기원』에 competition이라고 나와 있다. 아니면 일부 번역자가 사용한 것처럼 투쟁일까? 인터넷에서 struggle이라는 단어의 용례를 찾았다. 엄청나게 강한 바람이 불고 있는 영국 히드로 공항에서 비행기가 착륙하거나, 항공모함에 비행기가 착륙하는 과정을 struggle이라 부르고 있었다. 경쟁이 아닐 수도 있겠다는 생각을 했고, 몸부림이라는 단어로 찾아냈다. 그래서 생존을 위한 몸부림이 탄생했다. 그러나 생존은 영어로 survival이 있음에도 불구하고, 거기까지는 생각이 차마 미치지 못했다.

번역이 원저자의 생각을 100% 반영한다고는 말할 수 없을 것이다. 그러나 최선을 다해서 원저자가 왜 어떤 의미로 그 단어를 사용했을까라는 고민은 필요할 것이다. 2019년에『종의 기원』을 번역하고 주석을 달아서『종의 기원 톺아보기』를 출간했다. 이 당시에도 몇 가지 고민은 있었지만, 번역에 시간을 빼앗겨 고민은 고민으로만 끝났다. 그리고 다시 도전했다. 다윈이 어떤 의미로 경쟁이라는 단어를 사용했을까? 생존경쟁은 올바른 번역인가? 왜 갑자기 최적자생존이라는 용어를 자연선택이라는 용어 대신 사용했을까? 진화라는 단어를 사용하지 않다가 왜 6판에서는 사용했을까? 모든 것이 오리무중이었다.

이 책은 이러한 질문들에 대해 내가 결론 내린 답들을 모은 것이다. 물론 내가 다윈의 생각을 오해했을 수도 있다. 그러나 이 부분은 내가 아닌 다른 사람의 몫일 것이다. 단지 대한제국 시절부터 일제강점기를 거쳐 오늘에 이르기까지 구체적으로 검증되지 않았던 단어들에 대해 검토 한번 해보자고 제안했을 뿐이다. 아와 어가 다르듯, 단어 하나가 던져주는 사고들에 대해 한 번쯤은 검토해 보자고 했을 뿐이다. 생존경쟁이나 생존투쟁, 최적자생존이나 적자생존, 그리고 진화라는 단어를 다윈에게는 사용하지 말자고 제안할 뿐이다. 생존경쟁이나 생존투쟁은 존속을 위한 몸부림으로, 진화는 친변으로 한번 바꾸어 써보는 것이 좋을 것 같다고도 제안해 본다. 그것이 다윈의 생각을 조금은 올바르게 이해하는 방안이라고 주장도 해보고 싶다.

그리고 지금까지 무시된 다윈의 생태학적 개념들을 다시 음미하자고 제안한다. 무한경쟁 시대의 학문적 이론을 다윈이 제공한 것이 아니라, 다양한 사회에서 다양한 자신만의 역할을, 달리 말해 다윈의 표현으로는 장소이며 요즘 표현으로는 생태적 지위를 찾아 몸부림치라고 조언한 사람이 바로 다윈일 것이다. 너와 나의 다름을 인정하고, 너는 너의 할 일을, 나는 나의 할 일을 열심히 해야 하지 않을까? 단지 분업화된 사회에서, 분업의 결과에 대한 재분배는 재검토되어야 할 것이다. 그렇게 함으로써 비로소 너와 나의 다름을 인정할 수 있을 것이다.

단어 몇 개 바꾼다고 무한경쟁 사회가 바뀌지는 않을 것이다. 그러나 더 이상 망가지기 전에 다윈이 무지막지한 자본주의 시작점에 했던 생각들을 되돌아보는 것이 좋을 것 같다. 30여 년을 대학에서 학생들과 이야기하고 지내다가 재작년에 은퇴하고 무한경쟁 사회에서 조금씩 왜소해 갈 무렵, 다윈의 생각들을 음미하면서 1년을 보냈다. 이 사회에서 내 역할은 무엇일까? 앞으로 두고두고 찾아보아야겠다.

책을 안 본다는 어려운 시기에 흔쾌히 책을 출판해 주신 소명출판 박성모 사장님과 사람들이 읽을 수 있는 책으로 만들어준 편집부 여러분, 고맙습니다.

2025년 8월

560호 아지트에서

신현철

참고문헌

영문 문헌

Allee, W. C., A. E. Emerson, P. Park, T. Park and K. P. Schmidt, *Principles of Animal Ecology*, W. B. Saunders, 1949.

Anonymous, "Fragments relating to Philosophical Zoology. Selected from the Works of K. E. von Baer", *In: Scientific memoirs, selected from the Transactions of the Foreign Academies of Science and from Foreign Journals*(Henfrey, A. and T.H. Huxley, eds.), 1853, pp.176~238.

Baer, A., "Edward S. Morse, zoologist: from Maine to Japan", 연도 미상, https://ir.library.oregonstate.edu

Barlow, N.(ed.), *The autobiography of Charles Darwin 1809~1882. With the original omissions restored*, Collins, 1958.

Barret. P. H., P. J. Gautrey, S. Herbert, D. Kohn, S. Smith, *Charles Darwin's Notebooks 1836-1844*, Cambridge University Press, 1987.

Bowler, P. J., "Changing Meaning of Evolution", *Journal of the History of Ideas*, Vol.36, 1975, pp.95~114.

_____, "Malthus, Darwin, and the Concept of Struggle", *Journal of the History of Ideas*, Vol.37, 1976, pp.631~650.

_____, *Evolution : The History of an Idea*, University of California Press, 1984.

Bradley, B., "Natural selection according to Darwin : cause or effect?", *History and Philosophy of the Life Sciences*, Vol.44, 2022, https://doi.org/10.1007/s40656~022~00485~z.

Brooks, V. W., "Ernest Fenollosa and Japan", *Proceedings of the American Philosophical Society*, Vol.106, 1962, pp.106~110.

Burry, J. N., "Social Spencerism?", *Nature*, Vol.313, 1985, p.732.

_____, "Social Spencerism not Social Darwinism", *Medicine and War*, Vol.5, 1989, pp.148~150.

Burton, J. H., *Political Economy, for use in schools, and for private instruction*. William and Robert Chamber, 1852.

Carnegie, A., "Wealth", *The North American Review*, Vol.148, 1889, pp.653~665.

_____, *Problems of Today, wealth, labor, socialism*, Doubleday, 1908.

Carnegie, A., *Autobiography of Andrew Carnegie*, Houghton Mifflin Company, 1920.

Costa, J. T., *The Annotated Origin : A Facsimile of the First Edition of On the Origin of Species*, Harvard University Press, 2009.

Craig, A. M., "John Hill Burton and Fukuzawa Yukichi", *Kindai Nikon kenkyu* Vol.1, 1984, pp.218~238.

D'Hombres, E., "The Darwinian muddle on the division of labour : an attempt at clarification", *History and Philosophy of the Life Sciences,* Vol.38, 2016, pp.1~22.

Darwin, C. R., *The Variation of Animals and Plants under Domestication. Vol.1*, John Murray, 1868.

_____, *On the origin of species by means of natural selection, or the preservation of favoured races in the struggle for life, 5th ed,* John Murray, 1869.

_____, *The variation of animals and plants under domestication. 1st issue. Volume 2*, John Murray, 1868.

_____, *The descent of man, and selection in relation to sex, Vol.1, 1st ed.*, John Murray, 1871.

Darwin, E. R., *The Botanic Garden, Part II. The Loves of the Plants*, J. Johnson, 1791.

Darwin, F., *The life and Letters of Charles Darwin, including an autobiographical chapter, Vol.1,* William Clowes and Sons, Ltd., 1887.

_____, *Charles Darwin : His life told in an autobiographical chapter, and in a selected series of his published letters,* John Murray, 1908.

Darwin, F. (ed.), *The foundations of The origin of species, Two essays written in 1842 and 1844,* Cambridge University Press, 1909.

Delaney, T., "Social Spencerism", *Philosophy Now,* Vol.71, 2009, pp.20~21.

Dilley, S., "Charles Darwin's use of theology in the Origin of Species", *The British Journal for the History of Science*, Vol.45, 2012, pp.29~56.

Gale, B. G., "Darwin and the Concept of a Struggle for Existence : A Study in the Extrascientific Origins of Scientific Ideas", *Isis*, Vol.63, 1972, pp.321~344.

Gane, N., "Competition: A Critical History of a Concept", *Theory Culture and Society,* Vol.37, 2019, pp.31~59.

Gliboff, S., *H. G. Bronn, Ernst Haeckel, and the origins of German Darwinism*, The MIT Press, 2008.

Haeckel, E., "Über die Entwicklungstheorie Darwins. Gesellschaft deutscher Naturforscher und Ärzte", *Amtlicher Bericht,* Vol.38, 1863, pp.16~30.

Haeckel, E., *Generelle Morphologie der Organismen. Zweiter Band*, Verlag von Georg Reimer, 1866.

_____, *Natülische Schöpfungsgeschlichte*, Verlag von Georg Reimer, 1866.

Hallam, A., "Lyell's views on organic progession, evolution and extinction", *In*: *Lyell: the Past is the Key to the Present* (Blundell, D. J. and A. C. Scott (eds.)), Geological Society, Special Publication Vol.143, 2015, pp.133~136.

Hau, M. and M. Wikelski, *Darwin's finches*, Encyclopedia of Life Sciences, 2001.

Hensly, A. W., *The age of the Earth. A physicist's Odyssey*, World Scientific, 2020.

Hofstadter, R., *Social Darwinism in American Thought*, Beacon Press, 2020.

Hooker, J. D., "Introductory Essay to the Flora of Tasmania", *American Journal of Science*, 2nd series, Vol.29, 1860, pp.1~25, pp.305~326.

Hossain, D. M. and S. Mustari, "A critical analysis of Herbert Spencer's Theory of Evolution", *Postmdern Opening*, Vol.3, 2012, pp.55~66.

Howard, L. O., "Edward Sylvester Morse 1838~1925. A Biographical Sketch", *National Academy of Sciences*, Vol.17, 1935, pp.1~29.

Johnson, R. H., *Determinate evolution in the color-pattern of the lady-beetles*, Carnegie Institution of Washington, 1910.

Kleindorfer, S., B. Fessel, K. Peters and D. Anchundia, *Field Guide. Resident Landbirds of Galapagos*, Charles Darwin Foundation, 2022.

Kutschera, U., G. S. Levit, U. Hossfeld, "Ernst Haeckel (1834~1919): The German Darwin and his impact on modern biology", *Theory in Biosciences*, Vol.138, 2019, pp.1~7.

Lainez, J. M. C. and J. M. A. Melendo, "Ernest Francisco Fenellosa and the Quest for Japan", *Bulletin of Portuguese Japanese*, Vol.9, 2004, pp.75~99.

Lyell, C., *Principles of geology, being an attempt to explain the former changes of the Earth's surface, by reference to causes now in operation, Vol.2*, John Murray, 1832.

Malthus, T. R., *An Essay on the Principles of Populations, 1st ed.*, J. Johnson, 1798.

_____, *An Essay on the Principles of Population, 6th ed.*, John Murray, 1826.

Mayr, E., *The Growth of Biological Thought*, Belknap Press, 1982.

_____, *Toward a new Philosophy of Biology*, Belknap Press, 1988.

_____, "Darwin's Principle of Divergence", *Journal of the History of Biology*, Vol.25, 1992, pp.343~359.

Meyer, A., "Charles Darwin's Reception in Germany and What followed", *PLoS Biololgy*, Vol.7, 2009, e1000162.2009.

Mogie, M., "Malthus and Darwin : World Views Apart", *Evolution,* Vol.50, 2009, pp.2086~2088.

Nagazumi, A., "The Diffusion of the Idea of Social Darwinism in East and Southeast Asia", *Historia Scientiarum*, Vol.24, 1983, pp.1~18.

Nute, K., "Ernest Fenollosa and the Universal Implications of Japanese Art", *Japan Forum,* Vol.7, 1995, pp.25~42.

O'Connel, J. and M. Ruse, *Social Darwinism, Elements in the Philosophy of Biology*, Cambridge University Press, 2021.

Ospovat, D., "Darwin after Malthus", *Journal of the History of Biology,* Vol.12, 1979, pp.211~230.

Palgrave, S., *Truths and Fictions of the Middle Ages, The Merchant and the Friar*, West Strand, 1837.

Pearce, T., "A Great Complication of Circumstance : Darwin and the Economy of Nature", *Journal of the History of Biology,* Vol.43, 2010, pp.493~528.

Pocheville, A., "The Ecological Niche: History and Recent Controversies", In: *Handbook of Evolutionary Thinking in the Sciences*(Heams, T., P. Huneman, G. Lecointre and M. Silberstein eds.), Springer Science, 2015.

Racel, M. N., "Okakura Kakuzo's Art History : Cross−Cultural Encounters, Hegelian Dialectics and Darwinian Evolution", *Asian Review of World Heritage,* Vol.2, 2014, pp.17~45.

Roy, T. D., *A Pocket Guide to Birds of Galapagos*, Princeton University Press, 2022.

Shermer, M., "Doomsday Catch. Why Malthus makes for bad science policy", *Scientific American*, Vol.314, No.5, 2016, p.72.

Spencer, H., *Social Statics, or The conditions essential to Human Happiness specified, and the First of them Developed,* John Chapman, 1851.

_____, *The Development Hypothesis. Essays Scientific, Political & Speculative. Williams and Norgate* (3 vols.), 1852[1890].

_____, "Progress : Its Law and Cause", *Westminster Review*, Vol.67, 1857, pp.244~267.

Spencer, H., "The Social Organism", *The Westminster Review,* Vol.72, 1860, pp.90~121.

_____, *First Principles,* Williams and Norgate, 1862.

_____, *The Principles of Biology, 1st ed. vol.1,* Williams and Norgate, 1864.

_____, *First Principles, 2nd ed.,* Williams and Norgate, 1867.

Stauffer, R. C., "Haeckel, Darwin, and Ecology", *The Quarterly Review of Biology*, Vol.32, 1957, pp.138~144.

Sumner, W. G., *What social classes owe to each other*, Harper & Brother, 1883.

Tammone, W. "Competition, the Divition of Labour, and Darwin's Principles of Divergence", *Journal of the History of Biology*, Vol.28, 1995, pp.109~131.

Trescott, P. B., "Scottish political economy comes to the Far East: the Burton~Chambers Political economy and the introduction of Western economic ideas into Japan and China", *History of Political Economy*, Vol.31, 1989, pp.481~502.

Wallace, A. R., *My Life. A Record of Events and Opinion. New edition*, Chapman & Hall, 1908.

Watte, E., U. Hoβfeld and G. S. Levit, "Ecology and Evolution : Haeckel's Darwinian Paradigm", *Trends in Ecology and Evolution*, Vol.34, 2019, pp.681~683.

Weikarte, R., "The Origins of Social Darwinism in Germany. 1859~1895", *Journal of the History of Ideas*, Vol.54, 1993, pp.469~488.

White, J., "Andrew Carnegie and Herbert Spencer : A Special Relationships", *Journal of American Studies*, Vol.13, 1979, pp.57~71.

Yajima, M., "Franz Hilgendorf (1839~1904) : introducer of evolutionary theory to Japan around 1873", *Historia Scientiarum*, Vol.8, 1998, pp.133~140.

Youmans, E. L., "Herbert Spencer and the Doctrine of Evolution", *Popular Science Monthly*, Vol.6, 1874, pp.20~48.

Young, R., "Malthus and Evolutionists: The common context of Biological and Social theory", *Past and Present*, Vol.43, 1969, pp.109~145.

2. 연구 논문

강일국, 「1950년대 중학교입시제도개혁의 전개과정」, 『아시아교육연구』 5호, 아시아태평양교육발전연구단 교육연구소, 2004, 195~217쪽.

강준만, 「사회진화론 다시 보기」, 『인물과 사상』 141호, 인물과사상사, 2010, 66~79쪽.

_____, 「왜 부모를 잘 둔 것도 능력이 되었나?―능력주의 커뮤니케이션의 심리적 기제」, 『사회과학연구』 55호, 강원대 사회과학연구원, 2016, 319~355쪽.

곽영신·류웅재, 「불평등 사회 속 공정 담론의 다차원성」, 『한국언론학보』 65호, 한국언론학회, 2021, 5~45쪽.

김경용, 「조선조의 과거제도와 교육제도」, 『대동한문학』 40호, 대동한문학회, 2014, 91~144쪽.

김도형, 「가토 히로유키의 사회진화론의 수용과 번역양상에 관한 일고찰－『인권신설』과 『강자의 권리경쟁론』을 중심으로」, 『대동문화연구』 57호, 성균관대 대동문화연구원, 2007, 171~201쪽.

_____, 「가토 히로유키의 진화론 수용 이해－의당비망 독해를 중심으로」, 『일본사상』 27호, 한국일본사상사학회, 2014, 25~52쪽.

_____, 「가토 히로유키의 진화론과 전쟁의식－청일, 러일전쟁 관련 저술분석을 중심으로」, 『일본사상』 35호, 한국일본사상사학회, 2018, 7~37쪽.

_____, 「경쟁하는 사회 VS 투쟁하는 사회－가토 히로유키와 굼플로비치 간의 논쟁을 중심으로」, 『일본사상』 31호, 한국일본사상사학회, 2016, 23~49.

_____, 「가토 히로유키의 『인권신설』과 천부인권논쟁 재고」, 『동아인문학』 33호, 동아인문학회, 2015, 535~571쪽.

김명섭, 「1930년대 재일 한일 아나키즘 운동의 제 양상」, 『한국근현대사연구』 17호, 한국근현대사학회, 2001, 94~124쪽.

김비환, 「고전적 자유주의 형성의 공동체적 토대. 로크와 스코틀랜드 계몽주의자들을 중심으로」, 『정치사상연구』 2호, 한국정치사상학회, 2000, 221~246쪽.

김세직·류근관·손석준, 「학생 잠재력인가? 부모 경제력인가?」, 『경제논집』 54호, 서울대 경제연구소, 2015, 356~383쪽.

김연미, 「『세이요지요』(西洋事情) 원전의 일본어 번역에 대하여」, 『일본연구』 2호, 한국외대 일본연구소, 2003, 109~131쪽.

김완진, 「J. S. 밀의 자유주의론」, 『경제논집』 35호, 서울대 경제연구소, 1996, 285~305쪽.

김인회, 「우리나라 대학입시제도 변천의 성격과 의미」, 『대학교육』 13호, 한국대학교육협의회, 1985, 18~26쪽.

김정호·강윤신·권오륭, 「우리나라 전통 활쏘기의 철학에 대한 고찰」, 『한국체육철학지』 31호, 한국체육철학회, 2023, 31~41쪽.

김혜련, 「다윈은 약육강식, 적자생존의 진화론을 말하지 않았다」, 『인물과사상』 64호, 인물과사상사, 2003, 56~63쪽.

김호연, 「미국에서의 사회다윈주의와 우생학－도덕주의자들의 실패한 기획」, 『한국과학사학회지』 31호, 한국과학사학회, 2009, 303~324쪽.

노관범, 「대한제국기 진보 개념의 역사적 이해－언론 매체의 용례 분석을 중심으로」, 『한국문화』 56호, 서울대 규장각한국학연구원, 2011, 117~138쪽.

류창희, 「Cancer Anorexia~Weight Loss Syndrome의 치료」, 『대한종양외과학회지』, Vol.3, 대한종양외과학회, 2007, 32~38쪽.

문성식, 「박정희 잔재의 사회적 기원에 관한 연구」, 『사회사상과 문화』 24호, 동양 사회사상학회, 2021, 153~200쪽.

민동원·박기완, 「지위 상징적 소비를 통한 지위 위협에 대한 대응과 정당성 신념의 역할」, 『마케팅연구』 32호, 한국마케팅학회, 2017, 1~27쪽.

박성래, 「진화론의 창시자 찰스 다윈(1809~1882)」, 『과학과기술』 28호, 1995, 24~25쪽.

박혜영, 「맬서스의 『인구론』에 나타난 결핍과 과잉의 정치학」, 『영미문학연구』 38 호, 영미문학연구회, 2020, 31~60쪽.

방상근·와타나베 히로시, 「다중적 근대의 모색-19세기말 후쿠자와 유키치의 경 쟁론과 유길준의 교화론」, 『현대정치연구』 6호, 서강대 현대정치연구소, 2013, 177~204쪽.

송민, 「생존경쟁의 주변」, 『새국어생활』 10호, 국립국어연구원, 2000, 121~126쪽.

신연재, 「구한말의 사회진화론 수용과 그 영향-신채호의 국가사상을 중심으로」, 『사회과학논문집』 6호, 울산대, 1996, 139~160쪽.

신용하, 「구한말 서구 사회학의 수용과 한국 사회사상」, 『학술원논문집(인문·사회 과학편)』 52호, 학술원, 2012, 1~72쪽.

_____, 「구한말 한국민족주의와 사회진화론」, 『인문과학연구』 1호, 동덕여대, 1995, 5~35쪽.

안재욱, 「애덤 스미스-경쟁과 혁신」, 『제도와 경제』 17호, 한국제도경제학회, 2023, 75~93쪽.

양동휴, 「19세기 말엽 미국 철도산업에서의 과점적 경쟁과 연방규제」, 『경제사학』 9호, 경제사학회, 1985, 91~116쪽.

양일모, 「동아시아의 사회진화론 재고-중국과 한국의 진화 개념의 형성」, 『한국학 연구』 17호, 인하대 한국학연구소, 2007, 89~119쪽.

와타나베 히로시, 「경쟁과 '문명'-일본의 경우」, 『'문명' '개화' '평화'-한국과 일 본』(와타나베 히로시, 박충석), 아연출판사, 2008, 257~287쪽.

우남숙, 「사회진화론의 동아시아 수용에 관한 연구-역사적 경로와 이론적 원형 을 중심으로」, 『한국동양정치사상사연구』 10호, 한국동양정치사상사학회, 2011, 117~141쪽.

_____, 「유길준과 에드워스 모스 연구-사상적 교류를 중심으로」, 『한국동양정치 사상사연구』 9호, 한국동양정치사상사학회, 2010, 157~185쪽.

유영익, 「갑오경장 이전의 유길준」, 『갑오경장연구』, 일조각, 1990, 88~133쪽.

_____, 「『서유견문』과 유길준의 보수적 점진 개혁론」, 『한국근현대사론』, 일조각, 1992, 117~148쪽.

윤대식, 「유길준, 혼돈과 통섭의 경계-사회진화론과 유학의 상요 변용」, 『한국인물사연구』 19호, 한국인물사연구회, 2013, 439~476쪽.

윤혜섭·장수철, 「일반생물학 수업을 위한 『종의 기원』 탄생에 대한 연구-대학제간 역량 배양을 위한 생물학 수업 모색」, 『교양교육연구』 14호, 한국교양교육학회, 2020, 47~59쪽.

윤홍노, 「개화기 진화론과 문학사상」, 『동양학』 16호, 단국대 동양학연구원, 1986, 67~103쪽.

이경일, 「근대 유럽의 사회변화와 이주-17~19세기 농촌과 도시의 상호관계를 중심으로」, 『인문학논총』 31호, 경상대 인문과학연구소, 2013, 247~270쪽.

이광린, 「구한말 진화론의 수용과 그 영향」, 『한국개화사상연구』, 일조각, 1979, 255~287쪽.

이남희, 「미국유학시기(1888~1893) 윤치호의 사회진화론 수용과 그 특성」, 『열린정신인문학연구』 22호, 원광대 인문학연구소, 2021, 431~468쪽.

이상익·정승현, 「경쟁론에 대한 근래의 비판들과 그 함의」, 『동양문화연구』 17호, 영산대학교 동양문화연구원, 2014, 89~127쪽.

이새봄, 「노동야학에 나타난 국민 만들기의 논리-유길준이 본 대학제국의 하등사회」, 『사이 間SAI』 28호, 국제한국문학문화학회, 2002, 135~172쪽.

이승환, 「한국 및 동양에서 사회진화론의 수용과 기능」, 『중국철학』 9호, 중국철학회, 2002, 177~206쪽.

이인화, 「1910년대 이후 한말 사회진화론의 변용과 극복 양상-안중근, 박은식, 안창호, 신채호의 사상을 중심으로」, 『동서철학연구』 74호, 한국동서철학회, 2014, 231~261쪽.

이재열, 「사회의 질, 경쟁 그리고 행복」, 『아시아리뷰』 4(2), 서울대 아시아연구소, 2015, 3~29쪽.

이정은, 「메이지 초기 일본의 천황제 국가 건설과 인권-후쿠자와 유키치와 가토 히로유키의 인권론을 중심으로」, 『사회와역사』 68호, 한국사회사학회, 2005, 207~235쪽.

이준구, 「미국 사회, 무엇이 '신도금 시대'의 도래를 가져왔나?」, 『경제논집』 52호, 서울대 경제연구소, 2013, 1~49쪽.

이철호, 「입시, 불평등의 제도화」, 『교육비평』 17호, 교육비평, 2004, 8~56쪽.

이헌창, 「경쟁과 협력」, 『행정논총』 43호, 서울대 행정대학원, 2005, 267~298쪽.

이형우, 「Political economy와 Economics의 개념과 번역」, 『개념과 소통』 2호, 한림과학원, 2008, 113~177쪽.

이호령, 「한국에서의 아나키즘과 공산주의의 분화과정」, 『한국사연구』 110호, 한국사연구회, 2000, 149~182쪽.

임정아, 「밀(J. S. Mill)의 공리주의 복지에 대하여 – 밀의 『정치경제학 원리』에서 노동과 복지를 중심으로」, 『철학논총』 83호, 새한철학회, 2016, 275~293쪽.

장인성, 「유길준의 문명사회 구상과 스코틀랜드 계몽사상 – 유길준, 후쿠자와 유키치, 존 힐 버턴의 사상연쇄」, 『개념과 소통』 23호, 한림과학원, 2019, 189~235쪽.

정대성, 「계몽의 극한으로서의 사회진화론의 철학적 의의」, 『철학논집』 58호, 서강대 철학연구소, 2019, 205~230쪽.

조세현, 「동아시아 3국(한, 중, 일)에서 크로포트킨 사상의 수용 – 상호부조론을 중심으로」, 『중국사연구』 39호, 중국사학회, 2005, 231~273쪽.

조원광, 「사회과학의 진화론 수용 비판 – 경쟁의 공리와 진화론적 재벌론을 중심으로」, 『경제와사회』 97호, 비판사회학회, 2013, 286~318쪽.

조현철, 「생태 신학의 이해 – 생태 신학의 교의 신학적 체계 구성을 위하여」, 『신학과 철학』 8호, 서강대 신학연구소, 2006, 1~26쪽.

주진오, 「독립협회의 사회사상과 사회진화론」, 『손보기박사정년기념 한국사학개론』, 지식산업사, 1988, 755~787쪽.

채성주, 「근대적 교육관의 형성과 경쟁 담론」, 『한국교육학연구』 13호, 안암교육학회, 2007, 47~66쪽.

천자현·고희탁, 「근대 한국의 사회진화론 도입, 변용에 보이는 정치적 인식구조 – 국가적 독립과 문명개화의 사이에서」, 『대한정치학회보』 18호, 대한정치학회, 2011, 27~27쪽.

최경욱, 「메이지기, 번역한자어의 성립과 한국 수용 고찰 – 'Liberty'가 '자유'로 번역되기까지」, 『비교일본학』 42호, 한양대 일본학국제비교연구소, 2018, 353~372쪽.

최규진, 「우승열패의 역사인식과 문명화의 길」, 『사총』 79호, 고려대 역사연구소, 2013, 109~147쪽.

최재목, 「근대기 번역어 '자유' 개념의 성립과 중국 유입에 대하여」, 『남명학연구』 19호, 경상대학교 남명학연구소, 2005, 385~404쪽.

최정묵, 「대학입시제도의 공정성에 대한 대학생들의 인식 연구 – 근거이론적 접근」, 『한국콘텐츠학회논문집』 16호, 한국콘텐츠학회, 2016, 562~573쪽.

최정훈, 「후쿠자와 유키치와 존 힐 버턴의 지적 조우」, 『문명과 경계』 2호, 포항공대 융합문명연구원, 2019, 259~275쪽.

최항섭,「명품에 대한 사회학적 해석」,『한국사회과학』25호, 서울대 사회과학연구원, 2003, 225~261쪽.

피터 보울러, 정세권 역,「진화론의 사회적 함의들」,『역사로 과학 읽기』, 박민아·김영식 편, 프리즘, 2014, 201~242쪽.

하홍규,「취향, 계급, 구별짓기, 그리고 혐오－혐오 사회학을 위하여」,『사회와이론』41호, 한국이론사회학회, 2022, 199~230쪽.

한상철,「근대 초기 지식인들의 '문명－서양' 인식－번역어 天演과 進化를 중심으로」,『현대문학이론연구』51호, 현대문학이론학회, 2012, 417~437쪽.

허동현,「1880년대 개화파 인사들의 사회진화론 수용양태 비교 연구－유길준과 윤치호를 중심으로」,『사총』55호, 고려대 역사연구소, 2003, 169~193쪽.

_____,「유길준의 해외체험(1881~1885)과『중립론』(1885)에 보이는 열강인식」,『한국사학보』68호, 고려사학회, 2017, 35~65쪽.

현병호,「경쟁교육을 넘어서는 길」,『경쟁에 반대한다』(알피콘, 이영도 역), 민들레, 2009, 4~7쪽.

황수영,「서양근대사상에서 진보와 진화 개념의 교착과 분리」,『개념과 소통』, 7호, 한림과학원, 2011, 105~134쪽.

3. 논문

신연재,「동아시아3국의 사회진화론 수용에 관한 연구－加藤弘之, 梁啓超, 申采浩의 사상을 중심으로」, 서울대 박사논문, 1991.

심은경,「근대적 기업가의 모델 앤드류 카네기(1835~1919)」, 숙명여대 석사논문, 2004.

이경숙,「일제시대 시험의 사회사」, 경북대 박사논문, 2006.

이은주,「20세기 이전 미국 초상화에 재현된 미국성」, 서울대 박사논문, 2019.

4. 단행본

강수돌,『팔꿈치 사회－경쟁은 어떻게 내면화되는가』, 갈라파고스, 2019.

데이비드 쾀멘, 이한음 역,『신중한 다윈씨』, 승산, 2009.

로버트 H. 프랭크, 안세민 역,『경쟁의 종말－승자독식사회 그후, 미래의 경제질서를 말한다』, 웅진지식하우스, 2012.

로버트 L. 하일브로너·윌리엄 밀버그, 홍기빈 역,『자본주의－어디서 와서 어디로 가는가』, 미지북스, 2013.

로버트 프랭크·필립 쿡, 권영경·김양미 역,『승자독식사회』, 웅진지식하우스, 2008.

리차드 리키, 소현수 역, 『해설판 종의 기원』, 종로서적, 1986.

마츠다 고이치로, 윤채영 역, 『후쿠자와 유키치 다시보기』, 아포리아, 2017.

맷 칸데이아스, 조은영 역, 『식물을 위한 변론』, 타인의사유, 2022.

박노자, 『우승열패의 신화』, 한겨레, 2005.

박성관, 『종의 기원 — 생명의 다양성과 인간 소멸의 자연학』, 그린비, 2014.

박원일 외, 『능력주의와 불평등 — 능력에 따른 차별은 공정하다는 믿음에 대하여』,
　　　교육공동체벗, 2021.

빌 브라이스, 이덕환 역, 『거의 모든 것의 역사』, 까치, 2014.

서상철, 『무한경쟁이 대한민국을 잠식한다』, 지호, 2011.

세실 앤드류스, 강정임 역, 『유쾌한 혁명을 작당하는 공동체 가이드 북』, 한빛비즈,
　　　2013.

소스타인 베블런, 원용찬 역, 『유한계급론 — 문화·소비·진화의 경제학』, 살림, 2016.

스티븐 제이 굴드, 홍욱희·홍동선 역, 『다윈 이후』, 사이언스북스, 2009.

스펜 브링크만, 강경이 역, 『철학이 필요한 순간』, 다산초당, 2019.

신현철, 『진화론은 어떻게 진화했는가』, 컬처룩, 2016.

알피 콘, 이영노 역, 『경쟁에 반대한다』, 민들레, 2022.

앙리 베르그송, 최화 역, 『창조적 진화』, 자유문고, 2022.

애덤 러더퍼드, 김성훈 역, 『우리는 어떻게 지금의 인간이 되었나』, 반니, 2019.

앨런 그린스펀·에이드리언 올드리지, 김태훈 역, 『미국자본주의의 역사』, 세종세적,
　　　2020.

앨프리드 러셀 월리스, 신현철 역, 『자연선택 이론에 기여』, 아카넷, 2023.

에른스트 마이어, 신현철 역, 『진화론 논쟁』, 사이언스북스, 1998.

오찬호, 『우리는 차별에 찬성합니다 — 괴물이 된 이십대의 자화상』, 개마고원, 2013.

유길준, 『유길준 전서』 4권, 일조각, 1971.

＿＿＿, 조윤정 역, 『노동야학독본』, 도서출판 경진, 2012.

＿＿＿, 허경진 역, 『서유견문 — 조선 지식인 유길준, 서양을 번역하다』, 서해문집,
　　　2013.

이삼식·최효진·배다영, 『저출산대책 관련 국제동향분석 — 미국, 영국 편』, 한국보
　　　건사회연구원, 2012.

이한, 『조선 시험지옥에 빠지다』, 위즈덤하우스, 2024.

장인성, 『서유견문 — 한국 보수주의의 기원에 관한 성찰』, 아카넷, 2017.

장지용 외, 『역사와 쟁점으로 읽는 현대자본주의』, 시그마프레스, 2019.

재닛 브라운, 이경아 역, 『찰스 다윈 평전 — 나는 멸종하지 않을 것이다』, 김영사,
　　　2010.

재닛 브라운, 이한음 역, 『종의 기원 이펙트』, 세종서적, 2012.

_____, 임종기 역, 『찰스 다윈 평전 : 종의 수수께끼를 찾아 위대한 항해를 시작하다−1809~1858 출생에서 비글호 항해까지』, 김영사, 2010.

저자미상, 『멸종위기야생생물 표준복원 가이드라인』, 환경부·국립생태원, 연도미상.

정용화, 『문명의 정치사상−유길준과 근대 한국』, 문학과지성사, 2004.

정일성, 『후쿠자와 유키치−탈아론을 어떻게 펼쳤는가』, 지식산업사, 2001.

조너던 와이너, 이한음 역, 『핀치의 부리』, 이끌리오, 2002.

조지프 스티글리츠, 이순희 역, 『불평등의 대가−분열된 사회는 왜 위험한가』, 열린책들, 2022.

진복희, 『사회진화론과 국가사상−구한말을 중심으로』, 한올아카데미, 1996.

질리언 비어, 남경태 역, 『다윈의 플롯』, (주)휴머니스트, 2008.

찰스 다윈, 김관선 역, 『종의 기원』, 한길사, 2015.

_____, 송철용 역, 『종의 기원』, 동서문화사, 2013.

_____, 신현철 역, 『종의 기원 톺아보기』, 소명출판, 2019.

_____, 『종의 기원 톺아보기』, 수정증보판, 소명출판, 2024.

찰스 다윈, 장대익 역, 『종의 기원』, 사이언스북스, 2019.

파트리크 토르, 박나리 역, 『다윈에 대한 오해』, 글항아리, 2019.

표드르 A. 크로포트킨, 김훈 역, 『만물은 서로 돕는다』, 여름언덕, 2015.

풀러 토리, 유나영 역, 『뇌의 진화, 신의 출현』, 갈마바람, 2019.

피터 그랜트, 로즈메리 그랜트, 엄상미 역, 『진화의 비밀을 간직한 40년의 시간』, 다른세상, 2017.

후쿠자와 유키치, 임종원 역, 『후쿠옹자전』, 제이앤씨, 2006.

_____, 『문명론의 개략』, 제이앤씨, 2012.

_____, 송경호 외역, 『서양사정』, 여문책, 2021.

5. 일어 문헌

加藤弘之, 「人爲淘汰ニヨリテ人才ヲ得ルノ術ヲ論ス」, 『東洋學藝雜誌』 1호, 1881, 1~5쪽.

加藤弘之, 『人權新說』, 谷山楼, 1882.

岡克彦, 「韓國開化思想における對外認識と「競爭論」の再構成~俞吉濬の「競勵原理」を素材として」, 『長崎縣立大學論集』 38호, 2004, 1~52쪽.

溝口元, 「社会に流布する「進化論」」, 『科学史研究』 60호, 2021, 262~271쪽.

_____, 「日本におけるダーウィンの受容と影響」, 『學術の動向』 3호, 2010, 48~57쪽.

國分典子,「日本の初期憲法思想における法実証主義と進化論」,『法學研究』82号, 2009, 687~710쪽.

金子之史,「神原文庫にある明治初期の進化論書3冊」,『香川大学附属図書館報』30号, 2000, 4~9쪽.

飯田鼎,『『チェンバーズ經濟書』と福沢諭吉」,『三田學會雜誌』84号, 1991, 81~99쪽.

山崎和郎,「日本のブロードバンド市場における競争政策とその政策評價について―豫備的考察―(1)」,『東北學院大學經濟學論集』177号, 2011, 433~446쪽.

山下重一,「明治初期におけるスペンサーの受容」,『日本政治學會年報政治學』26号, 1975, 77~112쪽.

森田尚人,「伊澤修二の『進化原論』と『教育學』を讀む~明治初期教育學と進化論」,『少西中和教授退職記念論文集』, 2010, 1~33쪽.

松永俊男,「ダーウィンと社会思想：悪用の歴史」,『科学史研究』60호, 2021, 246~252쪽.

矢島道子,「みんなの大好きなダーウィン」,『科学史研究』60호, 2021, 252~255쪽.

安西敏三,「福澤論吉とH.スペンサー『第1原理』~ 第二部第一二三章を讀む」,『法學研究』67(12), 1994, 225~245쪽.

斎藤成也,「進化研究における自然淘汰論の濫用から偶然重視にむけて」,『科学史研究』60호, 2021, 255~262쪽.

田中友香理,「明治國家と「優勝劣敗」の思想―加等弘之における國家宗敎をめぐって」,『日本思想史学』54호, 2022, 12~18쪽.

田中浩,「福沢諭吉と加藤弘之~西洋思想の受容と国民国家構想の2類型」,『一橋論叢』100호, 1988, 284~306쪽.

井上哲次郎,「宗敎理學相矛盾せさるの論」,『學芸志林』2호, 1878, 231~267쪽.

鵜浦裕,「近代日本における進化論の受容と井上円了」,『Annual report of the Inoue Enryo Center』, 1993, 25~48쪽.

池田哲郎,「本邦におけるダーウィン「進化論」移入史略」,『英学史研究』15호, 1982, 195~215쪽.

真辺将之,「田中友香理著『〈優勝劣敗〉と明治国家―加藤弘之の社会進化論』(ぺりかん社・二〇一九年)」,『日本思想史学』52호, 2020, 182~188쪽.

許艷,「加藤弘之における進化論の受容と展開~能力主義敎育思想生成」,『東京大學敎育學部紀要』31호, 1991, 85~93쪽.

미주

진화와 번역, 그리고 다윈의 생각

1   최경욱(2018), 365쪽.
2   최재목(2005), 397쪽.
3   박노자(2005), 267쪽.
4   신현철(2019), 120쪽.
5   신현철(2019), 121쪽.
6   신현철(2019), 118쪽.
7   신현철(2019), 122쪽.
8   신현철(2019), 123쪽.
9   최재목(2005), 394쪽.
10 國分典子(2009), 699쪽.
11 진화는 영어 단어 evolution을 번역한 것이다. 그러나 이 번역이 적절하지 않
    아, 이 책에서는 친변으로 번역했는데, 2부 「4. 진화는 진보라는 개념을 포함
    하는가」를 참조하시오. 단지 독자의 이해를 돕기 위하여 2부 4장 전까지는 지
    금까지 사용해오던 진화라는 단어를 사용했고, 그 이후부터는 친변이라는 단
    어로 대체했다.
12 斎藤成也(2021), 255쪽.
13 재닛 브라운, 이경아 역(2010), 413쪽.
14 정용화(2004), 38쪽.

제1부 경쟁이라는 단어의 의미와 다윈

1   강수돌(2013), 37쪽.
2   신현철(2019), 81쪽.
3   신현철(2019), 112쪽.
4   신현철(2019), 113쪽.
5   신현철(2019), 472쪽.
6   조원광(2013), 290쪽.
7   권영경(2008), 6쪽.
8   스펜 브링크만, 강경이 역(2019), 21쪽.
9   현병호(2009), 6쪽.
10 https://db.itkc.or.kr/
11 2014년 3월 6일 기준.
12 https://ctext.org

13 2014년 5월 15일 기준.

14 형병(邢昺, 932~1010). 중국 송나라 시절의 유학자이자 관리이다.

15 『논어(論語)』, 「팔소(八佾)」 子曰, 君子無所爭 必也射乎 揖讓而升 下而飮 其
爭也君子.

16 「子曰」至「君子」. 正義曰―此章言射禮有君子之風也. 君子無所爭 者, 言君
子之人, 謙卑自牧, 無所競爭也.

17 김정호 등(2023), 35쪽.

18 https://www.chinesewords.org/dict/98242-622.html

1. 우리나라에 경쟁이라는 단어의 도입 – 유길준

1 유길준(1856~1914). 조선후기의 문신이자 대한제국의 계몽사상가이다.

2 신연재(1996), 144쪽; 신용하(1995), 5쪽; 우남숙(2011), 131쪽; 주진오
(1988), 770쪽; 천자현·고희탁(2011), 32쪽.

3 이광린(1979), 257쪽.

4 이승환(2002), 193쪽.

5 허동현(2002), 170쪽.

6 이상익·정승현(2014), 91쪽.

7 박노자(2005), 358쪽.

8 이승환(2002), 193쪽.

9 정대성(2019), 208쪽.

10 윤대식(2013), 441쪽.

11 신용재(2012), 27쪽.

12 「경쟁론」이라는 원고는 출판되지 않았고, 작성된 시기도 불명확하다. 단지
1971년 『유길준전서』가 5권으로 편찬되면서, 1883년에 작성된 글로 간주되
었다. 이 『유길준전서』 4권, 47쪽에서 60쪽에 걸쳐 「경쟁론」이 게재되어 있
는데, 인쇄된 상태가 아니라 손으로 쓴 원고 상태이다. 유영익(1990)은 1883
년 10월 31일에 창간된 『한성순보』에 일본에 대한 견문록을 집필하면서 「경
쟁론」이라는 원고를 작성한 것으로 간주하고 있다. 그러나 장인성(2017)은
「경쟁론」의 작성 연도를 1885년으로, 신용하(2012)는 1882년경으로 간주하
고 있는데, 이에 대한 근거는 밝히지 않고 있다. 신용하(2012), 26쪽; 유영익
(1990), 123쪽; 장인성(2017), 318쪽.

13 유길준(1971), 47쪽. 원문은 국한문 혼용체로 작성되었는데, 이를 한글로 풀
어 정리한 것이다.

14 박노자(2005), 231쪽; 최규진(2013), 115쪽.

15 이광린(1979), 258쪽.

16   진복희(1996), 191쪽.

17   신용하(2012), 26쪽.

18   최규진(2013), 115쪽.

19   허동현(2002), 180쪽.

20   한국고전번역원에서 우리나라 고전을 번역하면서 축적된 자료를 모아둔 한국
     고전종합DB(https://db.itkc.or.kr/)에서 검색어로 "경쟁"으로 검색하면(2014
     년 3월 6일 기준) 1,400여 건이 검색되나, "競爭"으로 검색하면 100여 건에 불
     과하다. 그리고 유길준이 「경쟁론」을 쓴 시기로 추정되는 1883년 이전에 사용
     된 사례는 40건이 되지 않는다. 경(競) 또는 쟁(爭)이라는 글자를 "경쟁"으로
     번역하면서 나타난 결과로 판단된다. 따라서 유길준이 사용한 경쟁(競爭)이
     라는 용어는 그 당시에는 다소 생소했을 것이다.

21   마츠다 고이치로, 윤채영 역(2017), 79쪽.

22   이광린(1979), 259쪽.

23   생존경쟁이라는 용어는 가토가 1879년 강의에서 처음 사용했고, 1881년에는
     struggle for existence의 번역어로 사용했음을 밝혔다. 1부 「3. 생존경쟁이라는
     또 다른 이름의 경쟁」 참조.

24   우남숙(2010), 173쪽.

25   원 제목은 *Lectures on Origin of Species*이다.

26   이사와 슈지(伊澤修二, 1851~1917). 일본 메이지 시대의 교육자이자 관료이다.

27   코우즈 센자브로우(神津專三郎, 1852~1897). 일본 메이지 시대의 음악교육
     자이다.

28   이광린(1979), 257쪽.

29   에드워드 모스(Edward Morse, 1838~1925). 2부 「4. 진화는 진보라는 개념
     을 포함하는가」 참조.

30   유길준은 미국에서 7개월간 모스 집에서 기거하였는데, 이때 모스로부터 영어
     를 배운 것으로 알려졌다.(유영익(1990), 96쪽 참조) 그러나 유길준이 일본에
     서 모스를 만나지 못했고, 후쿠자와의 소개로 미국에서 모스를 만났다는 주장
     도 제기되었다.(허동현(2017) 참조)

31   우남숙(2010), 182쪽.

32   유영익(1990), 126쪽.

33   천자현·고희탁(2011), 34쪽.

34   유길준(1971), 60쪽. 국한문체로 된 문장을 우리말로 풀어서 쓴 것이다. 이
     하 유길준의 「경장론」에 언급된 내용은 모두 필자가 풀어서 쓴 것이다..

35   윤대식(2013), 450~451쪽.

36   유길준(1971), 50쪽.

37 윤대식(2013), 445쪽.

38 유길준(1971), 50~51쪽.

39 유길준(1971), 59쪽.

40 방상근·와타나베 히로시(2013), 195~197쪽.

41 이승환(2002), 193쪽.

42 유길준(1971), 48쪽.

43 진복희(1996), 112쪽.

44 정용화(2004), 126~127쪽.

45 유길준(1971), 17~18쪽.

46 『서유견문』은 국한문 혼용체로 쓰여진 책이다. 이를 현대어로 번역하면서, 번역자마다 용어를 다르게 번역하기도 하는데, 허경진(2013)은 경려를 경쟁으로 번역한 반면, 장인성(2017)은 경려라고 표기했다. 장인성(2017), 316~317쪽, 허경진(2013), 159~160쪽 참조.

47 표준국어대사전에 "스스로 애써 노력하거나 힘씀"으로 설명되어 있다.

48 유길준, 허경진 역(2013), 159~160쪽.

49 유길준, 허경진 역(2013), 157쪽.

50 유길준, 허경진 역(2013), 137쪽.

51 유길준, 허경진 역(2013), 138쪽.

52 유길준, 허경진 역(2013), 154쪽.

53 유길준, 허경진 역(2013), 131쪽.

54 장인성(2017), 288쪽.

55 이 책은 1852년 에든버러에서 간행되었는데, 저자는 알려져 있지 않은데, 1984년에 존 힐 버턴이 쓴 것으로 확인되었다. 후쿠자와는 이 책의 저자를 출판사 이름인 챔버스(Chambers)로 오해해, "영국인 챔버스 씨가 편 경제서를 번역하여"라고 표현했다. 최정훈(2019), 260쪽; 김연미(2003), 111쪽 참조.

56 후쿠자와는 『서양사정』을 「초편」, 「외편」 그리고 「2편」 등으로 구분해서 발표했다. 그는 「초편」을 발표한 이후, 서양 사회를 구성하는 기본 원리를 일본 사회에 소개할 필요성을 느껴 「외편」을 기획했고, 버턴의 『정치경제학』을 일부 번역한 것이다. 후쿠자와가 쓴 『서양사정』은 송경호 등(2021)에 의해 우리말로 번역되었다.

57 Burton, J. H.(1852), p.10. 송경호 등(2021)은 이 부분을 후쿠자와의 『서양사정』에 있는 내용과 같이 "자신의 행복을 추구하고 자신의 취지를 달성하며 자신의 생계를 위해 다른 사람을 돌보지 않는다고 하더라도 오직 자신의 사욕을 마음대로 추구하기 위해 다른 사람에게 방해가 될 염려가 없는 것은 문명이 그렇게 하는 바다. (…중략…) 문명의 세상에서는 그렇지 않다"라고 번역했다.

58 유길준, 허경진 역(2013), 157쪽.

59 장인성(2017), 288쪽.

60 이승환(2002), 196쪽.

61 Hofstadter, R. (1944), p.6.

62 이남희(2021), 432쪽.

63 양일모(2007), 20쪽; 전복희(1996), 112쪽.

64 우남숙(2010), 159쪽.

65 신용하(2012), 27쪽; 허동현(2002), 190쪽.

66 유영익(1992), 187쪽.

67 『서유견문』에 생물학자로는 훔볼트, 퀴비에, 헉슬리, 모스, 하이에트 등이 소개되어 있는데, 특이하게 사회생물학을 주창했던 스펜서는 철학자로 소개되어 있다. 허경진(2013), 331쪽.

68 신연재(1996), 5~6쪽.

69 윤대식(2013), 445쪽.

70 박노자(2005), 265쪽. 다윈의 진화론은 우리나라에 『한성순보』 1884년 3월 8일자 기사에 다윈을 지칭하는 달이온, 『종의 기원』을 지칭하는 『물류추원』, 그리고 진화론을 의미하는 순화설 등이 소개되면서 도입된 것으로 파악하고 있다. 신현철(2016), 188쪽 참조.

71 이새봄(2002), 248쪽.

72 허동현(2017), 190쪽.

73 박노자(2005), 265쪽.

74 김도형(2007), 176쪽.

75 정용화(2004), 128쪽.

76 인용 부분은 조윤정(2014)의 번역본 101쪽과 조윤정(2014) 90쪽에 있는 원문을 참조하여 일부 수정한 것이다.

77 정용화(2004), 128쪽.

78 인용 부분은 조윤정(2014)의 번역본 101쪽과 조윤정(2014) 89쪽에 있는 원문을 참조하여 일부 수정한 것이다.

79 인용 부분은 조윤정(2014)의 번역본 102쪽과 조윤정(2014) 90쪽에 있는 원문을 참조하여 일부 수정한 것이다.

80 양일모(2007), 109쪽.

81 유길준, 허경진 역(2013), 135쪽.

82 이상익과 정승현(2014), 96쪽.

2. 경쟁이라는 단어의 번역 후쿠자와 유키치

1   후쿠자와 유키치(福澤諭吉,1835~1901). 일본 개화시기의 계몽사상가이자 저술가이다.

2   유영익(1992), 122쪽.

3   유영익(1992), 94쪽.

4   『서양사정』은 「초편」 3권, 「외편」 3권, 「2편」 4권 등 모두 10권으로 출판되었다. 「초편」은 1866년에, 「외편」은 메이지유신이 일어난 1868년에, 그리고 「2편」은 1870년에 출판되었다.

5   장인성(2019), 192쪽.

6   이헌창(2008), 142쪽; 최정훈(2019), 260쪽.

7   후쿠자와 유키치, 송경호 외역(2021), 10쪽.

8   버턴(Burton, J. H.,1809~1881). 스코틀랜드 출신의 역사가이자 경제학자이다.

9   飯田鼎(1991), 89~90쪽.

10 충격적인 소식에 대뇌가 크게 놀란 상태를 의미한다.

11 후쿠자와 유키치, 송경호 외역(2021), 10쪽.

12 Burton, J. H. (1852).

13 김연미(2003), 113쪽.

14 최정훈(2019), 262쪽.

15 Craig(1984)가 이 책의 저자가 John Hill Burton임을 밝혀냈다.

16 일어로 コンペティション으로 표기되어 있는데, competition이다.

17 후쿠자와 유키치, 임종원 역(2006), 239~240쪽. 1899년에 출간된 『후쿠자와 자서전』306~307쪽에 있는 내용이다.

18 방상근·와타나베 히로시(2013), 184쪽.

19 밀(Mill, J. S.,1806~1873). 영국의 사회학자이자 철학자, 정치경제학자이다.

20 신용재(1991), 82쪽.

21 인용문은 김완진(1996)의 논문 299쪽에서 따온 것이다.

22 임정아(2016), 287쪽.

23 임정아(2016), 289쪽.

24 인용문은 김완진(1996)의 논문 302쪽에서 따온 것이다.

25 후쿠자와 유키치, 임종원 역(2012), 90쪽.

26 마츠다 고이치로, 윤채영 역(2017), 135쪽.

27 와타나베 히로시(2008), 278쪽. 후쿠자와의 말은 藤田茂吉과 箕浦勝人이 구술한 『국회론 전편(國會論 前篇)』, 54쪽에 나온다.

28 1부 「3. 생존경쟁이라는 또 다른 이름의 경쟁」 참조.

29 최정훈(2019), 271쪽.

30 장인성(2019), 195~196쪽.

31 Craig, A. M. (1984), p. 222; Trescott, B. (1989), p. 495.

32 후쿠자와 유키치, 송경호 외역(2021), 12쪽.

33 Burton, J. H. (1852), p. 13.

34 후쿠자와는 『서양사정』 「외편」에서 이 단어를 쟁(爭), 상려(相勵) 또는 상경(相競) 등으로 번역했고, 이 단어들을 우리나라에서는 다툼이나 경쟁 등으로 번역하고 있다. 그러나 emulation, 즉 emulate는 "한 사람이 훌륭하다고 생각하는 다른 사람 또는 다른 무언가와 비슷해지려고 노력한다(to try to be like someone or something you admire)"라는 사전적 의미를 지니고 있다. 또한 19세기에는 이 단어가 문학이나 예술 분야에서 가장 완벽하게 원형을 재창조하거나, 뒤따라간다는 의미로 사용되었다. 우리나라에서는 emulation을 모방, 경쟁, 대항 등으로 번역하나, 이러한 의미를 살리지는 못한 것 같다. 중국에서는 仿真(방진)으로 번역하나, 우리나라에서는 이 단어를 사용하지 않는다. 일본에서는 견습, 경쟁, 대항 등으로 번역하고 있다. 따라서 이 책에서는 중국에서 번역한 방진(仿真)을 emulation의 번역어로 사용했는데, 진짜를 모방한다는 의미이다.

35 Burton, J. H. (1852), p. 12.

36 장인성(2017), 325쪽.

37 1707년 스코틀랜드 왕국과 잉글랜드 왕국이 합병하여 그레이트브리튼 왕국이 되었다. 이후 1801년 아일랜드 왕국도 그레이트브리튼 왕국과 통합해서, 오늘날 흔히 영국이라고 부르는 그레이트브리튼 왕국이 만들어졌다. 오늘날 이 왕국은 1536년 이미 이 왕국과 통합된 웨일스, 스코틀랜드, 아일랜드, 그리고 잉글랜드로 이루어져 있다.

38 김비환(2000), 238쪽.

39 아담 스미스(Smith, A., 1723~1790), 스코틀랜드의 경제학자이자 철학자이다.

40 흄(Hume, D., 1711~1776), 스코틀랜드의 철학자이자 경제학자이다.

41 김완진(1996), 285쪽.

42 안재욱(2003), 79쪽.

43 후쿠자와 유키치, 송경호 외역(2021), 12쪽.

44 Burton, J. H. (1852), p. 10.

45 마츠다 고이치로, 윤채영 역(2017), 82~83쪽.

46 Craig, A. M. (1984), pp. 218~219.

47 安西敏三(1994), 226쪽. 安西敏三(1994)는 후쿠자와가 스펜서의 사상이 일본에 전해지기 전인 1875년에 스펜서의 『사회학연구』와 『제1원리』, 밀의 『공리주의』를 읽었다고 했다. 또한 그는 1870년대에 밀의 『정치경제학 원리』를

읽었다(마즈다 고이치로, 윤채영 역, 2017, 40쪽). 『사회학연구』는 1879년 竹內正志가 『경세신론(經濟新論)』으로, 『제1원리』는 1882년 山口松五郞이 『철학원리(哲學原理)』로 번역했다(양일모, 2007, 91쪽). 특히 후쿠자와는 스펜서의 책을 읽으면서 자신의 생각을 노트에 기록한 것으로 알려져 있다.

48 정대성(2019), 211쪽.

49 강준만(2010), 72~73쪽. 그러나 생존경쟁이라는 용어는 후쿠자와의 『문명론의 개략』(1875)이 출간된 이후인 1881년에 가토 히로유키가 쓴 논문 「인위선택으로 인재를 얻는 기술에 대한 논의」에서 처음 나온다. 또한 『문명론의 개략』의 한글 번역본에는 경쟁이라는 용어가 일부 나오나, 이는 쟁爭이라는 단어를 번역한 것이다.

50 이새봄(2002), 264쪽. 그러나 허동현(2017, 41쪽)은 후쿠자와가 『문명론의 개략』을 정점으로 우승열패의 사회진화론에 기초한 국가주의를 수용했다고 주장하고 있는데, 후쿠자와는 스펜서가 주장한 개인의 자유에 관심을 가졌기에, 이 부분에 대한 재검토가 필요하다.

51 Bowler, J. (1984), p. 270.

52 이새봄(2002), 240쪽.

53 마즈다 고이치로, 윤채영 역(2017), 75쪽.

54 신연재(1991), 84~85쪽.

55 신용재(1991), 85쪽.

56 유길준(1971), 50쪽.

57 유길준(1971), 50쪽.

58 와타나베 히로시(2008), 276쪽.

59 장인성(2019), 192쪽.

60 박노자(2005)는 92쪽에서 량치차오가 18~19세기 유럽의 자유주의와 민주주의 사상을 중국과 한국의 독자들에게 소개한 것으로 설명하고 있으나, 검토가 필요하다.

61 罔克彦(2004), 3쪽.

62 마즈다 고이치로, 윤채영 역(2017), 83쪽.

63 마즈다 고이치로, 윤채영 역(2017), 82쪽.

64 마즈다 고이치로, 윤채영 역(2017), 136쪽.

65 강수돌(2019), 52쪽.

3. 생존경쟁이라는 또 다른 이름의 경쟁 가토 히로유키

1 가토 히로유키(加藤弘之, 1836~1916). 일본 개화시기의 교육자이자 정치학자이다.

2   이정은(2005), 223쪽.

3   신연재(1991), 84쪽.

4   田中浩(1988), 287쪽.

5   田中浩(1988), 284쪽.

6   田中浩(1988), 301쪽.

7   후쿠자와가 메이지유신 초부터 정부의 제의를 거절하고 협조하지 않은 것은 당시 유신에 참여한 사람들이 외국을 오랑캐로 낮춰 부르고 배격하는 양이론(攘夷論)을 주장했고, 외국과 활발한 교제를 통해 일본을 개화시켜야 한다는 자신의 생각과 상충되었기 때문으로 풀이하기도 한다. 정일성(2001), 290쪽.

8   許艷(1991), 87쪽. 그러나 溝口元(2021)은 이노우에 테츠지로(井上哲次郎)가 처음 번역한 것으로 설명하고 있다. 추후 확인이 필요하다.

9   영어 struggle for existence의 발음을 일본어로 표기한 것이다. 우리말로 표기하면 스트러글 폴 엑시스탄스 정도이다.

10   加藤弘之(1881), 1쪽.

11   加藤弘之(1882), 13쪽.

12   田中友香理(2022), 13쪽.

13   加藤弘之(1882), 14쪽.

14   https://www.etymonline.com/word/competition

15   https://www.etymonline.com/search?q=struggle

16   田中浩(1988), 284쪽.

17   真辺将之(2020), 182쪽.

18   김도형(2016), 43쪽.

19   이정은(2005), 211쪽.

20   최규진(2013), 116쪽.

21   加藤弘之(1882), 17~18쪽.

22   加藤弘之(1882), 18쪽.

23   헤켈(Ernst Haeckel,1834~1919), 독일의 생물학자이자 철학자이다.

24   加藤弘之(1882), 18쪽.

25   加藤弘之(1882), 19쪽.

26   加藤弘之(1882), 22쪽.

27   신연재(1991), 89쪽.

28   신연재(1991), 89쪽; 田中友香理(2022), 13쪽.

29   신연재(1991), 57쪽; 溝口元(2010), 51쪽.

30   김도형(2018), 11쪽.

31   許艷(1991), 87쪽.

32 田中友香理(2022), 13쪽.

33 Kutschera, U. et al. (2019), p. 3.

34 Gliboff, S. (2008), p. 4.

35 Kutschera, U. et al. (2019), p. 2.

36 Darwin Correspondence Project, "Letter no. 5193," accessed on 26 March 2024.

37 Darwin Correspondence Project, "Letter no. 9068," accessed on 26 March 2024.

38 로버트 스미스(Smith, R., 1853~?).

39 Darwin Correspondence Project, "Letter no. 8790F," accessed on 26 March 2024.

40 Meyer, A. (2009), p. 1.

41 Kutschera, U. et al. (2019), p. 3.

42 Meyer, A. (2009), p. 1.

43 브론(Bronn, H. G., 1800~1862).

44 프라이어(Preyer, W. T., 1841~1897).

45 Darwin Correspondence Project, "Letter no. 6687," accessed on 29 March 2024.

46 Gliboff, S. (2008), p. 77.

47 Gliboff, S. (2008), p. 82.

48 Gliboff, S. (2008), p. 18.

49 1945년까지는 독일에 속하는 지역으로 슈테틴(Stettin)으로 불렸으나, 오늘날에는 폴란드에 속하며 슈체친(Szczecin)으로 부르고 있다. 독일과 폴란드 국경 지역에 위치하며, 폴란드 제2의 항만도시이다.

50 Gliboff, S. (2008), p. 157.

51 Gliboff, S. (2008), p. 166.

52 Haeckel, E. (1868), p. 133.

53 원문에는 struggle for existence로 표기되어 있고, 이 책 2부 「2. 다윈이 생존경제를 주장했는가」에서는 이를 존속을 위한 몸부림으로 번역했으나, 여기에서는 독자들의 편의를 위해 생존경쟁으로 표기했다.

54 Haeckel, E. (1863), p. 20.

55 Gliboff, S. (2008), p. 170.

56 피터 보울러, 정세권 역(2014), 217쪽.

57 피터 보울러, 정세권 역(2014), 217쪽.

58 피터 보울러, 정세권 역(2014), 218쪽.

59 피터 보울러, 정세권 역(2014), 218쪽.

60 가토는 이들의 책을 읽으면서 여러 권의 「의당비망」이라는 독서록을 작성했는데, 이 독서록 2번째 초반부에는 헤켈이 쓴 『창조의 역사』와 관련된 내용이 나오며, 이밖에 다윈, 라마르크, 괴테, 오켄 등의 이름과 함께 '진화론'이라는 표

현이 나오고, 중반 이후로는 다윈과 헤켈의 내용이 많다. 다만 다윈의 경우에는 주로 인종론에 대한 관심으로 『인간의 친연관계(The descent of man)』를 살펴보는 반면, 헤켈의 경우는 그 영향이 좀 더 광범위한데, 특히 『창조의 역사』에 나오는 인종의 기원과 분류에 대한 설명에 주목했다. 김도형(2014), 39쪽.

61 김도형(2015), 542쪽.

62 버클(Buckle, H.T., 1821~1862). 영국의 역사가로, 〈영국의 개화사〉를 집필했다.

63 김도형(2015), 546쪽.

64 김도형(2014), 41쪽.

65 田中浩(1988), 303쪽.

66 김도형(2007), 182쪽.

67 윤홍노(1996), 70쪽.

68 김도형(2014), 41쪽.

69 김도형(2015), 567쪽.

70 田中友香理(2022), 12쪽.

4. 무한경쟁과 승자독식

1 앨런 그린스펀·에이드리언 올드리지, 김태훈 역(2020), 20쪽.

2 앨런 그린스펀·에이드리언 올드리지, 김태훈 역(2020), 68쪽.

3 오늘날의 루이지애나주를 포함하여, 몬태나주, 와이오밍주, 노스타코타주, 미네소타주, 사우스타고타주, 콜로라도주, 네브라스카주, 미주리주, 뉴멕시코주, 텍사스주, 캔자스주, 오클라호마주, 아칸소주 등의 일부 또는 전체를 포함하는 지역이다.

4 이삼식 등(2012), 19쪽.

5 이삼식 등(2012), 21쪽.

6 이삼식 등(2012), 30쪽.

7 이경일(2013), 265쪽.

8 헌팅턴(Huntington, C., 1821~1900). 미국의 철도사업가이다.

9 로버트 하일브로너·윌리엄 밀버그, 홍기빈 역(2013), 229~230쪽.

10 미국의 도금시대에 정경유착으로 시장을 독점하고 온갖 술수를 동원하여 경쟁기업을 무자비하게 삼킨 일단의 기업가들을 지칭한다.

11 제이 굴드(Gould, J., 1836~1892). 미국의 철도사업가이다.

12 로버트 하일브로너·윌리엄 밀버그, 홍기빈 역(2013), 229~230쪽.

13 조지프 스티글리츠, 이순희 역(2022), 122쪽.

14 양동휴(1985), 93쪽.

15 앨런 그린스펀·에이드리언 올드리지, 김태훈 역(2020), 203쪽.

16 앨런 그린스펀·에이드리언 올드리지, 김태훈 역(2020), 161~162쪽.

17 심은경(2004) 논문에서 「카네기의 기업 경영 방식」 항목을 참조하였다.

18 앨런 그린스펀·에이드리언 올드리지, 김태훈 역(2020), 160쪽.

19 이준구(2013), 2쪽.

20 이은주(2019), 156~157쪽.

21 Carnegie, A. (1889), p. 655.

22 장지용 등(2019), 10쪽.

23 장지용 등(2019), 18쪽.

24 소스타인 베블런, 원용찬 역(2016), 43쪽.

25 앨런 그린스펀·에이드리언 올드리지, 김태훈 역(2020), 493쪽.

26 앨런 그린스펀·에이드리언 올드리지, 김태훈 역(2020), 445쪽.

27 앨런 그린스펀·에이드리언 올드리지, 김태훈 역(2020), 181~182쪽.

28 앨런 그린스펀·에이드리언 올드리지, 김태훈 역(2020), 445쪽.

29 조지프 스티글리츠, 이순희 역(2022), 135쪽.

30 로버트 하일브로너·윌리엄 밀버그, 홍기빈 역(2013), 233~235쪽.

31 세실 앤드류스, 강정임 역(2013), 23쪽.

32 Forbes Korea, 「채인택의 역사를 만든 부자들(8) 존 데이비슨 록펠러」, 2016년 10월 23일.

33 앨런 그린스펀·에이드리언 올드리지, 김태훈 역(2020), 40쪽.

34 아사 그레이(Gray, A., 1810~1888).

35 Hofstadter, R. (1955), p. 13.

36 요먼스(Youmans, E. L., 1821~1887). 미국의 과학 분야 작가이자 과학 잡지 편집자이다.

37 Hofstadter, R. (1955), p. 22.

38 Youmans, E. L. (1874), pp. 20~48.

39 김호연(2009), 309쪽.

40 피스크(Fiske, J., 1842~1901). 미국의 철학자이자 역사가이다.

41 윌리엄 그레이엄 섬너(Sumner, W. G., 1840~1910). 미국의 목사이자 사회 과학자이다.

42 Hofstadter, R. (1955), pp. 19~20.

43 Hofstadter, R. (1955), p. 55.

44 Hofstadter, R. (1955), p. 51.

45 Sumner, W. G. (1883), pp. 76~77.

46 Hofstadter, R. (1955), p. 56.

47　Hofstadter, R. (1955), p. 58.

48　Sumner, W. G. (1912), p. 90; Hofstadter, R. (1955)에서 재인용.

49　소스타인 베블런, 원용찬 역(2016), 51쪽.

50　White, J. (1979), p. 67.

51　White, J. (1979), p. 64.

52　1879년에 출판되었다.

53　1867년에 출판되었다.

54　1851년에 출판되었다.

55　1871년에 출판되었다.

56　Carnegie, A. (1920), p. 339.

57　Carnegie, A. (1920), p. 333.

58　White, J. (1979), p. 67.

59　White, J. (1979), pp. 64~65.

60　Carnegie, A. (1889), p. 655.

61　White, J. (1979), p. 69.

62　Carnegie, A. (1908), p. 4.

63　White, J. (1979), p. 69.

64　로버트 L. · 하일브로너 · 윌리엄 밀버그, 홍기빈 역(2013), 228쪽.

65　김성희, 「노동자 일깨운 강도귀족」, 2023년 5월 23일 자.
　　http://www.econotelling.com/news/articleView.html?idxno=10514

66　밴더빌트(Vanderbilt II, G. W., 1862~1914). 미국의 사업가이자 예술품 수집
　　가이다.

67　베블런(Veblen, T., 1857~1929). 미국의 경제학자이자 사회학자이다.

68　로버트 하일브로너 · 윌리엄 밀버그, 홍기빈 역(2013), 232쪽.

69　소스타인 베블런, 원용찬 역(2016), 101쪽.

70　소스타인 베블런, 원용찬 역(2016), 207쪽.

71　소스타인 베블런, 원용찬 역(2016), 38쪽.

72　소스타인 베블런, 원용찬 역(2016), 207쪽.

73　소스타인 베블런, 원용찬 역(2016), 125쪽.

74　로버트 프랭크 · 필립 쿡, 권영경 · 이경미 역(2008), 79쪽.

75　이준구(2013), 7쪽.

76　이준구(2013), 10~11쪽.

77　이준구(2013), 12~13쪽.

78　이준구(2013), 13쪽.

79　로버트 프랭크 · 필립 쿡, 권영경 · 이경미 역(2008), 43쪽.

80 이준구(2013), 14쪽.

81 이준구(2013), 20쪽.

82 로버트 프랭크·필립 쿡, 권영경·이경미 역(2008), 6쪽.

83 세실 앤드류스, 강정임 역(2013), 5쪽.

84 소스타인 베블런, 원용찬 역(2016), 208쪽.

85 류창희(2007), 34쪽.

86 세실 앤드류스, 강정임 역(2013), 29쪽.

5. 우리나라에서의 뒤틀어진 경쟁

1 『동아일보』, 「20대 29.4% "한국인인게 싫다"…'피곤한 경쟁사회' 스트레스」, 2023년 5월 13일 자.

2 『한국일보』, 「절반세대 87% "망국적인 K경쟁이 출산 결정에 영향"」, 2023년 7월 4일 자.

3 『아주경제』, 「대학생 89%, '학생 간 경쟁 치열함 느껴'」, 2011년 4월 21일 자. 오찬호(2014), 173쪽에서 재인용.

4 『경향신문』, 「시민 10명 중 6명 "한국은 불공정 사회"… '공정'에 대한 갈증 여전」, 2020년 10월 6일 자.

5 『더피알』, 「"경쟁 사회 피곤"… 취업할 의지 잃은 '니트족'」, 2024년 2월 14일 자.

6 이형우(2005), 275쪽.

7 『한국일보』, 「절반세대 87% "망국적인 K경쟁이 출산 결정에 영향"」, 2023년 7월 4일 자.

8 이경숙(2006), 24쪽.

9 오찬호(2013), 168쪽.

10 최항섭(2003), 239쪽.

11 『패션인사이트』, 「'명품 시장의 별' 한으로 쏠린 명품 업계」, 2023년 2월 20일 자.

12 이형우(2005), 284쪽.

13 이재열(2015), 22쪽.

14 오찬호(2014), 57쪽.

15 이철호(2004), 9쪽.

16 이철호(2004), 13쪽.

17 문구는 한국 고전종합DB에서 그대로 가져온 것이나, 번역은 약간 수정한 것이다.

18 계곡집(谿谷集), 谿谷先生集卷之七. 序. 南窓雜稿序. 번역문은 한국고전종합DB에서 따온 것이다.

19 유길준(1971), 47쪽.

20 유길준(1971), 17~18쪽.

21 방상근·와타나베 히로시(2013), 195~197쪽.

22 加藤弘之(1882), 14쪽.

23 윤홍노(1996), 75쪽.

24 박노자(2005), 316쪽; 이인화(2014), 233쪽.

25 표도르 크로포트킨, 김훈 역(2015), 317쪽.

26 조세현(2005), 232쪽.

27 이호령(2000), 168쪽.

28 조세현(2005), 255쪽에서 재인용.

29 조세현(2005), 256쪽.

30 김명섭(2001), 124쪽.

31 『한겨레』, 「120년 전 오늘, 노비세습제 폐지되다」, 2006년 2월 8일 자.

32 김태완, 우리역사넷, 제4장 일제강점기의 배움과 가르침, 3. 학교생활, 입학과
    졸업. (http://contents.history.go.kr/mobile/km/view.do?levelId=km_002_00
    60_0030_0010)

33 이경숙(2006), 205쪽.

34 이경숙(2006), 209쪽.

35 『연합뉴스』, 「일제시대에도 '대학 입시전쟁' 치렀다」, 2006년 12월 21일 자.

36 김상훈(2020), 408쪽.

37 이경숙(2006), 2쪽.

38 이경숙(2006), 295쪽.

39 김상훈(2020), 403쪽.

40 강일국(2004) 논문 참조.

41 김상훈(2020), 438쪽.

42 강일국(2004), 203쪽.

43 문성식(2021), 186쪽.

44 문성식(2021), 158~159쪽.

45 문성식(2021), 186쪽.

46 문성식(2021), 165쪽.

47 문성식(2021), 174쪽.

48 박노자(2005), 48쪽.

49 김인회(1985), 21쪽.

50 『경향신문』, 「유신의 교육과 대중지성」, 2013년 12월 27일 자.

51 이철호(2004), 23쪽.

52 이철호(2004), 22쪽.

53 최정묵(2016), 571쪽.

54 서울대학교 사회과학연구원에서 1970년부터 2003년까지 서울대학교 사회과학대학 9개 학과에 입학한 학생 12,538명의 학생기록카드 기재사항을 토대로 학부모의 학력, 직업, 거주지역 등이 대학 입학 가능성과 입학 이후의 성적에 미치는 영향을 조사 분석한 보고서이다.

55 이철호(2004), 16~17쪽.

56 김세직 등(2015), 372쪽.

57 이철호(2004), 23쪽.

58 오찬호(2014), 205쪽.

59 로버트 프랭크, 안세민 역(2012), 213쪽.

60 박원일 등(2021), 80쪽.

61 헌법 제31조 1항, "모든 국민은 능력에 따라 균등하게 교육을 받을 권리를 가진다"로 되어 있다. 1948년에 제정된 헌법 제16조에는 "모든 국민은 균등하게 교육을 받을 권리가 있다"로 되어 있는데, 이 항목에 "능력에 따라"라는 표현이 삽입된 것이다.

62 박원일 등(2021), 53~54쪽.

63 헌법재판소(1994), 〈교육법 제96조 제1항 위헌 확인〉(1994.2.24 93헌마192 헌법재판소 전원재판부) [교육법제96조제1항위헌확인][헌집6-1, 173]. http://casenote.kr/헌법재판소/93헌마192.

64 강준만(2016), 329~330쪽.

65 박원일 등(2021), 109쪽.

66 박원일 등(2021), 163쪽.

67 이경숙(2006), 23쪽.

68 곽영신·류웅재(2021), 11쪽.

69 오찬호(2014), 207쪽.

70 『한겨레』, 「서울, 연세, 고려대생 45%가 상위 10% 자녀」, 2012년 3월 2일 자.

71 민동원·박기완(2017), 18쪽.

72 로버트 프랭크, 안세민 역(2012), 198쪽.

73 오찬호(2014), 228쪽.

74 민동원·박기완(2017), 5쪽.

75 민동원·박기완(2017), 4쪽.

76 오찬호(2014), 212쪽.

77 이 부분은 김경용(2014)의 논문, 「조선조의 과거제도와 교육제도」에 있는 내용에서 발췌한 것이다.

78 이한(2024), 41쪽.

79 『파주뉴스』,「율곡 이이가 9번이나 과거에 급제한 이유-과거 제도의 진실」, 2020년 12월 9일 자.

80 이한(2024), 39쪽

81 이경숙(2006), 21쪽,

82 강수돌(2019), 71쪽.

83 세실 앤드류스, 강정임 역(2013), 29쪽.

2부 다윈의 생각에 대한 오해

1   원문은 "Any person proceeding from an ancestor in any degree; issue; offspring, in the line of generation, ad infinitum. We are all the descendants of Adam and Eve."이다.

2   원문은 "Descent, or true relationship, tends to keep the species to one form (but is modified). the relationship of analogy is a divellent power & tends to make forms remote antagonist powers."이다.

3   찰스 다윈, 장대익 역(2019), 194쪽.

4   질리언 비어, 남경태 역(2008), 6쪽.

5   데이비드 쾀멘, 이한음 역(2009), 14쪽.

6   데이비드 쾀멘, 이한음 역(2009), 13쪽.

7   질리언 비어, 남경태 역(2008), 6쪽.

8   질리언 비어, 남경태 역(2008), 45쪽.

9   파트리크 토르, 박나리 역(2019), 267쪽.

10 파트리크 토르, 박나리 역(2019), 264쪽.

1. 먹을 것이 부족하면 경쟁해야 하나

1   맬서스(Malthus, T. R., 1766~1834). 영국의 인구통계학자이자 정치경제학자이다.

2   파트리크 토르, 박나리 역(2019), 19쪽.

3   Malthus, T. R. (1789), p. 10.

4   Malthus, T. R. (1826), p. 6.

5   Malthus, T. R. (1826), p. 10.

6   Malthus, T. R. (1826), p. 11.

7   박성관(2014), 166쪽; 윤혜섭·장수철(2020), 63쪽; 『한겨레』,「문제아 다윈으로부터 수많은 학문 종이 진화했다」, 2005년 7월 21일 자.

8   빌 브라이슨, 이덕환 역(2014), 403쪽; 파트리크 토르, 박나리 역(2019), 20~21쪽; Shermer, M. (2016), p. 72.

9   Malthus, T. R. (1826), pp. 10~11.

10 Malthus, T. R. (1826), p. 2.

11 Malthus, T. R. (1826), p. 3.

12 Malthus, T. R. (1826), p. 3.

13 Malthus, T. R. (1826), pp. 23~24.

14 Malthus, T. R. (1826), p. 12.

15 Malthus, T. R. (1826), pp. 12~13.

16 Malthus, T. R. (1826), p. 12.

17 Malthus, T. R. (1826), p. 152.

18 Malthus, T. R. (1826), pp. 21~22.

19 Malthus, T. R. (1826), pp. 94~95.

20 자서전에는 10월에 『인구론』을 읽었다고 되어 있으나, 공책 D의 135e번의 해설(Barrett, P. H. et al., 1987)에는 1838년 9월 28일에 메모를 한 것으로 되어 있다. 추후 확인이 필요할 것이다.

21 일반적으로 브랜디는 포도주를 증류해서 만든 술이며, 밀로 만든 증류주를 위스키라고 부른다.

22 Barret, P. H. (1987), pp. 375~376.

23 찰스 다윈, 신현철 역(2019), 100쪽.

24 Ospovat, D. (1979), p. 212.

25 리차드 리키, 소현수 역(1986). 4쪽.

26 찰스 다윈, 신현철 역(2019), 16쪽.

27 찰스 다윈, 신현철 역(2019), 96쪽.

28 Darwin, F. (1887), p. 83; Darwin, F. (1908), p. 40.

29 재닛 브라운, 이한음 역(2012), 70쪽.

30 이 부분은 2부 「3. 자연선택과 최적자생존은 같은 개념인가」 참조.

31 박성관(2014), 155쪽.

32 찰스 다윈, 신현철 역(2019), 98쪽.

33 찰스 다윈, 신현철 역(2019), 98쪽.

34 Young, R. (1969), p. 126.

35 Young, R. (1969), p. 127.

36 Darwin, C. (1868), p. 10.

37 Mogie, M. (1996), p. 2086.

38 제닛 브라운, 임종기 역(2010), 707쪽.

39 제닛 브라운, 임종기 역(2010), 711쪽.

40 질리언 비어, 남경태 역(2008), 69쪽.

41 제닛 브라운, 임종기 역(2010), 711쪽.

42 Gliboff, S. (2008), p. 96.

43 Hensly, A. W. (2020), p. 46.

44 Darwin, C. (1868), p. 10.

45 에른스트 마이어, 신현철 역(1998), 104쪽.

46 박혜영(2020), 43쪽.

47 Bowler, P. J. (1976), p. 635.

2. 다윈이 생존경쟁을 주장했는가

1 오늘날 표현으로 하면 "지금은 생존경쟁하는 시대이니 어떤 사업이든 하나는 훌륭하게 남길 수 있도록 해보라" 정도이다.

2 송민(2000), 121쪽.

3 박성래(1995), 24쪽.

4 송민(2000), 121쪽.

5 송민(2000), 126쪽.

6 원문은 "大抵國家의 起立함을 可知ᄒ려면 商務의 興旺함을 必驗ᄒᄂ니"이다.

7 원문은 "日本國이 每歲에 人口가 四十萬이 增加ᄒ되 其增加ᄒ 人口가 農桑一事에만 專賴ᄒ야써 衣食을 生存競爭ᄒᄂ 場에 求흠이 아니라"이다.

8 고신문 아카이브에서 검색한 내용이다. 검색일: 2024년 8월 11일.

9 1부 「3. 생존경쟁이라는 또 다른 이름의 경쟁」 참조.

10 加藤弘之(1882), 14쪽.

11 https://www.etymonline.com/search?q=struggle

12 박성관(2014), 172쪽.

13 찰스 다윈, 장대익 역(2019), 24쪽.

14 김도형(2016), 23쪽.

15 김도형(2016), 44쪽.

16 『한겨레』, 「윤대통령의 '나의 투쟁', 우리가 닮아가지 말아야 할 것」, 2022년 11월 17일 자.

17 찰스 다윈, 신현철 역(2019), 94~95쪽.

18 찰스 다윈, 신현철 역(2019), 95쪽.

19 찰스 다윈, 신현철 역(2019), 95쪽.

20 맷 칸데이아스, 조은영 역(2022), 33쪽. 이 책 5장의 제목이 「생존을 위한 분투」로 되어 있으나, 원본에 있는 5장의 제목은 "Chapter 5 : Plants on the Move"이며, 6장의 제목도 "Chapter 6 : Unlikely Allies"로 「생존을 위한 분투」로 번역할 수가 없다. 이 책 166쪽에는 "생존을 위한 투쟁"이라는 문구도 나오고 있어,

분투와 투쟁을 같은 의미로 번역한 것으로 판단된다.

21 https://dictionary.cambridge.org/ko/영어/existence

22 찰스 다윈, 신현철 역(2019), 448~449쪽.

23 찰스 다윈, 신현철 역(2019), 16쪽.

24 찰스 다윈, 신현철 역(2019), 93쪽.

25 저자 미상(연도 미상), p.29.

26 Darwin, C.(1858), p.62.

27 Darwin, C.(1858), p.69.

28 Darwin, C.(1858), p.179.

29 장대익은 20회 전부를 생존투쟁으로 번역했다. 찰스 다윈, 장대익 역(2019).

30 김관선은 1회를 생존경쟁으로 번역했고, 살아가기 위한 경쟁, 삶을 위한 경쟁, 그리고 경쟁으로 각 1회씩 번역했다. 찰스 다윈, 김관선 역(2015).

31 Darwin, C.(1858), p.350.

32 찰스 다윈, 신현철 역(2019), 93쪽.

33 Malthus, T. R.(1798), pp.47~48.

34 Lyell, C.(1830), p.56.

35 앨프리드 러셀 윌리스, 신현철 역(2023), 59쪽. 단지 이 책에는 "생존을 위한 몸부림"으로 표기되어 있다.

36 Gale, B. G.(1972), p.336.

37 Gale, B. G.(1972), p.342.

38 찰스 다윈, 신현철 역(2019), 94쪽.

39 Gale, B. G.(1972), p.335.

40 Gale, B. G.(1972), p.333.

41 찰스 다윈, 신현철 역(2024), 606쪽.

42 Gane, N.(2019), p.39.

43 찰스 다윈, 신현철 역(2019), 156쪽.

44 찰스 다윈, 신현철 역(2019), 156쪽.

45 찰스 다윈, 신현철 역(2019), 145쪽.

46 정글은 경쟁이 심하여 사람 사이의 신뢰를 찾기 힘든 곳을 비유적으로 가리킨다.

47 Gale, B. G.(1972), p.342.

48 디킨스(Charles John Huffam Dickens, 1812~1870).

49 윌리엄 메이크피스 새커리(William Makepeace Thackeray, 1811~1863).

50 Trackeray, W.M.(1854), p.112.

51 Gale, B. G.(1972), p.342.

52 Gale, B. G.(1972), p.342.

53 프라이어(W. T. Preyer, 1841~1897).

54 Darwin Correspondence Project, "Letter no. 6687," accessed on 29 March 2024.

3. 자연선택과 최적자생존은 같은 개념인가

1 Spencer, H. (1864), vol. 1, pp. 444~445.

2 Spencer, H. (1864), vol. 2, p. 230.

3 Darwin, C. (1868), vol. 1, p. 6.

4 Mayr, E. (1988), p. 96.

5 질리언 비어, 남경태 역(2008), 264쪽.

6 Darwin, C. (1869), p. 72.

7 Darwin, C. (1869), p. 92.

8 Darwin, C. (1869), p. 105.

9 Darwin, C. (1869), p. 125.

10 찰스 다윈, 신현철 역(2019), 118쪽.

11 Barlow, N. (ed., 1958), p. 120.

12 에른스트 마이어, 신현철 역(1998), 98쪽.

13 Darwin, C. (1861), pp. 84~85.

14 Mayr, E. (1988), p. 95.

15 에른스트 마이어, 신현철 역(1998), 96쪽.

16 에른스트 마이어, 신현철 역(1998), 98쪽.

17 에른스트 마이어, 신현철 역(1998), 61쪽.

18 에른스트 마이어, 신현철 역(1998), 85쪽.

19 세지윅(Sedgwick, A., 1785~1873). 영국의 지질학자로 지질 연대의 캄브리 아기와 데본기의 명칭을 제안했다. 다윈은 세지윅에게서 지질학을 배웠고, 비 글호 항해 기간에 편지를 주고 받았으나, 세지윅은 다윈의 진화론에 반대했다.

20 Bradley, B. (2022), p. 5.

21 Bradley, B. (2022), p. 6.

22 에른스트 마이어, 신현철 역(1998), 72쪽.

23 에른스트 마이어, 신현철 역(1998), 117쪽.

24 하비(Harvey, W. H., 1811~1866).

25 Darwin Correspondence Project, "Letter no. 2922," accessed on 14 September 2024.

26 Darwin Correspondence Project, "Letter no. 2822," accessed on 14 September 2024.

27 다윈은 자연을 의인화하지는 않았다. 단지 『종의 기원』 초판 469쪽에서 "사람 이 인내심을 가지고 자신에게 가장 유용한 변이를 선택할 수 있었다면, 왜 자 연은 변하는 살아가는 조건에 처해 있는 야생생물들이 지닌 유용한 변이를 선

택하는 데 실패했다고 할 수 있을까?'라고 하면서 월리스가 편지에 쓴 것처럼 사람과 자연을 비교하기는 했다. 그리고 월리스가 자연이 선호하며, 종의 이익만은 추구한다고 하였으나, 다윈은 『종의 기원』 초판 469쪽에서 "좋은 것은 선택하고, 나쁜 것은 배제"한다고 썼으며, 자연선택이 "생명체 하나하나의 이익을 위해"라고는 표현했다.

28 Darwin Correspondence Project, "Letter no. 5140," accessed on 30 August 2024.

29 Wallace, A. R. (1908), p. 190.

30 다윈이 스펜서의 『생물학 원리』 445~456쪽을 보면서 느낀 생각으로 보인다.

31 Darwin Correspondence Project, "Letter no. 5145," accessed on 30 August 2024.

32 다윈 편지 홈페이지에는 다윈 편지에 대해 스펜서의 『생물학 원리』 2권 258~260쪽, 274쪽에 나오는 내용으로 설명하고 있다. 그러나 이 책은 이 편지가 작성된 이후인 1867년에 발간되었다. 그러나 『생물학 원리』 2권은 1권과 마찬가지로 1865년부터 1867년까지 연재했던 연재물을 하나의 책으로 묶어서 출판한 책이다. 그리고 258~260쪽은 1866년 6월에 연재된 글이다.

33 Darwin Correspondence Project, "Letter no. 5135," accessed on 31 August 2024.

34 찰스 다윈, 신현철 역(2019), 325쪽.

35 부울(Boole, M. E., 1832~1916). 영국의 여성 수학자이다.

36 Darwin Correspondence Project, "Letter no. 5307," accessed on 30 August 2024.

37 Costa, J. T. (2009), p. 243.

38 Dilley, S. (2012), p. 36.

39 Barlow, N. (ed, 1958), pp. 89~90.

40 Barlow, N. (ed, 1958), p. 90.

41 에른스트 마이어, 신현철 역(1998), p. 119.

42 재닛 브라운, 이경아 역(2010), 300쪽.

43 Mayr, E. (1982), p. 386.

44 재닛 브라운, 이경아 역(2010), 505쪽.

45 Lawson Tait이 1876년 2월 21일에 다윈에게 보낸 편지에 있는 내용이다. Darwin Correspondence Project, "Letter no. 10405," accessed on 30 August 2024.

46 https://www.darwinproject.ac.uk/commentary/evolution/natural-selection

47 찰스 다윈, 신현철 역(2019), 277쪽.

4. 진화는 진보라는 개념을 포함하는가

1 찰스 다윈, 신현철 역(2019), 440쪽.

2 찰스 다윈, 신현철 역(2019), 190쪽.

3 이노우에 테츠지로(井上哲次郞, 1856~1944). 일본의 철학자이자 시인이다.

4   溝口元(2021), 265쪽.

5   어떤 곡선의 모든 접선 중 적당한 한 점씩을 포함하는 곡면 위에 놓여 있으며 원 곡선의 모든 접선들과는 수직으로 만나는 또다른 곡선이다.

6   Bowler, P. J. (1975), p. 96.

7   Bowler, P. J. (1975), p. 96.

8   폰 할러(von Haller, A., 1708~1777). 스위스의 생리학자이다.

9   스티븐 제이 굴드, 홍욱희·홍동선 역(2009), 42쪽; Bowler, P. J. (1975), p. 96.

10 수밤메르담(Swammerdam, J., 1637~1680). 네덜란드의 생물학자이자 현미경학자이다.

11 Bowler, P. J. (1975), p. 97.

12 Bowler, P. J. (1975), p. 97.

13 이래즈머스 다윈(Darwin, E. R., 1731~1802). 찰스 다윈의 할아버지로, 의사이자 자연철학자이다. 다윈도 읽었던 『주노미아』를 발표했다.

14 Darwin, E. R. (1791), p. 8.

15 스티븐 제이 굴드, 홍욱희·홍동선 역(2009), 43쪽.

16 팔코너(Falconer, H., 1808~1865). 스코틀랜드 출신의 지질학자이자 식물학자, 고생물학자이다.

17 찰스 다윈, 신현철 역(2024), 398쪽.

18 생명체의 구조가 단순하다기보다는 그 수가 적다는 의미로 풀이하기도 한다. Bowler(1975), p. 103 참조.

19 찰스 다윈, 신현철 역(2019), 634쪽.

20 스티븐 제이 굴드, 홍욱희·홍동선 역(2009), 44쪽; 찰스 다윈, 김관선 역(2015), 504쪽.

21 찰스 다윈, 송철용 역(2013), 535쪽.

22 찰스 다윈, 장대익 역(2019), 650쪽.

23 찰스 다윈, 신현철 역(2024), 634쪽.

24 Darwin, F. (ed. 1909), p. 52.

25 Lyell, C. (1832), p. 14.

26 Bowler, P. J. (1975), p. 100.

27 Hallam, A. (2015), p. 133.

28 Bowler, P. J. (1975), p. 102.

29 팔그레이브(Palgrave, S., 1788~1861).

30 Palgrave, S. (1837), p. 201.

31 Bowler, P. J. (1975), p. 102.

32 Bowler, P. J. (1975), p. 103.

33 Bowler, P. J. (1975), p. 103.

34 Bowler, P. J. (1975), p. 99.

35 Bowler, P. J. (1975), p. 101.

36 찰스 다윈, 신현철 역(2019), 398쪽.

37 Darwin, C. R. (1868), vol. 2, p. 63.

38 스티븐 제이 굴드, 홍욱희·홍동선 역(2009), 43쪽.

39 폰 베어(von Baer, K. E., 1792~1876). 독일의 생물학자이자 탐험가며 지질학자이다. 발생학을 연구하여 종의 변천은 인정하였으나, 다윈의 자연선택 이론은 거부했다.

40 Bowler, P. J. (1975), p. 100.

41 Anonymous(1853), p. 233.

42 Bowler, P. J. (1975), p. 100.

43 Hooker, J. D. (1860), p. 309.

44 Darwin Correspondence Project, "Letter no. 6292," accessed on 14 September 2024,

45 Darwin Correspondence Project, "Letter no. 6327," accessed on 14 September 2024,

46 Spencer, H. (1851), p. 91.

47 Spencer, H. (1851), p. 268.

48 Spencer, H. (1890[1852]), p. 1.

49 Spencer, H. (1890[1852]), p. 5. 이 논문은 1852년 3월에 The Leader에 게재된 것이나, 1890년 Spencer의 논문들을 모아 만든 책에 다시 수록되었고, 1890년의 논문을 참조했다.

50 Bowler, P. J. (1975), p. 100.

51 영어로 social organism인데, 우리나라에서는 일본에서 번역한 사회유기체로 부르고 있다. 그러나 유기체가 "많은 부분이 일정한 목적 아래 통일·조직되어 그 각 부분과 전체가 필연적 관계를 가지는 조직체"로 표준국어대사전에 설명되어 있어, organism이라는 단어의 원래의 뜻, 즉 생물이라는 의미가 누락되어 있다. 스펜서는 사회를 생물과 비교하여 설명하고 있으므로, social organism을 사회유기체라고 번역하는 것보다는 사회생명체로 번역하는 것이 타당할 것이다.

52 Spencer, H. (1860), p. 96.

53 Spencer, H. (1862), p. 137.

54 Spencer, H. (1867), p. 79.

55 Spencer, H. (1867), p. 79.

56 Bowler, P. J. (1975), pp. 107~108.

57 황수영(2011), 123쪽.

58 Spencer, H. (1864), p.133.

59 O'Connel, M. Ruse(2021), p.14.

60 Spencer, H. (1857), p.245.

61 Bowler, P. J. (1975), p.109.

62 Hossain, D.M.·S. Mustari(2012), p.56.

63 앙리 베르그송, 최화 역(2020), 535쪽.

64 앙리 베르그송, 최화 역(2020), 541쪽.

65 Mayr, E. (1982), p.386.

66 Mayr, E. (1982), p.494.

67 Hossain, D. M.·S. Mustari(2012), p.56.

68 Burry, J. N. (1985), p.732.

69 Delaney, T. (2009), p.20.

70 Burry, J.N. (1989), p.150.

71 田中友香理(2022), 12쪽.

72 Spencer, H. (1860), p.101.

73 溝口元(2021), 265쪽.

74 井上哲次郎(1878), 232쪽(萬物進化論), 246쪽(進化論).

75 溝口元(2020·2021)은 1878년에 동경제국대학교에서 발행하는 『학예지림 (学芸志林)』 4호에 미국에서 발행하는 *Popular Science Monthly*, 1877년 9월 호에 게재되었던 동물학자 브룩스의 논문 「본능과 지능(Instinct and Intelligence)」을 鈴木唯一이 「동물의 천성과 지혜에 관해 논함」이라는 제목의 번역 글로 게재하면서 evolution을 変遷(변천)으로 번역했다고 주장했다. 그러나 브룩스의 논문에는 evolution이 3회 나오나, 鈴木唯一의 번역글에서는 evolution 이 포함된 글의 번역문에 変遷(변천)이라는 표현은 발견되지 않는다. 추후 검 토가 필요하다.

76 https://www.ssu.ac.jp/relay-essay/20130507/

77 森田尚人(2010), 1쪽.

78 https://dl.ndl.go.jp/pid/832215/1/4

79 완전한 제목은 *On the Origin of Species; or, The causes of the phenomena of Organic Nature*이다.

80 金子之史(2000), 4쪽.

81 황수영(2011), 107쪽.

82 황수영(2011), 106쪽.

83 한상철(2012), 419쪽.

84 한상철(2012), 423쪽.

85 노관범(2011), 121쪽.

86 한국고전번역원 DB에서 進化로 검색하면 24건이 나열되는데, 대부분 개화기 시절에 쓰여진 책들에서 검색되거나 사람 이름이었다. 단 한 사례가 『의방유취』의 "진화담이격(進化痰利膈)"이라는 설명에서 나타나는데, 가래를 삭이거나 가슴을 편안하게 해준다는 의미로 번역되어 있다. 우리나라 옛 사람들은 진화(進化)라는 단어를 거의 사용하지 않았던 것으로 판단된다.

87 노관범(2011), p.123.

88 노관범(2011), p.124.

89 힐겐도르프(Hillendorf, R., 1839~1904). 독일의 생물학자이다.

90 모리 오가리(森鴎外, 1862~1922). 소설가이자 평론가, 번역가이다.

91 Yajima, M.(1998)을 참조.

92 마츠바라 시노수케(松原新之助, 1853~1916). 수산학자이자 생물학자이다.

93 Yajima, M.(1998), p.392.

94 루이 아가시(Howard, L.O., 1935), p.12.

95 Louis Agassiz(1807~1873). 스위스 출신의 생물학자이자 지질학자이다.

96 Baer, A.(연도 미상), p.3.

97 이사카와 치요마쓰(石川千代松, 1860~1935). 동물학자로 진화론을 일본에 소개한 사람이다.

98 金子之史(2000), 5쪽.

99 야타베 요키시(矢田部良吉, 1851~1899). 식물학자이자 시인이다.

100 溝口元(2010), 48쪽.

101 페놀로사(Fenollosa, E., 1853~1908). 미국인으로 일본의 예술사를 전공했으며, 동경대학교에서 철학과 정치경제학을 강의했다.

102 Lainez, J.M.C.·J.M.A. Melendo(2004), p.76.

103 Nute, K.(1995), p.25.

104 山下重一(1975), 94쪽.

105 池田哲郎(1982), 208쪽.

106 Racel, M.N.(2014), p.20.

107 Brooks, V.W.(1962), p.106.

108 Baer, A.(연도 미상), p.4.

109 Nute, K.(1995), p.27.

110 Brooks, V.W.(1962), p.106.

111 토야마 마사카츠(外山正一, 1848~1900). 사회학자이자 교육자이다.

112 Nagazumi, A.(1983), p.3.

113 溝口元(2010), 51쪽.

114 安西敏三(1994), 226쪽.

115 山下重一(1975), 94쪽.

116 山下重一(1975), 77쪽.

117 安西敏三(1994), 225쪽.

118 國分典子(2009), 693쪽.

119 아리오 나가오(有賀長雄, 1860~1921). 법학자이자 사회학자이다.

120 有賀長雄가 1883년에 발간한 책 제목이 『사회진화론(社會進化論)』이다.

121 溝口元(2010), 51쪽.

122 山下重一(1975), 77쪽.

123 田中友香理(2022), 12쪽.

124 타치바나 센자부로(立花銑三郎, 1867~1901).

125 鵜浦裕(1993), 32쪽.

126 松永俊男(2021), 251쪽.

127 鵜浦裕(1993), 31쪽.

128 コラム 熱狂者達の進化論の系譜. 인터넷에 있는 자료이다. 주소는 https://www.gakujutsu.co.jp/text/isbn978-4-7806-1169-4/file/col_evolution_231110.pdf

129 溝口元(2021), 267쪽.

130 松永俊男(2021), 251쪽.   .

131 コラム 熱狂者達の進化論の系譜.

132 田中友香理(2022), 12쪽.

133 コラム 熱狂者達の進化論の系譜.

134 https://www.ssu.ac.jp/relay-essay/20130507/

135 松永俊男(2021), 251쪽.

136 溝口元(2021), 270쪽.

137 찰스 다윈, 신현철 역(2019), 589~591쪽.

138 溝口元(2021), 264쪽.

139 松永俊男(2021), 251쪽.

140 찰스 다윈, 신현철 역(2019), 122쪽.

141 찰스 다윈, 신현철 역(2019), 384쪽.

142 찰스 다윈, 신현철 역(2019), 450쪽.

143 찰스 다윈, 신현철 역(2019), 156쪽.

144 신현철(2016), 188쪽.

145 중국에서는 evolution을 进化(진화) 또는 演化(연화)로 번역하고 있다. https://baike.baidu.com/item/%E8%BF%9B%E5%8C%96/33490?fr=ge_ala를 참조

했다.

146 https://www.huxiu.com/article/1935149.html

147 김혜련(2003), 58쪽.

5. 무시된 생태학적 개념들

1   Pearce, T. (2010), p. 494.

2   찰스 다윈, 신현철 역(2019).

3   찰스 다윈, 김관선 역(2015).

4   찰스 다윈, 장대익 역(2019).

5   찰스 다윈, 신현철 역(2019).

6   찰스 다윈, 김관선 역(2015).

7   찰스 다윈, 장대익 역(2019).

8   Pearce, T. (2010) 논문을 참조했다.

9   Stauffer, R.C. (1957), p. 138.

10 Haeckel, E. (1866), pp. 235~236.

11 Haeckel, E. (1866), p. 286.

12 찰스 다윈, 신현철 역(2019), 412쪽.

13 찰스 다윈, 신현철 역(2019), 118쪽.

14 찰스 다윈, 신현철 역(2019), 122쪽.

15 찰스 다윈, 신현철 역(2019), 278쪽.

16 Haeckel, E. (1866), pp. 286~287.

17 찰스 다윈, 신현철 역(2019), 238쪽.

18 Allee, W.C. et al. (1949), p. 5. Haeckel이 이 책의 서문에 쓴 글의 일부이다.

19 린네(Karl von Linne, 1707~1778). 스웨덴의 식물학자로, 생물분류학의 기초
    를 정립했고, 학명을 고안했다. 자신의 이름을 라틴어로 Carl Linnaeus라고 쓰
    기도 했다.

20 Linnaeus, C. (1749), pp. 31~32; Pearce, T. (2010), p. 497의 내용을 번역했다.

21 Pearce, T. (2010), p. 496.

22 조현철(2006), 5쪽.

23 찰스 다윈, 장대익 역(2019); 찰스 다윈, 신현철 역(2019).

24 찰스 다윈, 김관선 역(2015).

25 Stauffer, R.C. (1957), p. 138.

26 Watte, E. et al. (2019), p. 681.

27 찰스 다윈, 신현철 역(2019), 94쪽(1번), 422쪽(2번), 544쪽(3번).

28 찰스 다윈, 신현철 역(2019), 17~18쪽.

29 찰스 다윈, 신현철 역(2019), 18쪽.

30 Pearce, T. (2010), p. 499.

31 찰스 다윈, 장대익 역(2019).

32 찰스 다윈, 신현철 역(2019).

33 찰스 다윈, 김관선 역(2015).

34 찰스 다윈, 신현철 역(2019), 653쪽.

35 찰스 다윈, 신현철 역(2019), 153쪽(1번), 155쪽(2번), 159쪽(3번).

36 Stauffer, R. C. (1957), p. 139.

37 Pocheville, A. (2015), p. 547.

38 존슨(Johnson, R. H., 1877~1967). 미국의 생물학자이자 우생학자이다.

39 Johnson, R. H. (1910), p. 87.

40 그리넬(Grinnell, J., 1877~1939). 미국의 야외생물학자이자 동물학자이다.

41 Pocheville, A. (2015), p. 549.

42 찰스 다윈, 신현철 역(2019), 96쪽.

43 찰스 다윈, 신현철 역(2019), 278쪽.

44 Pearce, T. (2010), p. 520.

45 Pocheville, A. (2015), p. 575.

46 Pocheville, A. (2015), p. 547.

47 찰스 다윈, 김관선 역(2015); 찰스 다윈, 장대익 역(2019).

48 피터 그랜트·로즈메리 그랜트, 엄상미 역(2017), 20쪽.

49 Kleindorfer, S. et al. (2022), p. 6.

50 피터 그랜트·로즈메리 그랜트, 엄상미 역(2017), 20쪽. 그러나 한 종은 갈라
    파고스 제도에 다윈핀치의 한 종류로 간주하나 코코스핀치(*Pinaroloxias ino-
    mata*)는 갈라파고스 제도에서 서식하지 않고, 중남미의 코스타리카 섬에 서식
    한다.

51 피터 그랜트·로즈메리 그랜트, 엄상미 역(2017), 77쪽.

52 피터 그랜트·로즈메리 그랜트, 엄상미 역(2017), 25쪽.

53 Hau, M.·M. Wikelski(2001), p. 4.

54 조너던 와이너, 이한음 역(2002), 80쪽.

55 Roy, T. D. (2022), p. 43.

56 Hau, M.·M. Wikelski(2001), p. 4.

57 조너던 와이너, 이한음 역(2002), 86쪽.

58 조너던 와이너, 이한음 역(2002), 86쪽.

59 조너던 와이너, 이한음 역(2002), 86쪽.

60 피터 그랜트·로즈메리 그랜트, 엄상미 역(2017), 22쪽.

61   찰스 다윈, 신현철 역(2019), 113쪽(1번), 145~146쪽(2번), 536쪽(3번).

62   Linnaeus, C. (1760), p. 133; Pearce, T. (2010), p. 502에 있는 영어 번역문을 우리말로 번역했다.

63   Pearce, T. (2010), p. 503.

64   Pearce, T. (2010), p. 503.

65   De Candolle, A. P. (1820), p. 387; Pearce, T. (2010), p. 504에 있는 영어 번역문을 우리말로 번역했다.

66   Pearce, T. (2010), p. 505.

67   Pearce, T. (2010), p. 506.

68   Pearce, T. (2010), p. 505.

69   찰스 다윈, 신현철 역(2019), 159쪽.

70   찰스 다윈, 신현철 역(2019), 147~148쪽(1번), 162쪽(2번), 457쪽(3번).

71   찰스 다윈, 신현철 역(2019), 161쪽.

72   Darwin Correspondence Project, "Letter no. 2136," accessed on 28 October 2024.

73   찰스 다윈, 신현철 역(2019), 157쪽부터 설명하는 형질분기를 참조했다.

74   Darwin Correspondence Project, "Letter no. 2282," accessed on 28 October 2024.

75   찰스 다윈, 신현철 역(2019), 157쪽.

76   찰스 다윈, 신현철 역(2019), 163쪽.

77   D'Hombres, E. (2016), p. 2.

78   D'Hombres, E. (2016), p. 4에서 재인용.

79   Mayr, E. (1992), p. 344. 그러나 다윈 스스로 경쟁이 감소한다고 설명한 경우는 없으며, 오히려 생태적 지위에 대한 경쟁이 더욱 더 심해졌다는 주장도 Tammone(1995)이 제기하기도 했다.

80   찰스 다윈, 신현철 역(2019), 412쪽.

81   찰스 다윈, 신현철 역(2019), 118쪽.

3부 우리 사회에 던지는 다윈의 메시지

1   알피 콘, 이영노 역(2022), 13쪽.

2   서상철(2011), 20쪽.

3   강수돌(2019), 45쪽.

4   서상철(2011), 20쪽.

5   강수돌(2019), 45쪽.

6   찰스 다윈, 신현철 역(2019), 81쪽.

7   Weikarte, R. (1993), p. 475.

8   찰스 다윈, 신현철 역(2019), 81쪽.

9   찰스 다윈, 신현철 역(2019), 530쪽.

10   강수돌(2019), 56쪽.

11   세실 앤드류스, 강정임 역(2013), 31쪽.

12   표드르 크로포트킨, 김훈 역(2015), 307쪽.

13   풀러 토리, 유나영 역(2019), 22~23쪽.

14   애덤 러더퍼드, 김성훈 역(2019), 19쪽.

15   풀러 토리, 유나영 역(2019), 99쪽.

16   풀러 토리, 유나영 역(2019), 100쪽.

17   풀러 토리, 유나영 역(2019), 94쪽.

18   풀러 토리, 유나영 역(2019), 133쪽.

19   기독교 신학에서는 자기성찰적 자아의 출현을 「창세기」의 아담과 이브 이야기로 상징한다. 그들은 에덴동산에서 금지된 나무의 열매를 먹은 뒤 최초로 자기 자신을 인식하고 자신들이 벌거벗었음을 깨닫게 된다. 『뇌의 진화, 신의 출현』 136쪽에서 따온 내용이다.

20   애덤 러더퍼드, 김성훈 역(2019), 27쪽.

21   애덤 러더퍼드, 김성훈 역(2019), 284쪽.

22   Darwin, C. (1871), p.163.

23   Darwin, C. (1871), p.103.

24   Darwin, C. (1871), p.162.

25   Darwin, C. (1871), p.91.

26   Darwin, C. (1871), p.92.

27   애덤 러더퍼드, 김성훈 역(2019), 27쪽.

28   박원일 등(2021), 96~97쪽.

29   조지프 스티글리츠, 이순희 역(2022), 16쪽.

30   이철호(2004), 21쪽.

31   『연합뉴스』, 「삼성전자 연봉 1위 김기남 고문 … 반도체 한파에 직원 연봉 11% ↓」, 2024년 3월 12일 자.

32   『한국일보』, 「삼성전자 2023년 평균 연봉 1억 2000만 원 안팎 … 5년 전으로 되돌아가」, 2024년 3월 5일 자.

33   『연합뉴스』, 「중소기업 기피 이유 '낮은 연봉'인데 … 대기업과 2배 격차 지속」, 2023년 12월 14일 자.

34   로버트 프랭크, 안세민 역(2012), 112쪽.

35   박원일 외(2021), 90쪽.

36   조지프 스티글리츠, 이순희 역(2022), 17쪽.

37   하홍규(2022), 203쪽.

38   세실 앤드류스, 강정임 역(2013), 29쪽.

39   세실 앤드류스, 강정임 역(2013), 29쪽.

40   오찬호(2014), 93쪽.

41   파트리크 토르, 박나리 역(2019), 58쪽.

42   곽영신·류웅재(2021), 34쪽.

43   찰스 다윈, 신현철 역(2019), 136쪽.